U0814213

宁晓馨◎编著

善用优势的女人最出色

不懂得发现和善用自己优势的女人，比没有优势的女人更悲哀！

中国华侨出版社

图书在版编目(CIP)数据

善用优势的女人最出色 / 宇晓馨编著.—北京：中国华侨出版社，2010.7

ISBN 978-7-5113-0026-3

Ⅰ. ①善… Ⅱ. ①宇… Ⅲ. ①女性—成功心理学—通俗读物 Ⅳ. ①B848.4-49

中国版本图书馆 CIP 数据核字(2010)第 138183 号

善用优势的女人最出色

编　　著 / 宇晓馨

责任编辑 / 文　心

责任校对 / 王京燕

经　　销 / 新华书店

开　　本 / 787×1092 毫米　1/16 开　印张/16　字数/194 千字

印　　刷 / 北京溢漾印刷有限公司

版　　次 / 2010 年 9 月第 1 版　2010 年 9 月第 1 次印刷

书　　号 / ISBN 978-7-5113-0026-3

定　　价 / 28.00 元

中国华侨出版社　北京市安定路 20 号院 3 号楼　邮编：100029

法律顾问：陈鹰律师事务所

编辑部：(010)64443056　　64443979

发行部：(010)64443051　　传真：(010)64439708

网址：www.oveaschin.com

E-mail：oveaschin@sina.com

前　言

所有女人来到这个世界时，本来都没有什么太大的差异。但是到后来，女人和女人之间的差距却有天壤之别。有的女人富可敌国，有的女人一贫如洗；有的女人飞黄腾达，有的女人命运多舛……

为什么会有如此大的差异呢？归根究底，就是每个女人发现和利用自身优势的能力不一样。任何事业成功或生活幸福的女性，都是完全发挥了她的优势，这点毋庸置疑。认为自己没有任何优势，却成为很多失意或失败女人的借口，并且她们把种种不如意归咎于“宿命”，让自己向人生妥协。

每个女人具备的优势和劣势都不相同。有些优势，不加以运用或用错了对象，就可能成为劣势；有些劣势，如果通过恰当的方法加以规避和改进，在适当的时候就可能成为优势。

有些女人可能拥有倾国倾城的容貌，却缺乏审时度势的智慧；有些女人可能在事业上精明强悍，成为一群男人的领导者，却缺乏女人应有的温柔，得不到男人真正的爱，不能拥有温馨幸福的家；有些女人可能拥有众人羡慕的东西，但就是没有健康的身体和快乐的心情……

因此，任何对生活充满憧憬的女人，一定要弄清楚自身有什么样的优势和劣势，进而知道如何充分利用自己的优势，并规避自己的劣势，使自己事半功倍，顺利实现自己的梦想。

人生不应该是羡慕别人比自己多优秀，而是通过自己的努力做到自己心目中的最好。别人的任何东西都是别人的，和自己无关，过度关注别人的优势只会让自己更加否定自己，结果就是自己承受生活中种种的不幸。

因此，学会关注自己、了解自己，并充分发挥自己的优势和魅力，帮助自己培养乐观进取的人生观，才是最正确的人生态度。

目录 Contents

女人的头脑优势：有头脑一生如意，没头脑一生失意

在世为人，我们都希望自己的人生多一点如意，少一点失意。尽管自古就有“天下不如意，恒十居七八”的说法，但有头脑、有心计的人却可以活得比旁人逍遥自在些。

如果你还在默默地承受失意的人生，如果你还在凭空感叹今生注定与如意无缘，那么你将错过许许多多功成名就的机会。不如从现在开始学做有头脑、有心计的女人，或许不久你就会发现，获得专属于自己的美丽人生真的不只是梦想而已。

♨ 那些“乖”女孩不懂、“坏”女孩不说的秘密 …………………………… 2

♨ 即使你是纯良的“仙女”，也要拥有精明的头脑 ……………………… 4

♨ “花瓶”也要有“花瓶”的资本和手段 …………………………………… 6

♨ 没姿色有头脑的女人，靠自己的力量创造未来 ……………………… 9

♨ 既没姿色又没头脑的女人，拿什么拥抱明天 ……………………… 11

♨ 聪明的头脑不只取决于智商 ………………………………………… 13

女人的口才优势：不只会说话，更要说对话

遇沉沉不语之士，且莫输心；见悻悻自好之人，应须防口。古人告诉我们，说话要讲究分寸和尺度。而今，“怎样说话，怎样说恰当的话”依然在人际交往与社会生活中扮演着重要的角色。

C 目录 Contents

与强壮的男人相比，柔弱的女人更加需要懂得运用语言。在几乎人人都有几分看家本事的今天，会说话也许并不是多么难的事情，然而想要说对话可就不那么简单了。有头脑的女人绝不会满足于停留在“会说话”的阶段，“说对话”才是她们的终极目标。

♨ 懂得看：在正确的场合、正确的时机说正确的话 …… 20

♨ 懂得听：辨得清哪些是场面话，哪些是实话 …… 23

♨ 懂得硬：有些场合要强硬地表达你的观点和态度 …… 26

♨ 懂得软：为什么懂得撒娇的女人有人爱 …… 29

♨ 懂得静：有时沉默比雄辩更需要智慧 …… 32

♨ 懂得度：把握分寸尺度，别把话说太死 …… 35

女人的变通优势：大事坚持原则，小事学会变通

原则是一种道德，它告诉我们什么是该做的，什么是不该做的。同时它也是人们为人处世的底线，超越了它，事情就会向负面的方向发展。所以每个人都该有自己的原则，并且要坚定地执行，因为它决定了一个人的品行和品质。然而，生活中有很多事情并不是大是大非的，对于一些无伤大雅的小事，我们更多的时候要学会变通。

♨ 多一点理解，少一点怨恨 …… 40

♨ 原谅是最好的礼物 …… 43

♨ 别让规矩限制了你创新的思维 …… 46

目录 Contents

♨ 蛮横无礼是愚蠢女人才做的事 …………………………………… 48
♨ 坚持应该坚持的原则 ………………………………………………… 51
♨ 别养成"愤世嫉俗"的习惯 ………………………………………… 52
♨ 将小人当做人生的一面镜子 ……………………………………… 55

女人的性格优势：上善若水，以柔克刚

在这个复杂的社会上游走奋斗，难免会碰到很多意想不到的事情。每当到了这个时候，不要灰心，不要沮丧，不要放弃，不要因为我们是男人眼里的柔弱女性而失去信心。要知道，作为女性，我们有自己与男性不同的独特品质，应当用我们善良温柔的性格，用水一般柔软的品质，克服生命中所遇到的最顽强的石头。

♨ 柔美是女人的天性，也是女人最有利的武器 …………………… 60
♨ 善于发挥女人特有的手段 ………………………………………… 63
♨ 力量不是绝对，四两拨千斤才是王道 …………………………… 66
♨ 放弃小聪明，选择大智慧 ………………………………………… 68
♨ 用平和的心态面对人生 …………………………………………… 71

女人的魅力优势：美丽赢得男人，魅力赢得所有人

真正有头脑的女人不会只停留在追求美丽的阶段，魅力才是她们追求

C目录
Contents

的终极目标。当你还在因自己的美丽而沾沾自喜的时候，她们已经开始修炼内心。等到你开始感叹年华似水、青春易逝，她们已俨然成为不老神话的典范。

♨ 不必将“漂亮”写在脸上 …… 76

♨ 抛弃让美丽大打折扣的坏习惯 …… 78

♨ “矜持”是不可或缺的态度 …… 85

♨ 有头脑的女人懂得如何弥补自身的缺陷 …… 87

♨ 选择恰当的方式凸显个性 …… 90

♨ 时刻保持魅力的女人，才能赢得所有人 …… 93

女人的职场优势：
八面玲珑，畅游职场

职场是人生的重要舞台，上面充满机遇与挑战，也充满阴谋与陷阱。如今，置身其中的女人们，也要像男人们一样在尔虞我诈的复杂世界中求生存，其中的辛酸与苦难唯有自知。

俗话说：“人在江湖，身不由己。”既然注定要在江湖中讨生活，就要练就一身披荆斩棘、百毒不侵的好功夫。不求赢得天下第一的美誉，但求活得逍遥自在。就好像畅游在海洋中的鱼儿，有自己的生存法宝，才能在关键时刻逃离危险，潇洒而去。

♨ 选择适合自己的工作，就是选择了有前途的人生 …… 98

♨ 同事，介于闺蜜与普通朋友之间的微妙存在 …… 100

目录 Contents

♨ 如何应对形形色色的上司 …… 105
♨ 工作中的“投机取巧” …… 109
♨ 活学活用“办公室定律” …… 111
♨ 关于“潜伏”，你不能不知的秘密 …… 115
♨ “八面玲珑”的女人最受欢迎 …… 118

女人的人脉优势：网络改变世界，人脉改变人生

人脉是一个人通往财富与成功的门票。从某种程度上讲，一个人能否成功，不在于你知道什么，而是在于你认识谁。所以，在这个竞争激烈的时代，几乎人人都懂得利用人脉。然而，普通的人脉只能说明你认识对方，对方也认识你，双方的关系仅限于彼此“认识”而已。真正能够帮助你走向成功的人脉绝不能只停留在这样的阶段，良好的关系才是人脉的升华，才能当做资本。

♨ 不要将“功利”写在脸上 …… 122
♨ 建立牢固的朋友圈，并学会结识朋友的朋友 …… 124
♨ 在利益的诱惑面前保持清醒，不要因小事伤害别人 …… 127
♨ 守住隐私，成为别人眼中值得信赖的女人 …… 129
♨ 懂得称赞，而不是恭维 …… 132
♨ 城府——你可以不用，但不能没有 …… 134
♨ 想要利用别人的优势，先要建立并运用自己的优势 …… 137

目录 Contents

♨ 千万别错过生命中的贵人 …………………………………………… 140

女人的创业优势：美貌是悦人的，事业是悦己的

美貌是悦人的，但无论外表多么华丽，终究是取悦别人的工具。而事业是悦己的，它可以展示个人的价值与魅力，也能让女人们摆脱对家庭和男人的依赖，在任何时候都能拥有自己想要的生活。所以，拥有一份属于自己的事业，是聪明女人的终极目标。

♨ 创业是一条曲折的路，你需要做好准备 ……………………………… 146
♨ 选择适合自己的创业模式，不要人云亦云 ………………………… 149
♨ 创业中的女人不可不知的故事 ……………………………………… 152
♨ 既会创业又会生活的女人，才是真正成功的女人 ………………… 156

女人的恋爱优势：恋爱就像打牌，要有游戏精神

如果说人生如戏，爱情又何尝不是如戏呢？爱一个人的时候很疯狂，可忽然有一天就不爱了。那些付出的情感、时间与资源，都一并化做尘埃，连纪念都来不及留下，就消失不见。就像一场麻将游戏，坐在桌前的时候精神抖擞、欲罢不能，而一旦离开了那张熟悉的桌子，便不再有任何瓜葛，心中的余韵只要睡上一觉就过去了。聪明的女人知道，迷恋爱情就像迷恋麻将，失去的永远比得到的多得多。只要有一点儿游戏精神，不强求、不深入、不

目录 Contents

执著，就能让恋爱的天空少一些阴雨，多一些阳光。

♨ 好女人都是“狐狸精” …… 160

♨ 选择金钱和寂寞，还是男人和爱情 …… 163

♨ 不要背上“执著”的包袱 …… 165

♨ 牢记物极必反的道理，坚持半糖主义 …… 168

♨ 新“剩女”时代，想说爱你并不是很容易的事 …… 170

♨ 好男人都被别人“摸”走了吗 …… 174

♨ 梁洛施让女人学会了什么 …… 179

♨ 有头脑的女人不会拿全部的爱情做赌注 …… 181

女人的驾驭优势：爱人是否可靠，看你怎样驾驭

在埋怨男人不可靠的同时，女人们是否想过，我们为什么会觉得男人不可靠？为什么有的女人却能将男人指使得团团转？为什么有的男人在你手里不可靠，到别的女人手里就变得可靠了呢？事实上，男人可不可靠，不仅取决于男人的品质，还要看女人的手段。有头脑的女人懂得如何让男人为自己而可靠，而不是到处寻找可靠的男人。

♨ 做一个值得男人“可靠”的聪明女人 …… 184

♨ 向最会控制男人的星座女学习 …… 186

♨ “利用”殷勤而虚伪的男人 …… 189

目录
Contents

♨ 爱情只是一道弱不禁风的枷锁 ……………………………… 191
♨ 天底下没有绝对可靠的男人，只有对你忠心的男人 ………… 193

女人的婚姻优势：爱情是享受，婚姻不是忍受

婚姻是人类永远也解不开的谜。我们究竟为什么要走入婚姻？又为何会对婚姻产生厌倦的情绪？婚姻究竟是不是恋爱中的男女唯一的归宿？到底该如何保持婚姻生活的乐趣？尽管目前很多“80后”的小夫妻过上了家家酒一样的生活，还过得乐此不疲，但人们关于这些问题的思考却从来都没有停止过。不过，有一点可以肯定，那就是：婚姻是一种生活选择和生活态度。

所以，只要我们还在婚姻的围城中待一天，就要牢记这一点：不管对于男人还是女人来说，婚姻都绝不是忍受。

♨ 牺牲是一种选择，不是幸福的筹码 …………………………… 196
♨ 做什么都别做怨妇 ………………………………………… 198
♨ 别让“妻管严”成为男人的“紧箍咒” ………………………… 201
♨ 洞悉男人那些“不能说的秘密” …………………………… 203
♨ “婆婆来了”的烦恼 ………………………………………… 207
♨ 当出轨成为一种时尚 ……………………………………… 212
♨ 冷静与睿智帮你打赢“老公保卫战” ………………………… 215
♨ 挽不回的心不值得留恋 …………………………………… 218

目录 Contents

女人的理财优势：可以不赚钱，不能不理财

金融危机爆发之后，很多人的钱包缩水，“钱”也就再次成为人们关注的话题。而对于作为消费主体的女人来说，如何管好自己及家庭的“钱包”是至关重要的。不懂理财的女人可以在一夜之间花光家庭半个月的收入，而懂得理财的女人却能在个人和家庭收入减少的时期维持原有的生活质量。所以，想过上好日子的女人可以不赚钱，但是要拥有一手家庭理财的绝活。

♨ 女人们都该有自己的“金算盘” …… 222

♨ 改掉“冲动消费”的习惯，不做擅长“血拼”的冤大头 …… 224

♨ 女人进行财富积累，从懂得生活开始 …… 228

♨ 巧用信用卡，不做“卡奴”做“卡主” …… 233

♨ 家庭理财，不要忽略另一半的支持 …… 236

女人的头脑优势

有头脑一生如意，没头脑一生失意

在世为人，我们都希望自己的人生多一点如意，少一点失意。尽管自古就有“天下不如意，恒十居七八”的说法，但有头脑、有心计的人却可以活得比旁人逍遥自在些。

如果你还在默默地承受失意的人生，如果你还在凭空感叹今生注定与如意无缘，那么你将错过许许多多功成名就的机会。不如从现在开始学做有头脑、有心计的女人，或许不久你就会发现，获得专属于自己的美丽人生真的不只是梦想而已。

那些“乖”女孩不懂、“坏”女孩不说的秘密

曾几何时，女孩子们还在为自己是一个单纯的乖乖女而感到自豪。儿时随父母出门，遭遇陌生人时羞怯地躲闪，讲话也细声细气，对方便会眯起眼睛亲切地笑，夸赞“多么文静的女孩儿，真好”。而女孩一旦活泼些，不懂得在人前收敛，就会被冠之以“疯丫头”的名号。那时，乖巧的淑女是极讨人喜欢的，不仅令周围的女孩们羡慕，还是众多男孩的向往。

在我的学生时代，班里有一位出众的女孩，面目清秀，嗓音甜美，发丝垂直柔顺，走路永远都是不急不缓、小心翼翼。所以，尽管她的相貌并不算很漂亮，学习成绩也不突出，还是成为全年级有名的“淑女”。凡是想被老师喜欢的女孩都会去讨好她，凡是自认优秀的男孩都会想尽办法与她交朋友。学校里各式各样的活动中，她也出尽了风头。毕业之后，同学们偶尔联络时仍然会常常提起她。

再遇见她是在五年之后的同学聚会上，她相貌与身形依旧，只是个子高了些。旧式的淑女形象没有改变，但其他女孩也已不再是过去的丑小鸭，都出落成时尚的美少女。于是，她便不再像过去那般出众，而那些曾经仰望她的女孩也不再露出羡慕的眼光。男孩们更是小声议论着她平庸的现状，感叹物是人非。当光环被卸下的那一瞬间，我似乎望见了她眼中的一丝落寞。

女孩乖一点没有错，但不能磨灭了自我的个性，活在条条框框里，如人偶一般，只知接受别人赋予的安排。失去了独特的性格、自由的思想与

针锋相对的勇气，我们拿什么来开创属于自己的未来呢？没有创造力与想象力的女孩终究只能按部就班地跟在别人后面，如若不能摆脱“好孩子”的禁锢，即使付出再多，也很难换回令人满意的成果。

几天前，我的一个QQ好友在签名里写着“做了二十几年的好孩子，却失去了自我”，看得人心疼。印象中她也是那种中规中矩的乖女孩，人缘特别好，从来不与人争执。大学毕业后，她成为一家知名企业的小职员，工作没有什么大的起伏，但也没有步步高升的期望。现在，仍然单身的她常常处在迷茫中，不知道自己的未来之路究竟该如何走下去。因为从小习惯了长辈的教导与安排，又在“好孩子”的种种标准下压抑自己，到头来既失去了独立的目标，也失去了激情。

反观我的另一位朋友，她早早地订立终身，找到了自己的一份小幸福。小时候她是班里有名的“多动症”女孩，常常被老师教训，还被优等生轻视。那时候，在长辈们口中，她就是“少壮不努力，老大徒伤悲”的典型，未来一定不会充满阳光。可多年后的今天又如何呢？拥有当地著名大学的毕业证书、公务员的身份与幸福家庭的她，绝对不会比任何一位普通的女人差。而帮了她的恰好就是开朗、大方、活泼、灵动的性格，没有人会怀疑这样的性格更加容易适应这个多变而复杂的社会。

也许你会质疑，她的成功该不会是依靠家庭背景吧。不，当然不是。所有这一切成绩是她凭借自己的能力与魄力，一步步积累起来的。或许这样的事例并不多见，但也并非完全不存在。既然没有什么事是绝对不会发生的，我们为什么不能抱着积极的心态去努力争取呢？

人们常说“会哭的孩子有奶吃”，所谓的“坏”女孩往往比“乖”女孩更容易获得自己想要的，因为她们懂得如何索取，而这恰恰是在激烈的竞争中立足的最好方式。“乖”女孩大多性格内敛、头脑单纯，以为别人能够理解自己、体谅自己，殊不知极少有人会对默默无闻的人伸出援手。当事人自己都不愿努力争取，别人又怎么会多管闲事。也许那些王子与灰姑娘的故事无比美好，但故事终究只是故事，它能满足内心的向往与憧憬，却与现实大相径庭。

不管你是否拥有天使的容貌或公主般的地位，都不能缺少反派皇后的头脑与心计。如若不然，你便真的会输给这个弱肉强食的世界。没有好心的巫婆和不顾一切的王子，更不会有幸福的结局，单纯幼稚又背景平平的“乖”女孩想要出人头地，就要学会摒弃性格中的懦弱与天真，成为百毒不侵且打遍天下无敌手的“坏”女孩。

即使你是纯良的“仙女”，也要拥有精明的头脑

仙女，即集纯洁、善良、美貌、智慧、脱俗于一身的美丽女子，是女人中的极品。自古至今，传说中的仙女们凭借圣洁的美丽与专注的爱情，感动了无数善男信女。

然而乱世无仙，唯有妖孽方能生存。与不谙世事的仙女相比，诡计多端的妖孽具备更多的生存法宝。因而在相同的恶劣条件下，妖孽往往比仙女过得好些。她们懂得披上仙女的外衣，懂得运用各种计谋达到目的，也懂得在关键时刻装装可怜求求饶。这些技巧尽管被许多人称为邪门歪道，可现在又有多少人不知、不懂、不照做?

我们都只是普普通通的烟火女子，盼望赢得属于自己的小幸福。我们没有拯救世人的伟大力量，仙人们那些普度众生的大智慧、大抱负与我们

无关。所以，即使拥有仙女般的容貌与清纯的内心，也不能忽略头脑与心计。

我的儿时玩伴中，有一位超凡脱俗的美女，她在众人的夸赞与父母的精心呵护下成长，享受着众星捧月般的生活。可贵的是她并没有被父母惯坏，也没有在别人的赞誉声中迷失，而是一丝不苟地努力学习，想要用成绩证明自己的能力。同时，她的性格也特别柔顺、温婉，待人礼貌、真诚，在伙伴中特别受欢迎。

优秀的女孩总是容易受到同性的嫉妒，她也因此而遭遇过别人的暗算，掉进过别人设计的陷阱。每次都是我们这些朋友帮她摆脱麻烦。闲暇时，我们常常劝她多长几个心眼儿，可她怎么都听不进去，以为善良的人总会得到好报，正义总能得到伸张。她的父母也怕她学坏，多次告诫我们不要教她害人的诡计。

后来，她一直活在父母为她营造的纯净世界里，直到高考过后去外地读大学。至今，她仍然不愿提起大学生活，那段脱离父母的自由生活带给她很多黑色的记忆。由于不会与人竞争，也不懂提防居心不良的人，除了学习成绩优异之外，她的课余生活几乎是一团糟。但也正是这些经历使她渐渐放弃了仙女的光环，做起机灵的市井小女人。本就冰雪聪明的她很快就学会了怎样与各种各样的人交往，并且能够在工作与交往中占得先机。

“不是我变了，而是我原本就该是这样的。”她告诉我，“以前我也不笨，只是不懂该怎样做，后来我才明白，不利用头脑去争取就什么都得不到。一旦别人发觉你的想法很幼稚，那你就等着栽跟斗吧。”

活在俗世的我们不得不面对那些钩心斗角的生存之争，真善美的桃花源只能活在人们的想象中。别以为只要你不与人发生争执，别人就不会找你麻烦。事实上，有些人还会利用你与世无争的心理，千方百计找你麻烦，占你便宜。这时，你还能默默无闻地忍受吗？

没有害人之心，证明你是个好人；若没有防人之心，便只能证明你是个愚人。看看古代后宫的情形，就该知道头脑与心计的重要性了吧。那些出人头地的皇后嫔妃固然有好有坏，但哪一个不是算计人的行家？如果只凭一腔热血，没有半点计谋，早就死无葬身之地了。别以为奸人注定不得善终，那不过是戏剧里大快人心的情节罢了，胜者王败者寇是永恒不变的真理。能够在打败奸恶之徒的同时保全自己的才是真正的智者，不做无谓的牺牲，也不出让自己的利益，却能将胜利的主动权牢牢地掌控在手中。如此一来，距离幸福的目标也就不会太远了。而想要做到这一点，没有精明的头脑是不行的。

降临凡间的仙女并不缺乏智慧，缺乏的是灵活运用智慧的能力。所以，亲爱的仙女小姐们，请学会适应这个纷繁复杂的世界吧。放弃那些不切实际的幻觉，做一个聪明的小精灵，你会获得更多的快乐与幸福。

“花瓶”也要有“花瓶”的资本和手段

魔鬼的身材、撩人的体态、美丽的容颜、光洁的皮肤是“花瓶”共有的特质；而从内涵来看，“花瓶”不过是一件摆设品，内无才华亦无城府，如若稍不留心碰倒了它，它便会随着一阵清脆的响声化为碎片。假如说易碎的花瓶作为物件还会成为价值连城的珍品，那么空有外表却无脑无能力的“花瓶”女人便只能是玩物而已。

凡是美女，都想要凭借自己的外形和相貌出人头地，但美女们最忌讳

的便是“花瓶”二字，仿佛“花瓶”就代表着愚钝、无能与粗俗。其实，我们不妨换个角度思考，想一想“花瓶”被人疼惜的一面。一只精巧至极的花瓶不仅会带给人赏心悦目的感官享受，更会令人珍惜、惹人怜爱，使人倍加爱护，生怕一不小心就永远失去。如果一只花瓶能够寻到这样一个珍视自己的主人，那么做一做花瓶又有什么关系？何况，并不是每只花瓶都是腹中空空，只要瓶中装有足够的水，再插上几枝娇艳的花朵，那么花瓶也就能够物尽其用了。

所以，美丽的女人不必惧怕做“花瓶”，但做“花瓶”也要有“花瓶”的资本和手段。换句话说，就是要做一个有头脑、有心计的“花瓶”。你可以没有才华，但是不能没有头脑；你可以不读诗书，但是不能缺少心计。它们是安身立命的根本，更是未来幸福的保障。

许多“花瓶”在优越的环境中越来越懒惰，明明拥有潜力却不愿发挥潜力，日久天长就堕落成最底层、最不值钱的“花瓶”。到头来，只能落得竹篮打水一场空的结局。而有头脑的“花瓶”则不然，她们将“花瓶”当做一种产业，在这个美女形象可以被大众消费的年代狠狠地捞上一把，或者赴情场血拼一番，即使嫁不进豪门，也能使某位绅士心甘情愿地付出后半生。

过去有人说赵雅芝是“花瓶”，而现在人家活得自信，活得潇洒，还被众人膜拜为优雅女人的典范。后来又有多少人想要看李嘉欣的笑话，可人家还是风风光光地嫁入了豪门。现今，林志玲的走红再次证明了“花瓶”自有“花瓶”的道理，关键在于如何利用自身的先天优势。所有的美女都能选择做“花瓶”，但并不是所有的“花瓶”都会获得成功。

明星的特例暂且不说，来讲讲普通人。这位美女是我一个朋友时常提及的同学。据说她在十几岁时便被公认为“花瓶”，她相貌出众，成绩平平，但也有些才艺。后来，她跻身航空公司做了一名空姐。年轻漂亮的空姐身边追求者众多，可她并不急于找男朋友，更没有放纵自己。如此一来，她在众多同事当中的口碑越来越好，自然也就越发引起旁人的注意。一年之后，她接受了一位年轻富豪的表白，两人交往不久便结婚了。

朋友提起她时总是愤愤不平，觉得这样一个“花瓶”式的女人，一没才华，二没能力，只不过会说几句好听的话，怎么就这么轻易找到自己的幸福呢？

仔细想想，她之所以能够如愿，无非就是为自己挂上了“精品”的牌子。高级商场中，最值钱的不是那些任人挑选的货品，而是精品橱窗里标着“非买勿动”的精品。这位美女身处百花丛中，想要突出自己的身份与地位，就要多一点矜持，少一些流俗，给人一种出淤泥而不染的脱俗之感，而“精品”当然也只有真正有钱且真心愿意购买的人才会为之付出。所以，聪明的“花瓶”懂得如何给自己增添成功的砝码，而这些砝码绝不仅仅是容貌的完美、服饰的华丽和言语间的惺惺作态，更多的是自己出众的个性。俗话说：“物以稀为贵。”既然选择了做“花瓶”，当然要做个稀有、珍贵的品种，才能博得个好归宿。

做“花瓶”容易，做价值连城的“花瓶”也不难。只要多动动脑筋，想办法将自己变成一只独一无二的高贵的“花瓶”，一旦遇到珍爱你的主人，也就不枉此生了。

没姿色有头脑的女人，靠自己的力量创造未来

身之发肤，受之父母。很多时候，我们无法选择自己的相貌与身材。长相漂亮固然值得庆幸，而长相平庸又该如何呢？自暴自弃，甘愿一生碌碌无为？还是通过各种高科技的手段改变自己的外在条件？我想这两种都不是十分恰当的选择。

人活一世实属不易，想要实现自己的价值就要获得些许成绩，没有人不渴望实现自己成功的梦想。成功的手段有很多种，作为女人，最直接的优势就是美丽的外表。不过，这并不意味着如果没有它，就失去了竞争的资本。在岁月的流逝中，相貌会衰老，身材会走样，唯一不会走下坡路且历久弥新的便是头脑。如果没有经得起考验的头脑，再美丽的女人都会一事无成。

网络中曾流传着这样一句话：事业是男人的姿色，姿色是女人的事业。单看后半句，就已经惹得美女们跃跃欲试，既然一只脚已经踏进成功的门槛儿，那么接下来的事情就简单得多了。而对于姿色平平的女人们来说，这无疑又是雪上加霜的打击。不过，我们暂且冷静下来，运用自己的头脑想一想，姿色真的成为女人的事业吗？

不管你是一位姿色平庸的女人，还是倾国倾城的佳人，想要认真经营好自己的“姿色事业”，就至少要做到以下三点：

首先，要在梳妆打扮上下功夫。俗话说“人靠衣妆”，高超的化妆技巧可以遮盖相貌的不足，而恰当、精美的服饰可以为整体气质加分。看看那些明星卸妆后的素颜，你就会明白，或许她们当中的某些人还不如你在大街上偶遇的美女漂亮。

其次，利用先进的整容技术。当你无论怎样装扮都无法掩盖塌鼻梁、刀把脸或者身体某个部位的缺陷时，整形是唯一的捷径。但你必须做好充分的心理准备，手术的疼痛与恢复都是小事，万一遇上细菌感染、手术失败之类的变故，后半辈子可就真的难了。据说全国每年有20万例整容失败的毁容者，但仍然有成百上千的女人义无反顾地投身到整容大军中，盼望麻雀变凤凰。对于想要将姿色当事业的女人来说，这点儿风险又算得了什么？

最后，想要巩固自己的事业，还得“防老”。女人的青春最长不过二十几年，好光景一过就开始皮皱肉松。如果说这些问题还可以用打针吃药、拉皮除皱来弥补，那么内心的苍老又如何弥补呢？只有装纯吧。衣服款式选小姑娘中最流行的，说话要紧跟时下流行语，动作要尽量表现得天真无邪。如果装得成功，兴许还能蒙混过关，万一失败，就只有被人耻笑的份儿了。

怎么样？要想拿“姿色”当事业来做，还真不是那么容易的事儿吧？即使你是化妆高手，即使你整容成功，即使你能坚持宝刀不老，可一辈子都在别人面前装样子，也真够辛苦的了。尤其对于天生就缺乏姿色的女人来说，颠覆自己的外表讨生活着实是一桩苦差事。而当年华逐渐老去，你会忽然发觉，旧时与你同样姿色平平的女人，怎么就越来越容光焕发、充满自信、魅力无穷呢？其实答案很简单，在你处心积虑提升姿色的时候，她们想方设法创造了属于自己的事业。那些功成名就的聪明女人经过风雨的洗礼，既有了享受生活的资本，又练就了豁达平和的心态，这两件宝贝已足够她们幸福度过后半生。

依我看，拿什么当事业都不如拿“事业”当事业。随便翻翻那些成功女人的事迹，有多少女人是凭借自己的姿色获得今天的成功？就算某些女人可以选择需要依靠姿色才能够从事的行业，但在事业的经营过程中，她不需要思考，不需要算计，不需要付出吗？当然不是。没有独立的思想，再美丽的女人也不过是一个任人摆布的人偶而已。而只要有头脑，谁都可以拥有属于自己的事业。不管这份事业是大是小，都是自己的成果，总好过看别人的脸色过日子。姿色平庸有什么关系？没有那些因“色”而生的烦恼，未来也许会更加轻松。这也就是为何依靠自己的力量获得成功的女人大多姿色平凡，而多数姿色出众的女人却不得善终。

没姿色的女人只要打好这个如意算盘，人生就真的可以如意多过失意了。

既没姿色又没头脑的女人，拿什么拥抱明天

少了姿色的女人可以用头脑弥补，少了头脑的女人可以用姿色弥补，而姿色平庸又缺乏头脑的女人就不得不面对生活的窘境了。不过，没有人甘心碌碌无为、稀里糊涂地度过自己的后半生。因此，我们既不能坐等上天眷顾，也不能破罐子破摔了此余生，只有改变。改变自己的劣势，才能改变命运。

不过，在此之前，必须先正视自己的缺陷，比如相貌不够漂亮、知识不够充足、缺乏智谋与心计、不会说话、优柔寡断等等。缺陷并不可怕，拥有缺陷意味着你拥有进一步完美的资本，只要不断地努力，不仅能弥补缺

陷，还能体会到奋斗过程中的乐趣。曾有一部外国影片讲述了这样一个故事：一位富翁父亲留给后代享受不尽的财富，而他的后代们却变成了吸毒者、自杀者或者精神病患者。可见，当一个人什么都不缺的时候，他的生存空间便会渐渐消失。失去了目标，就失去了生活的动力与激情，活着还有什么意思？所以，根本不必惧怕缺陷，要知道缺陷也是人生的财富之一。

当然，不害怕并不等于坐视不理。一块小小的伤口或许不会对人体造成影响，但如果你不做任何处理而任凭其发展下去，后果也许会不堪设想，甚至危及生命。因而，放任缺陷无疑等于害了自己。

我曾遇到过一位平庸的女孩，相貌普通，头脑也不出众，每天只是默默地工作，生活枯燥无味。周围的朋友都劝她学一技之长，再想办法换个好些的工作或者做点自己的小生意，可她却认为自己能有个稳定的工作已经算是幸运，根本不可能再进一步发展。众人见劝说无望，只能作罢。

然而仅仅过了一年，她又找到朋友们，说自己希望多读点书，丰富一下头脑，再学点可以帮助自己找到更好工作的本事。朋友们见她有了前进的动力，纷纷替她感到高兴。这其中的原因，不过是她通过一个偶然的机会得知，一位当年与自己同样平庸的女孩凭借努力获得了新生。尽管没有大富大贵，但只要活得有声有色，又何尝不是幸福。于是，这位女孩忽然觉得，自己或许也可以像别人一样赢得属于自己的小幸福。后来，她不断地提高自己的学识与能力，人也越来越乐观，越来越自信。不到一年的时间，她就成功地从原本默默无闻的工作中解脱出来，跳槽到更好的公司。而这在以前是她根本不敢想的事情。

朋友们都感受到她的变化，并且都从她的变化过程中明白了一个道理：没有人是天生注定平庸的，即使容貌不够出众，即使头脑不够聪明，都可以通过后天的努力和自我培养获得提升。

做生意可以白手起家，塑造自己、改变自己也可以白手起家。因为不曾拥有，所以不必害怕失去。只要有耐心、有恒心，一步一步地积累，就会见到成效。当然，我们也不必与那些所谓的成功人士相比，每个人自身的条件不同，所走的路也不同，如果眼中只看到他们的成功，就会忽视自己的那些微小的进步。人，最大的敌人便是自己。所以，能不能做出惊天动地的大事业并不重要，能够战胜自己才是最大的成功。

假如你认为自己缺少姿色又缺少头脑，没关系，从现在起迈出第一步还来得及。自信可以为你的外表增添亮丽的风景，而学习与锻炼可以使你的头脑更加灵活。相信在不久的未来你就会发现，自己原来拥有如此惊人的潜能，而这份潜能会指引你勇敢地尝试全新领域的挑战，帮助你改变现在碌碌无为的状态，使你的人生达到从未有过的高度。

没有人天生就拥有成功的资本，也没有人天生就一无所有、一无是处，明白了这一点，也就不难看出，既没有姿色也没有头脑的女人们，当然要靠改变自己来赢得拥抱明天的资本。只要获得战胜自我的能力，还有什么是无法实现的呢？

聪明的头脑不只取决于智商

提起“头脑”两个字的时候，我们最先想到的就是智商。故事里描写头脑聪明的人时，动不动就用“智商180的天才”来形容。不可否认，天才的确具备高人一等的智商，但是不是有了较高的智商就万事大吉了呢？真正的天才是孤傲的、寂寞的，甚至是脱离社会现状的。我们无需成为天才，更不必由于自己比别人聪明那么一点点而将自己看做天才。其实，大多将自己看做天才的人都只是有点儿小聪明而已。这样的人不要说成为天才，就是想要成功地做成一件事都很难。

事实上，智力水平高仅仅是一种潜力，而并不意味着成就。因为它不过是一份问卷调查的数据结果而已，不能代表一个人各个方面的综合实力。何况，作为普通大众的我们，先天的智商条件本就不会有天壤之别。因而，聪明的头脑不仅仅取决于智商；想要成为综合实力出众的精英人物，还离不开情商。

“情”是人类永恒的话题。每一个健全的人都不可避免地拥有各种各样的情感，这些纷繁复杂的情感左右我们的心情，影响我们的工作与生活。头脑聪明的人懂得如何认识自己的情、控制自己的情、利用自己的情，同时也懂得如何应对他人的情，而这种掌控“情”的能力就是所谓的情商，也称EQ。据心理学家们所说，情商的高低对一个人能否取得成功有着非常大的影响，有时甚至超过智力水平。可见，除智商之外，我们需要在情商的培养方面下一番功夫。

情商是一种能力、一种创造，也是一种技巧。它的形成尽管与智商一样，都离不开遗传因素，但与智商不同的是，它与社会环境因素的关系要大于遗传因素。也就是说，智商大多来自遗传因素，而情商与社会环境的关系更为密切。这样就意味着情商是可以培养、可以提高的。只要我们多一点学习，多一点毅力，多一点磨炼，就能为自己营造一个利于生存的宽松环境，使才能得到充分发挥，使生活变得更加轻松自然。

社会的快节奏让我们感到生存的压力，从而产生许多负面的情绪，抱怨、烦躁、焦虑、失落、挫败感、寂寞……当这些情绪排山倒海袭来的时候，我们该怎么办？有的人选择沉默、忍受、孤僻，有的人选择疯狂发泄，还有

的人选择与同病相怜的人互吐苦水，但这些都不是好方法。第一种人太闷，闷得久了容易自闭或抑郁。第二种人太激烈，疯狂的尺度一旦把握不好就容易出事。第三种人太消极，日子久了容易厌世。情商高的人绝不会采取如此做法，他们知道怎样控制自己的情绪，还知道在与人交往的过程中怎样游刃有余地处理各种人际关系。既不让自己的坏情绪影响工作，也不让别人的坏情绪影响自己。如此境界说起来容易，做起来可就不那么容易了。

女人是感性动物，更容易受到环境因素的影响。所以，作为新时代的女性，情商的修炼绝对不能忽视。下面，我们就来聊聊几种常见的提高情商的方法。

第一，我们要学会认清心理界限。既要认清自己的心理界限，也要认清他人的心理界限。也许你觉得朋友间毫无顾忌、随心所欲的相处才叫融洽，但请不要忘记，每个人都有自己的底限。不管是自己的底限被侵犯，还是侵犯了别人的底限，都会影响彼此今后的交往。你必须明白，什么是别人可以或不可以对你做的，什么是你可以或不可以对别人做的。

第二，找到自我控制的方法，使自己能够在快要失去理智时平静下来。假如你拥有一艘船却不能驾驭，那么这艘船无论多么豪华，都无法驶向大海。因而，能够实现自我控制的人才有资格踏上成功的路。

第三，在抱怨的时候停下来想一想，抱怨能够为我们带来什么。女人们都知道抱怨是不会有任何结果的，然而多数时候我们还是容易喋喋不休，抱怨过后，一切照旧。既然抱怨不能令人产生继续前行的想法，那么不抱怨呢？试一试你就不难发现，不抱怨更容易堆积压力，促使你改变现状。那么，在对现状不满的时候，你不妨问问自己，是想要维持现状，还是改变现状？

第四，避免陷于浪费精力的事物中。人的精力是有限的，然而多数人都没有意识到自己的精力正被一些毫不相干的事慢慢消耗。比如，家里的某处装饰你不喜欢，或者某处摆放的东西容易掉落等，这些鸡毛蒜皮的小事虽无伤大雅，但也常常搅扰心绪。表面上看，你没有花费多少心思，但仔细想想便不难发现，这些小事其实占据了你的一部分精力。如果每天都有一些琐碎的事情在耗费你的精力，那么长久下去将会是不小的浪费。

第五，不要逃避难以相处的人。生活与工作中，我们难免会遇到一些不容易相处的人。也许他们自以为是、装腔作势、飞扬跋扈、横行霸道……让你恨不得躲得远远的，一辈子都不要再遇到。但很多时候，与这样的人相遇甚至共事都是无法避免的。既然如此，我们大可不必兀自生闷气，换个角度想一想，他们或许还会给我们带来好处。我们可以把他们当做很好的负面教材，并且学会适度的忍耐、沉默、风度、圆滑，这未尝不是一件值得庆幸的事。

第六，勇于尝试全新的领域与生活方式。这不仅有利于开阔思路、拓宽视野，还能避免对生活与工作的审美疲劳。如果你感觉自己的斗志正在逐渐消亡，赶紧尝试做出改变吧。这样，你既能接触到新的常识、提高情商，又能让生活重新充满乐趣，何乐而不为呢?

如果以上这些常见的方法你都能掌握，并且已经做得很不错，那么你是否能够做到以下方面：尊重所有人的人权与尊严；不会将自己的价值观强加给别人；对自己的能力有清醒的认识，且能够承受压力；自信但不自满；擅长处理人际关系；能够轻松地解决生活中遇到的各种问题；认真对待每一件事。假使这些要点你都能轻而易举地做到，那么恭喜你，你的情商算是相当不错的。反之，就要继续加油修行了。

拥有较高的情商才能拥有充满阳光的生活，它甚至可以弥补智商方

面的少许不足。因为智商只能影响某个人在专业领域的学习能力与认知深度，而只有情商能够帮助人们适应环境与社会。有什么比健康的情绪、美满的家庭、良好的社会关系更重要呢？一旦有了它们，人生中的“如意”就会渐渐多起来。

有头脑的女人绝不会忽视自己的情商，而那些将智商当做唯一目标的女人永远也不会明白，自己到底输在哪里。

女人的口才优势：不只会说话，更要说对话

遇沉沉不语之士，且莫输心；见悻悻自好之人，应须防口。古人告诉我们，说话要讲究分寸和尺度。而今，“怎样说话，怎样说恰当的话”依然在人际交往与社会生活中扮演着重要的角色。

与强壮的男人相比，柔弱的女人更加需要懂得运用语言。在几乎人人都有几分看家本事的今天，会说话也许并不是多么难的事情，然而想要说对话可就不那么简单了。有头脑的女人绝不会满足于停留在“会说话”的阶段，“说对话”才是她们的终极目标。

懂得看：在正确的场合、正确的时机说正确的话

现如今，社交已经成为一种时尚。想要在社交活动中拥有自己的一席之地，就要学会分辨场合与时机，选择正确的词句来表达观点。然而，这个看似简单的要求，做起来却并不简单。

对于某些女人来说，说话仿佛如生命般重要。不管何时何地，只要身边有人，便会喋喋不休地说个不停。她们既不在乎别人是不是有时间听，也不在乎别人是不是愿意听，只要自己说得痛快就万事大吉。

我的一位朋友所在的公司就有这样一个女人，只要不忙工作，她的嘴巴就很少有休息的时候。各个办公室走一趟，走到哪儿说到哪儿，活像一个永无休止的大喇叭。同样喜欢说闲话的几个女人倒没觉得有什么，可苦了那些埋头苦干的男人们。工作忙得不可开交，还要忍受各种各样的闲言碎语，实在让人崩溃。于是，他们多次提出抗议，希望她可以静一静，无奈那位小姐依旧我行我素，没有丝毫改善。按她自己的话说，如果长时间不能说话，简直太痛苦了。

后来公司改制，部门人员有所变动，这位小姐不得不离开原来的部门。可接下来，竟没有一个部门愿意吸收她加入。看在她工作能力较为优秀的份儿上，最后只好由领导出面，分派她去给新员工讲课。想来领导也是煞费苦心，才给了她这样一份以说话为主的活计。

瞧，原本应该是能力优秀、令人钦佩的女人，结果毁在一张嘴上。不分场合地大说特说，给旁人带来了麻烦，也令自己的形象大打折扣。

还有的女人将“沉默是金”发挥得淋漓尽致，一副城府很深的样子，极少言语，仿佛世界上没有什么人值得她们开口说话。不管面前是陌生人还是熟悉的朋友，别人不起话头，她便绝不开口。最多就是微微一笑，算是表示好感或谢意。也许她们真的是博学多才，不屑与平凡人讨论鸡毛蒜皮的琐事，可人这一生怎么能只与自己喜欢的人说话呢？古人说，“三人行必有我师”，每个人的身上都有值得学习的优点，盲目轻视别人只能证明自己的愚钝。

不分场合的沉默不语与不分场合乱说话一样，都是人际交往中的大忌。聪明女人之所以能够成为社交活动中的明星，就是因为她们能够针对不同的环境、不同的人，说不同的话。俗话说：“见人说人话，见鬼说鬼话。”如果你对人说鬼话，或者对鬼说人话，无论说得多么好听、多么天花乱坠，只能起到适得其反的效果。

小时候，长辈们常常教育我们：在喜庆的日子和场合下，要说喜庆的话；在公共场合，不要宣扬个人隐私；遇到庄重的场合，言谈举止要彬彬有礼。这些都是最基本的说话技巧。当我们渐渐长大，进入社会，人际交往也复杂起来，办公室、酒桌饭局、娱乐场所、商场超市都是我们日常需要面对的各种场合。要想应对自如，就要多学、多听、多看，学习各类技巧，并将它们变成自己的习惯。久而久之，就可以出口成章了。

但仅仅学会看场合说话还不能算是交际的高手，只有懂得在适当的场合下瞅准时机、一语中的，才算是真正的行家里手。所谓“适当的说话时机”，最重要的一点就是在适当的时间里，利用有限的词句，充分完整地表达自己的意愿。

举个很简单的例子，假如你的老板正在为公司改革失败而懊恼，而这次改革恰好又是你当初就不看好的，那么你可以说些宽慰的话，但最好不要再去品评这件事。如若不然，他可能会认为你在嘲笑他的失败。掌握恰当的说话时机，要摒弃一切对自己不利的因素。从对方的心态出发，而不要只顾自己的想法，想对方之所想，才能说出令对方受用的、正确的话。

另一方面，我们还要掌握审时度势、察言观色的技巧。有些人心直口快，脑子想着什么便不假思索地脱口而出，结果往往容易得罪人。某次，我的一位好友与其他两位朋友共进晚餐。席间，好友关切地询问其中一位朋友"身体怎么样"，这位朋友还没来得及回答，旁边的另一个人立刻开口抢答，说那人如何不留意，患上了某种小毛病，刚刚痊愈。那人尽管并不在意好友知晓此事，但听后还是不太高兴，只得用尴尬的笑声掩盖。随后，我朋友赶紧将话题岔开。

或许在这位多嘴的朋友看来，三人关系比较亲密，说点私密的话题也不妨，殊不知即使在熟人之间，这种口无遮拦的态度也会给朋友留下坏印象。所以，任何时候都不要随意帮朋友回答个人隐私方面的问题，毕竟人与人的观念不同，有的人哪怕面对最好的朋友，也不愿说起关于自己的负面消息。

有时候，直率是一种讨人喜欢的秉性。但也有时候，直率反而成了与人交往的劣势。如果有人无奈地对你说"你这人真实在"，那你就要好好地检讨一下，是不是说了什么不该说的话。

此外，适时沉默也是一种技巧。当我们试图说明某件事的时候，并非一定要用语言表达，有时一个手势、一种姿态、一个动作就能恰当而准确地表达自己的想法。

俗话说："好胳膊好腿，不如一张好嘴。"此话虽然有点偏颇，但同时也说明人们将"会说话"看得十分重要。有头脑的女人一定会处处留心，磨炼自己把握场合与时机的能力，做一个在任何场合中都游刃有余的人。

懂得听：辨得清哪些是场面话，哪些是实话

当你需要称赞别人的时候，会夸大别人的优点；当你不忍拒绝别人的时候，会有所保留地应允；当你巧语搪塞别人的时候，会先为对方找个适当的理由。这些话看上去都不够真实，但是它们可以令双方都欣然接受，不会闹出尴尬或者不愉快的场面。凡事都留有余地，为别人，也为自己。因而，场面话便成为了人性丛林中十分重要的一种现象。

玩转场面话是生存所必须的智慧，这不是欺骗，也不是罪恶，而是人与人交往过程中的技巧。我们要学会在适当的场合下说出正确的场面话，更要学会分辨别人说的话里，哪些是场面话，哪些是实话。如果将场面话当做实话来听，会令自己陷入自负或失望的境地，到头来仍然一事无成；而如果将实话当成场面话来听，会挫伤说话人的感情，从而影响两人之间的关系。

通常，最常见的场面话有两种：一种是来自别人的夸赞。比如，称赞你的服饰前卫、漂亮；称赞你的工作出色；称赞你的头脑聪明、会办事；称赞你的男朋友优秀等等。另一种是不会立刻兑现，甚至是根本无法兑现的许诺，诸如“有什么问题尽管来找我”、“我一定尽力”、“我再想想办法”之类。

众所周知，场面话不可信。但是想要避免错信场面话，就要有分辨的能力。场面话人人都会说几句，但要是站在听众的角度，就不是每个人都能听得明明白白。尤其是涉世未深的人，尽管处处小心、步步留意，还是难免会在场面话里栽跟头。

按理来说，第一种场面话应该是最容易分辨的。因为每个人都了解自己，知道自己的相貌、头脑、能力到底处在什么水平，对于那些善意的夸张成分自然就不会认真，不过赚份好心情罢了。然而，我们回想一下就会发现，多数女人都有过被善意的“谎言”夸晕，而做出错误决定的经历。

某天，你与好友或同事一起逛街，在一家小店相中一款连衣裙。店主自然是使尽浑身解数，定要让你相信这条裙子绝对是为你量身定做的，当然价格也不菲。以你的眼光看来也确实挺不错，但仍然犹豫不决。这时，你一定会询问旁边的朋友。俗话说，“旁观者清”，这位朋友的确对它穿在你身上的效果有些想法。假如真的是特别好，那是皆大欢喜。可万一不太好，你也许就只能收获几句场面话了。因为这条裙子是你特别看好的，如果朋友说“不怎么样”、“没有想象那样好”，便会影响你的心情。何况，人与人的眼光不同，朋友也不愿因自己的眼光害你错过喜欢的裙子。所以，她通常会用“挺好的”、“挺不错”、“挺漂亮的”来答复你。然后，你就会乐颠颠地把裙子买回家。

夜里，当你在老公或父母面前炫耀这条裙子的时候，得到的回答很可能就是“一般”、“还凑合”、“也就那么回事”等等。而后你再仔细在镜子前面比一比、照一照、看看材质，或许就不像在店里时那么喜欢了。

小小的虚荣心往往使得女人们对于赞美之词照单全收，很少有人能真正冷静下来，认清别人的话里究竟有几分真实。除非是特别明显的吹捧，否则女人们还是会找不着北。以前，“白领”受人推崇的时候，卖东西的店家喜欢称呼“小姐”。而今，美女、仙女、MM 等词汇逐渐流行起来，叫得人心旷神怡。其实，细细想来，这些都不过是“场面话”而已，盲目地相信是会吃亏的。

如果说在第一种场面话中吃点儿小亏不算什么，那么第二种场面话可

就不那么简单了。处理不当不仅会破坏人际关系，还会耽误自己的前程。

一位朋友曾向我讲述过她小时候的幼稚经历：春节时，妈妈的朋友悄悄给了她一百元压岁钱，并“叮嘱”她千万别告诉妈妈。那时候她的思想特别单纯，竟将这位阿姨的话信以为真，真的没有告诉妈妈。过了几天，她的妈妈去参加朋友聚会，回来之后便问起这件事，还将她训斥了一通。原来，聚会时，那位阿姨在饭桌上向她妈妈提起压岁钱的事，本想讨几句感谢的话，没想到她妈妈却一无所知，只得匆忙应付了几句场面话，弄得十分尴尬。

当时，我朋友还觉得特别委屈、特别伤心，怎么都想不通那位阿姨为什么要“当面一套，背后一套”，还在心里默默地想：不就是一百元钱嘛，宁可不要也不愿受这样的气。往后她再见到那位阿姨也不愿意打招呼，总是冷着脸。等她渐渐长大，才明白那时候那位阿姨不过是讲了句场面话而已。

小孩子误将场面话当成真话、实话，只当是成长过程中的一个教训也就是了。而成年人在工作中犯下如此错误，就会给自己带来不必要的麻烦。比如，某些人对领导唯命是从，领导安排的每一件工作都尽力完成，从不懈怠，结果在领导眼中却成了死板、教条、不懂变通的人。还有些人将同事的一句“有什么事尽管来问我”当成实话，真的隔三差五便去麻烦别人，最后只能招人厌恶。想要避免这些失误，就要善于琢磨别人的心思。

卓雅是某家公司的经理助理，头脑灵活、精明能干，特别讨经理喜欢。因工作关系，她常常要与经理一起应付各种饭局。席间，宾客们时常当着经理的面称赞她，经理也表示要好好培养她，逐渐让她接手公司的核心业务。这些话听来固然振奋人心，但卓雅心里明白，不能当真。果然，整整一年下来，那位经理始终没有提起让她学习业务的事。

假如卓雅不懂分辨场面话，误以为经理说的话是对自己未来发展的承诺，而表现出一副积极努力的样子，随时准备接受领导的培养，那么最终就会令她失望透顶。幸而聪明的卓雅在权衡公司的情况时就已明白，如果经理把自己的业务经验传授给她，无疑等于为自己树立了一个竞争对手。所以，老谋深算的经理绝不会这么傻，她也就不必有所期待。

分辨场面话需要常识、经验与阅历，这不是一朝一夕能够练就的。但只要多思考、多留意、多积累，从场合、内容、利害关系等因素来判断，就不难识别“话”的真假了。

懂得硬：有些场合要强硬地表达你的观点和态度

相对柔弱的天性使得女人们进行语言表达时往往会给人留下弱势的印象。因为多数女人性格温柔，关键时刻不够果敢，也不够坚定，很难在对话过程中占据主导或上风，偶尔还会被表面的假象蒙蔽，做出错误的判断。所以，有语言学家认为，男性语言体现权利与欲望，而女性语言体现谦恭和附属地位。在公共场合或社交场所，男性会激情地谈论某件事，并掌握话语的主动权，而女性则会选择间接的方式，表达自己的观点。这就使得女人们的话常常不被重视，也就收不到理想的效果。

俗话说：“柿子要找软的捏。”某些人正是看到了女人的软肋，才会在交往过程中利用这一点，迫使女人做出让步和妥协。然而有头脑的女人绝不会因此败在别人的手里，她们懂得坚持自己的底限，也懂得如何反击。在关键时刻，要强硬地表达自己的观点和态度，才能保护自己的利益和权益。

假如在某种场合下，有朋友怂恿你做一件原本不想做的事，而周围与

你相仿的女人都已经被打动，你还会坚持自己的观点和态度吗？

我朋友的一个熟人曾在保险公司举办的活动中遇到过这类事情。其实，她根本就不需要购买保险产品，同时她也知道保险推销员在推销产品的时候会吹得神乎其神、天花乱坠，但当她收到保险公司的活动邀请时，还是犹豫了。后来，由于推销员是她的一位朋友，而这位朋友又声称这次机会是非常难得的，全市也不过只有几十人受到邀请，地点又是高级的四星级酒店。她想来想去，觉得不好意思拒绝朋友的好意，再说能在那么高级的地方吃上一顿饭，也算不虚此行。于是，碍于面子和那点小小的虚荣，她还是接受了朋友的安排。

活动果然十分有排场，场面热烈、宾客满座、好不热闹。经过一番狂轰乱炸，她身边的几个女人就有些飘飘然了。最终，这位女士没能躲过朋友的鼓励与其他人的感召，莫名其妙地签下了几万元的意向单。事后，她当然只有后悔。好在还有挽回的时间和余地，她费了很多麻烦和口舌，才甩掉这个包袱。

也许你会说，这位女士还是有钱，付出几万元眼睛都不眨一下，如果没有钱，任凭别人忽悠也是白搭。好吧，那如果别人并不想在钱上占你的便宜，而是其他方面呢？你敢保证自己还会坚持最初的想法吗？

某些场合下，你的确会受到蛊惑和感染，你还会不好意思翻脸。但稍微的犹豫也许就会让你陷入被动，失掉自己的利益。因此，我们要明白，很多事情是不可以做出让步的。当我们遇到触及自身利益和权益的事情时，就要用强硬的态度来应付。明确地告诉对方什么是你不会去做的，或者什么是你想要去做的，让对方知道你不会傻傻地走进别人设下的圈套。比如，你的同事常常将自己不愿做的工作推给你，或者你的上司想要你充当某个错误的替罪羊，如果你不懂强硬地表达拒绝与心中的不快，就会被人看成“软柿子”。

有时候，强硬地表达观点与态度还会使周围的人更加了解你的原则和为人，当别人知晓了你的承受限度，就会采用正确而公正的方式对待你。将别人的歪心思扼杀在萌芽里，既保护了自己，又不会在关键时刻令场面尴尬，何乐而不为。有所为，有所不为，是人之常情。适当的强硬不仅不会给人留下坏印象，还会让别人对你刮目相看。

当然，强硬并不意味着要剑拔弩张，脸红脖子粗的强硬多少显得有些愚笨，笑里藏刀、话中有话才能强硬得恰到好处，又不会破坏氛围，伤害别人。

淘岚是某家公司的部门主管，平日里为了部门利益，少不得要与其他部门的主管打太极。某次，别的部门想要挖走她手下的一名得力悍将，对于她这个原本人数就不够的部门来说，无疑是雪上加霜。所以，她根本不可能同意。而对方也料到她的想法，于是通过关系找来人事部门的领导做工作。淘岚很聪明，她知道这类调动不是必须的，基本要看各方的意愿决定，对手不愿与自己直接交锋，而是借用别人的手，就是没有底气的表现。但她还不能直接拒绝，怎么也要给这位人事部的领导一个面子。第二天，她私下对这位领导说，自己的部门实在很忙，如果失去了一员大将，必然会影响公司的日常工作，这个责任谁都负不起。那边的主管找不到合适的人，可以通过招聘等其他手段解决，如果实在想要挖她的人，还可以向公司领导汇报。现在根本不必人事部出面，否则白白辛苦也讨不到什么好处，何必呢。

这位领导看淘岚态度友善，又“处处为自己着想”，同时也带着不会妥协的口气，就索性顺水推舟，下了这个台阶，再也不管了。那位幕后主管也很知趣，从此再也没有提及挖人的事情。

可见，强硬也有强硬的门道。我们的目的是要将自己的决心与意愿传达给对方，维护自己的利益，但不要做得太直接、太过火。不然，闹得各方都不愉快，往后的工作就会变得更加困难。

聪明女人既不会让自己吃亏，也不会让别人难堪。遇事多给自己一点思考的时间和斩钉截铁的勇气，该拒绝的时候拒绝，该声明的时候声明，不要给别人误解或伤害你的机会。

懂得软：为什么懂得撒娇的女人有人爱

有人说："好女人是女人中的精品，而会撒娇的女人则是女人中的极品。"所以，女人可以不够漂亮，但是一定要会撒娇。上天赐予女人温柔的性格，其实就是给了女人们制服男人的本事。用撒娇来对付男人的野性，真是再好不过。只可惜，有许多女人盲目地认为"撒娇"是一种示弱的表现，反而喜欢与男人硬碰硬，以此显示自己的实力。其实，这样不仅平白无故地费力，多数情况下还讨不到任何便宜。

用自己的优势应对别人的劣势，便能够轻松取胜，这是尽人皆知的道理。那么作为女人，我们为什么不用自己温柔、可爱的优势，来软化男人的铁石心肠呢？如果一味地与男人比谁更硬、谁更狠，最后吃亏的八成是自己。即使勉强赢了，也会在男人的心里落下一抹挥之不去的阴影。

生猛的女人、邋遢的女人、算计的女人、拖沓的女人都可能是男人拒绝的对象，可温柔的女人，不管是外向、活泼，还是内向、恬静，都是男人们竞相追逐的对象。撒娇也是一门功夫，忽视它的战斗力的女人，绝不是聪明的女人。

前几天，朋友去新婚不久的同学家做客，回来后便连声叹息，说他的那位同学如何命苦，看来两个人未来的日子恐怕是不太好过。因为他同学的夫人实在是不太容易相处，说话有些颐指气使，不懂得好言相商。比如，老公招待客人入座，想让她帮忙端茶倒水，可那位夫人正忙，没好气地推了男人一下："你去就是了，没看见我正忙着呢。"男人无奈，只好冷着脸自己进厨房。

朋友仔细观察一番，那位夫人的确正忙着，走不开，指使老公去倒杯水本无可厚非，可她的态度实在有些令人不悦。如果她能说一句"你去嘛，我实在走不开，好嘛好嘛，拜托了"之类的话，不仅中听，还能给自家老公几分面子，让老公忙得舒心，忙得理所当然。

生活需要情趣来点缀，不要以为两人间已经没有秘密可言，哪还有拐弯抹角的心情。如果夫妻之间都需要客气，那岂不是太见外了？还有的女人奉行"妻管严"政策，觉得只有严厉的态度才能让老公听话。可老公是家人，不是犯人，霸道只会让你失去被人疼惜的机会，也只能为生活带来更多矛盾。而说几句撒娇的话，不仅能让生活变得一团和气，还能使奔波在外、身心疲惫的男人感受到更多爱意与家庭的温暖。

当我们埋怨男人总是不听使唤的时候，有没有考虑过自己的态度是不是值得男人"听使唤"？为什么有些女人能让男人心甘情愿地为自己服务？难道真的只是因为她们长得漂亮而已？其实事实刚好相反，获得幸福的大多都是平凡的小女人。正因为她们不是特别优秀，才能放低身价，在该软的时候说几句软话。

撒娇的女人不仅为生活带来些许温馨，也能为行将就木的枯燥生活带来新的转机。面对越来越冷酷的世界，每个人的压力都很大，都会承受

一些痛苦和失败。会撒娇的女人可以为凝重的生活平添几分柔情蜜意与快乐,她们将女人的成熟蕴含在憨态可掬的娇声娇气里,既增强了男人的保护欲和前进的动力,也使自己得到放松的机会。

然而,任何一件兵器都有适当的使用方法,撒娇也是如此。它不是骄横、任性、乱发嗲,不是不分场合随意使用的"万金油",也就是说撒娇也要撒到点子上,才能起到事半功倍的效果。

喜欢逛街的女人也许时常会在商场、餐厅或路边遇到扮纯情、讲话肉麻的女人。此类女人通常只顾自己嗲得痛快，从不考虑周围其他人的感受。我就曾在商场里遇到这样的一位小姐,她站在专柜旁边,边照镜子边给自己的男友或老公打电话。她大抵是想买一件自己中意的裙子,说话时由于心情过分激动,肢体语言十分丰富,说话声音也比较大。这倒也罢了,只是她说出来的话让人受不了,尽管撒娇的功夫着实了得,但句句都传进了周围人的耳朵,听得人就像吃下了几口肥肉,腻得恨不得找个地缝儿钻进去。旁边的售货员躲在衣架后面偷笑,路过的赶紧加快几步向前走,起初在附近闲逛的也都及时转移到别的地方,方圆十米之内竟唯她独尊。可怜她居然一点儿都意识不到别人的态度,挂掉电话后还喜气洋洋。如此撒娇的女人怎么看都没有一点儿可爱的样子，看多了还会使人产生厌恶的情绪。

还有一类女人充分了解撒娇的作用,但错误地以为不管什么事,只要会撒娇就能圆满解决。比如,某些女人说话不靠谱,常常说谎或者放别人鸽子,一旦对方生气便好言好语、矫揉造作地撒娇,想要蒙混过去。前几次还能获得原谅,但日子久了、次数多了,别人的耳朵也起了老茧,也对她的人品产生了质疑,撒娇就不管用了。所以,撒娇也要看具体情况而定,不能盲目地认为撒娇可以解决一切问题。

懂得撒娇的女人有人爱，没有哪个男人能够逃过风情万种、柔媚娇态的女人，而撒娇的女人浑身都散发着令人无法拒绝的女性魅力，轻易地就能激起男人的守护欲。试问，有多少男人不愿做护花英雄？只要给男人这样一个虚荣的头衔，他们为你赴汤蹈火也在所不惜。只要动动嘴就能换回如此待遇，这实在是一桩稳赚不赔的买卖。假如你定要与男人针锋相对，争个高下，那么最终他很可能会选择无奈地离开，末了还会缀上一句："你怎么就不能像个女人呢？"

如果你是一个渴望被宠幸的女人，那就毫不犹豫地学撒娇吧。总有一天你会发现，做一个幸福的小公主其实也不是什么难事。

懂得静：有时沉默比雄辩更需要智慧

说起"沉默"二字，很多人首先想到的便是那掷地有声的四个字——沉默是金。简简单单的四个字传承了很多年，也被人们议论了很多年。关于这种说法，有的人同意，也有的人不同意。但真正懂得这四个字的人却不会用"同意"或"不同意"来表达对它的看法，因为它的玄机远不只是表面的意思那样简单。换句话说，沉默究竟是金还是铁，要看具体的情况而定。有的时候沉默的确是金，而有的时候沉默则一文不值。

天性沉默寡言的人大都性格内向、沉闷，可能还有点儿自卑。这类人不管遇到什么事、什么人，都极少在公开场合发表自己的观点，让人摸不透、想不通，也就不怎么讨周围人喜欢。他们在社交活动中常常处于被忽视的地位，生活平庸，朋友也不多。可见，这样的人与成功之间的距离只能

越来越远。因而，许多后来人便提倡放弃“沉默是金”的老旧观念，拼命锻炼自己的口才，使自己能够更好地适应社会生活。

提升口才当然是正确的选择，但假如只重视说话的能力，却忽略了沉默的作用，就会走向另一个极端。这就是为何很多人养成了夸夸其谈的毛病，不看说话的场合与时间，不去想究竟该不该说，而只是不停地说话，好像生怕别人将自己当做一个沉默寡言的人。还有的人为了显示自己的博学多才，喜欢把自己的想法随时随地表达出来，结果不但得不到应有的尊敬，反而让人产生厌恶的情绪。所以，懂得沉默也是会说话的表现之一。在该沉默的时候沉默，不仅不会给人留下沉闷的印象，还能彰显说话者过人的智慧。

女人相较男人来说，情感更为丰富、细腻，感慨比较多，牢骚比较多，就显得喜欢说话。“长舌妇”这个词儿就形象地展现了女人在说话方面的缺点。尽管这个词也可以用来形容男人，但为何当初用“妇”而没用“夫”，显然是因为在多数人的印象中，女人更喜欢到处扯闲话、搬弄是非。

而今，女人们的素养已经越来越高，也渐渐摒弃了“长舌妇”的陋习。现在我们要做的，就是学会在适当的时候保持沉默。

在情绪激动、欠缺思考的时候，不要说出既伤害别人，又令自己难堪的话。生闷气不是个好办法，但生气的时候只顾用说话来发泄，更不是个好办法。心情起伏难平的时候，说话也是不假思索、脱口而出。愤怒的人只能说出一些狠话、气话、绝话，不仅对解决问题没有半点帮助，还会把自己和对方都推到风口浪尖上。情人间的吵架便是很好的例子，两个气昏了头的人彼此不依不饶地互相攻击，最终的结果只能是两败俱伤。而此时，只要有一个人适当地保持沉默，战火便会缓和。等两个人都经过思考再交流，很多问题就会迎刃而解。因此，就算是对方犯下了错误，你也不要急于进攻。事实胜于雄辩，沉默也是如此。

在时机未到时，不要抢了关键人物的话。喜欢说话的女人常常是喜欢抢话说的，这在朋友之间也许算不得什么，可要是在领导面前，就要时刻小心。假如你说了不该说的话，回答了不该回答的问题，甚至是抢了领导想说的话，后果就可想而知了。比如，你与你的直属上级和大领导在一起的时候，大领导提出的工作方面的问题一定要由你的直属上级来回答。如果需要你来回答，你的上级自然会将话题转交给你，不然你就在一旁保持沉默好了。即使他们在话中提到你，你也只需保持微笑。切不可随意插话，或者与你的上级抢话，否则只会给领导留下不知轻重的坏印象。

在被人误解的时候，不要一味地解释、澄清，适度的沉默也可以帮你走出困境。俗话说，“越描越黑”，有些事情越是解释，越容易被人误解。还有些事在当时的场合下根本就解释不清楚，因为对方没有心情听或者根本不听。这时，不妨暂且保持沉默，等待谎言不攻自破，或者等到对方肯听的时候再解释，效果就会完全不同。

在不明就里的时候，请保持沉默。比如，周围的人心情不好或遇到难题的时候需要安静的思考，你偏偏难以抑制心中的话语。也许你的确想要尽力帮助他们，也许你不过是想要说几句话来安慰他们，但你最好克制一下，做个沉默的关注者，给他们更加轻松的环境和氛围。当他们想要倾诉、需要帮助的时候，自然会想到你。如果你不分青红皂白地在他们耳边发出声音，到头来很可能出力不讨好。他们会因此而更加烦躁，而你会因自己的付出打了水漂而埋怨他们不识好人心。

有头脑的女人不仅能言善辩，还懂得在何种境况下保持沉默。因为沉默不只是一种智慧，也是一种宽容、一种姿态、一种风情，蒙娜丽莎的微笑就是最好的证明。

懂得度：把握分寸尺度，别把话说太死

分寸意味着标准和限度。凡事无绝对，事情做得太绝，就失去了回旋的余地。说话也是如此，把话说得太绝、太死，只能搬起石头砸自己的脚，讨不到任何便宜。有些人为了强调自己说话的内容，喜欢用“绝对”、“一定”、“肯定”这些带有强烈感情色彩的词语。结果，一旦发现自己的话并不可靠，想要挽救却已经来不及。而世上没有后悔药可卖，说出去的话就像泼出去的水，是无论如何也收不回来的，只能眼睁睁地看着自己栽跟头，平白无故地得罪人。还有些人说起话来愿意用恶毒的词儿，尤其是生气的时候，更是什么毒说什么，只顾恶语连珠，却不考虑事后该怎么办。最终，只得闹个鱼死网破，就连道歉或挽回的余地也没有。

说话就像走路，没有哪个人愿意将自己逼入死胡同，所以多数人都是一不小心跑到悬崖边儿上，进退两难。一年前，我的一位朋友与男友吵架，两个人为一点儿鸡毛蒜皮的小事互不相让。这原本是许多情侣间都会发生的问题，脾气发过了，两个人消了气，仍然和好如初。可这位朋友一时间发了狠，说错了话，将男友逼到了绝境。无奈之下，男友只好选择离开，从此再也没有回头。等气消了，朋友才回过神儿来，后悔自己把话说得太绝，竟失去了任何补救的可能。为了几句不着边际的话，就可能错过一个喜欢自己、适合自己的人，多划不来啊。

也许有人会想，我就遇到过好几次这样的事，后来都及时挽回，消除了误会。可你敢保证下一次还能挽回吗？那些狠话就像一把刀子，句句都割在对方的心上，而每个人的忍耐都是有限度的，超过了极限就会破碎。所以明智的女人不会让自己养成如此说话的习惯，她们会控制自己的情绪，并恰当地选择措辞。即使生气生到昏了头，也只说当前、就事论事，不说其他。

如果说家人之间、好友之间和情侣之间还有原谅的余地，那么在某些场景下，这些话就真的会让你没有退路。

同事Candy曾有过一位合租伙伴，人爱干净，生活很有条理，也没有什么不良嗜好。可两人一起住了不到一个月，Candy就有点受不了了。原因就是那位小姐说话太过，仿佛舌头带了刺儿，两人间有点小矛盾，她就不依不饶，或拐弯抹角，或慷慨激昂，一定要把话都说尽了才肯罢休。某次，两人为放东西的事儿有点别扭，原本Candy不想与她计较，结果那位小姐张口便说："你看你，这么点小事也和我过不去，你肯定是看我不顺眼。往后我再也不把东西放在这里了。"Candy一听就来了气，明明是她得寸进尺，还武断地说别人看她不顺眼。得了，你也别说这种狠话，咱们在一起住不好，分道扬镳还不行么。第二个月，Candy就搬出了那所房子。后来她才听人说，那位小姐一直不断地更换合租伙伴，自己不过是其中之一。她不仅感慨，要是对方懂得说话时留有三分余地，又怎么会混到这种地步。

大人不计小人过，宰相肚里能撑船。但凡拥有几分度量的人，都不会对别人说出过激的话。那种喜欢将话说得绝对的人多半是没有多大自信，只能通过夸大的说话方式来证明自己。那么，是不是只要不说毒话、狠话就算修成正果了呢？其实，很多时候，我们在工作中也不能把话说得太死。

在职场中打拼的人大都会说些场面话、恭维话、敷衍话，也必然处处小心谨慎，生怕说了不该说的事，答应了不该答应的人。可有时候还是会不经意地说出没有分寸的话，或者在别人的诱导下，答应了自己办不到的事。

在公司的例会上,大家商讨新产品的宣传方案。你刚好对自己的方案特别自信,并且经过观察,你发现自己的方案是所有与会者中最好的,但决策者却迟迟不肯表达看法,其他人也没有表示欣赏的意思。这时,你会不会急于求成地说出"这已经是最好的了"、"你们倒是说说看,还有什么其他更好的方案吗"之类的傻话?

某个同事以朋友为名,要求你帮她处理某项工作,而这项工作不仅令人头痛,很可能连你也无法圆满解决。你本想婉言拒绝这桩差事,可是朋友说"你先看看吧"、"你就试试吧"之类模棱两可的话,你还会忍心拒绝吗?可如果你没能拒绝,她很可能会在你答应"看看"、"试试"之后再追加一句"我等你的好消息"、"那你就×××时候给我吧",于是你就在不知不觉中揽下了一桩棘手的差事。假如你不能按时完成,就会背上"说话不算话"的罪名。

工作中会有许多类似的情况发生,令人防不胜防。想要避免在不恰当的时候说出傻话或掉进别人的陷阱,就要在回答之前多给自己一些思考的时间,不要让傻话脱口而出。想清楚事情的来龙去脉与利害关系,就不难做出正确的判断了。

俗话说,计划不如变化快。无论你多么肯定一件事情的结果,都不能把话说死。一根绳子中间打了死结,很可能就不能再用。一席话说得太过绝对,只能徒增后悔与感伤罢了。

女人的变通优势：
大事坚持原则，小事学会变通

原则是一种道德，它告诉我们什么是该做的，什么是不该做的。同时它也是人们为人处世的底线，超越了它，事情就会向负面的方向发展。所以每个人都该有自己的原则，并且要坚定地执行，因为它决定了一个人的品行和品质。然而，生活中有很多事情并不是大是大非的，对于一些无伤大雅的小事，我们更多的时候要学会变通。

多一点理解，少一点怨恨

一直记得一句话：一个人能在十三亿的茫茫人海中与另一个人相遇、相知，进而成为朋友或恋人，真是难得的缘分。既然人与人相知相恋的机遇如此难得，当彼此之间出现矛盾与误解时，就该多一些理解，少一点怨恨，让这份难得的深厚感情继续维持下去。不要等到失去的时候才后悔莫及，独自在深夜仰天长叹：当初如果我理解她，如果当初我可以用宽容的心化解内心的怨恨，或许结局不会像现在这般冷清与凄凉。

为什么总有这么多人，失去以后才知道珍惜？为什么有那么多人总渴望世上能有一粒后悔药，供自己在犯了错的时候享用？要知道，世界上永远不会有后悔药。因为这是上帝对那些不懂得理解、不懂得宽容、内心充满怨恨的人的一种惩罚。他要让你知道，不懂得理解究竟要付出多大的代价。如果内心始终有难以化解的怨恨，人生终会失去许多宝贵的财富。

偶尔闲暇，请你仔细观察你们身边的女人，那些心胸比较狭窄，不懂得理解别人，对人对事都爱斤斤计较，遇见一些鸡毛蒜皮的小事也会咬紧不放的女人，她们的口碑一定不佳。更甚者，她们表面看似有很多朋友，经常一起谈笑风生，实则，转过身后，大家便对她的小肚鸡肠和狭窄心胸嗤之以鼻。

然而，聪明的女人是不会这样的。这并不是说她们从不计较任何事，只是她们懂得用内心的尺子衡量事情的重要性。在一些大事情上，她们亦会坚守自己的原则，用原则表明自己雷打不动的立场；而在一起些无关紧

要的小事情上，她们会表现得很淡定，懂得在这些事上变通，绝不会因为这么一件小事就与身边的朋友和同事结下梁子，失去很多人脉关系。

贞子是我认识的一个朋友，她有一个从小一起长大的好姐妹小红，两人的感情已经到了不分你我的地步，不管干什么，总是形影不离。大学毕业后，贞子和小红一起应聘到一家旅游公司做导游。一直关系甚好的两个好姐妹却因为在同一家公司工作，彼此之间开始有了激烈的竞争。

有一次，在公司开完会后，领导给了贞子一份邀请函，让贞子快递给广东的一家国营单位，因为他们那里的全体员工每年在这个时候都会与贞子所在的单位签定团体旅游合同。领导让贞子当天中午就把快递发了，可是贞子那时刚好接了一个团体旅游的单子，正准备随旅游车去接那批游客。因为时间紧迫，她请自己的好姐妹小红替自己发这份快递。谁知，贞子把装在信封里的邀请函随手放在小红的那堆文件里，与小红的大小信件混在一起，小红寄快递时，不小心把别的信件当成贞子交给她的邀请函发走了。事后，小红也挺后悔自己的粗心大意，于是，她又打电话叫快递公司，重新寄这份邀请函。谁知，那时快递公司说还得几个小时才能过来。

等到快递公司过来时，贞子也恰好回来了，她发现小红还没有把她的邀请函寄出去，顿时很气愤，不问青红皂白，就当着同事的面指责小红的不是，还说小红是故意给她使坏，让她在老板面前出丑。尽管小红一脸委屈地再三解释自己不是故意的，实在是邀请函扔在一堆信件里，她不小心拿错了，导致现在才开始发。但贞子不这样认为，她觉得自从两人一起到同一家旅游公司，为了各自的职位和处境，都在内心深深埋下了妒忌的种子，生怕对方比自己强。于是处处各自提防，一有风吹草动就在心里咀嚼半天，想是不是对方在给自己扔绊脚石。

领导闻声出来，再三告诉贞子，邀请函发送晚一点也不要紧，现在发出去还是来得及的，别为了这么件小事伤了你们同事间的感情。这件事总算平息了，可是贞子内心的怨恨之火一日比一日烧得更旺。她再也不跟小红来往，有人问起："你们这么多年的好姐妹，怎么现在变得水火不容了？"贞子总会横眉怒目地向旁人说起小红在公司使坏的那件事。尽管小红有好几次都想与贞子重归于好，可是贞子总是带着怨恨的心理，不加理睬。慢慢地，小红也不再主动跟贞子联系，同事们看见贞子这样心胸狭窄，好朋友无意间做的一件小错事她都斤斤计较，甚至钻牛角尖，不肯大度宽容，大家都背地里抱怨贞子，说她不懂得宽容和理解，于是慢慢疏远了她。贞子渐渐变成公司里的孤家寡人，大家都不大愿意跟她来往了。很长一段时间后，贞子向我说起这件事时，我可以看到她内心依然有很大的失落感，觉得自己因为不懂得在小事上变通和宽容，以致失去了一位好知己。

贞子原本应该有一个一辈子要好的知己，可是就因为她的这种无法宽容别人、爱计较的品性，她失去了一个要好的姐妹。往往人生就是这样的，年轻无知，心脾暴躁，不懂得理解与宽容，爱为小事斤斤计较，小小的矛盾都能让内心充满妒忌与恨意。而后，原本应该属于自己的美好却在这种无知与轻狂中擦肩而过。最后，在年龄的增长与现实的对比中才发现，那一个曾经被自己伤害而失去的人，原是这般美好。为何当初就不让自己的脾气缓和一下，心平气和地抱着理解和宽容的态度去看待对方呢？或许，结局真的会与现在不同。

还是那句话，世界上真的没有后悔药可供你食用。聪明的女人不是只懂得亡羊补牢的人，她们会事先就修好栅栏，防止自己宝贵的东西丢失。她们一定会在大事情面前坚持原则，而在小事上理解和变通，让人和人之间没有大的矛盾可以趁虚而入。万不可因为一些微不足道的小事情而失去不该失去的人。

原谅是最好的礼物

有时候，真的搞不懂人和人之间能有多大的仇恨，能让一个人记一辈子的仇，彼此水火不容、形同陌路，直至失去也从未想过原谅。

生活在这个有太多诱惑的繁华世界里，谁能无过？如果真的内心狭窄，不愿原谅对方的过错，最终导致永远的失去，对于自己而言，又有什么好的？失去一个朋友，失去一位恋人，甚至因为自己无谓的坚持，有可能会造成更严重的后果。难道原谅别人，就真的比失去或者造成严重后果更难么？一个只愿在别人的错误里钻牛角尖的人是没有修养的。她对人性的了解太浅薄，她不懂得，原谅别人才是一个人最高的境界与修养。对伤害自己的人说句："一切都过去了，重新开始吧。"这是多么高尚的一件事啊。

当然，原谅也需要有所判断，我们要知道哪些人和哪些错误是应当被原谅的，而哪些又是不可原谅的。牵涉原则性的错误绝不要轻易原谅，比如一个女人的丈夫出轨，这就是丈夫破坏了原则性，是绝不该原谅的；而若是因为丈夫多看了几眼美女这样的小事心存妒忌，耿耿于怀，闹得不开可交，这就有点太不懂得变通了。

聪明的女人在小事上懂得变通和原谅，她们知道，原谅别人就等于为自己的未知将来赢得精彩一票。多一个朋友总比多一个敌人要强得多。你原谅了该原谅的人，她会深深记得你的好，同时也会对自己的错深深内疚。在以后的人生里，她会把你当做知己，处处找机会回报你当时的宽容一笑。这样，原谅别人就是给自己最美好的礼物。

有一个故事或许并不怎么为众人所知，但是放在这里，却足以感动你，并且让你明白，原谅一个人其实是一件很美好的事情，它会为你赢得人生的知己。

李洁和段玉是在上大学时期相识的。她们因为性格的关系一直相处得很好。有一次，段玉为了满足自己的虚荣心，想买一件自己心仪已久的裙子，可是自己的生活费却很紧张。想来想去，她想起了与自己一向相处密切的好友李洁。李洁一向不缺钱，有好多零花钱放在床头小柜子里。也不知怎么搞的，那一瞬间，段玉的虚荣心蒙蔽了自己一向高傲纯洁的心，趁宿舍没人，她悄悄地将手伸进了李洁的小柜子。正在这时，李洁却从外面回来了，当她看见自己一向信任的姐妹正从自己的小柜子里抽走一张五十元钱时，她也惊呆了。段玉发现李洁站在宿舍门口，自己也一瞬间僵硬在那里，两人一下子不知道该怎么办了。

后来，有那么几天时间，她们彼此不再往来，形同陌路。段玉一度害怕李洁将这件事告诉别人，那样自己将在同学中间失去尊严。但是，还好，李洁一直没有将这件事告诉任何人。段玉十分内疚，觉得自己对不起李洁，于是在一天自习后约了李洁并向她道歉。谁知，李洁却笑着说，都是些鸡毛蒜皮的小事儿，她不会计较的，她们还是好朋友，一辈子的事。说着，李洁就伸出手紧紧握住了段玉的手，两个人又像往昔般友好。

毕业后，李洁谈了一个男朋友。一段时间后，李洁突然打电话给段玉说自己被男人骗了，还怀孕了，男人却卷走她的钱包，不知去向。这时，段玉就搬去跟李洁住在一起。李洁因为怀孕怕被人知道，辞职了，也不敢告诉家人，连生活来源都断了。是段玉带着李洁偷偷找熟人，尽量避开众人眼线，陪她去做了流产。而且，那段时间，段玉除了拼命上班外，还要天天照顾体虚的李洁，每天替她熬补品，省出钱来买最好的营养品帮她恢复身

体，自己却从不喊累，李洁看在眼里，觉得很感动。

等李洁的身体恢复好了，她找了一份工资很高的翻译工作。一天，她找了一个环境优雅的咖啡馆，拉着段玉的手说："谢谢你，在我最孤独最落魄最无助的时候，给了我精神和生活上的帮助。"段玉却笑着说："是你在学校对我的那一次原谅，才赢得了我今天付出时的无怨无悔啊！"

可见，李洁是一个很聪明的女孩，她知道段玉的举动不过是由于少女时期的小小虚荣心理作祟。她了解段玉，也愿意相信她的朋友，不能因这一次小小的失误就完全否定她的为人。只要她的本质是好的，就不必去钻牛角尖，非要紧紧抓住小事不放。当然，这是在看清对方本质的前提下才做出的判断。而如果不能认定一个人的本质，或者看错了人，就不能随便做出原谅的决定了。

原谅该原谅的人，是心怀宽广的体现，也是一件美好的事情，它为你的人生赢得最珍贵的情感，为你在以后人生道路上面临坎坷和孤独时，赢得最温暖最真诚的帮助。让你的人生之路不再障碍重重、阴云密布。可见，拥有宽容和大度的心胸，懂得原谅别人的小小过错，为自己以后在人生道路上遇到困难时，博取一次最真切最及时的帮助，这是多么明智的选择。

看到这里，你还会为知己朋友或恋人对你造成的小小伤害而咬牙切齿吗？赶紧用自己宽厚慈悲的心原谅这些小小的伤害吧。多一份友谊，多一个知己，多一条人脉，总比多一个敌人要好得多，不是么？

别让规矩限制了你创新的思维

我们都听说过“郑人买履”这个成语，一个郑国人量了自己的脚的尺码后去买鞋，去到集市才发现自己忘记带量好的尺码，他就回家去取尺码。路人问他为什么不用自己的脚试，这个郑国人说：“我宁可相信量好的尺码，也不相信我的脚。”

很多时候，人们就像这个郑国人一样死板，很容易被各种各样的规矩所束缚，不懂得变通，因而落入俗套，在人生的道路上始终停止不前，没有新的体验和收获。各行各业都有自己的规矩，在全球各地都是这样的。规矩不过是个大框框，它可以限制人的大行为，却无法限制你创新和开阔的思维，聪明的女人会很快意识到这一点，不会让死规矩限制自己前进的步伐。

比如，在工作中，你总会遇到各种各样的程序和规定。无论你做什么事，别人都会告诉你，请按规矩办事。其实，这不过是职场上的潜规则罢了，聪明的女人会看透这一点，将自己的聪明才智在工作中发挥出来，不会被这些条条框框局限住。她们在工作中独树一帜，展示自己新的观点、新的处事方式，习惯打破陈规、创出新举，令他人惊叹不止。

其实，这也是每一个定规矩的领导人士所期盼的事，他们就是想要了解自己的员工是否有这种破陈出新的胆识和勇气，是否拥有创新的意识。只有这样的人才能被领导所赏识和重用，在职场上拥有更多晋升的机会。聪明的女人懂得，有创新才有进步。这样的员工，很多领导当然求之不得，

对于你，机会也层出不穷。

小张就是这么一个敢于创新、不被规矩所束缚的人。她初来公司时，是应聘一份普通的销售保险的工作。到任的第一天，迎接她的是一本厚厚的公司规章制度，有很多关于销售方面的规则。比如，上面会教你如何按固定的模式寻找潜在客户，如何与客户沟通等。她看后也觉得获益匪浅，但是按规矩实行了一段时间之后，她发现，原来所有的同事都按这个规矩做销售，每一次出去找客户，很多客户都直言："你们单位的人都来过了，还每次都是那么一套，烦不烦啊？"小张连说话的机会都没有，她一时不知道该怎么办了。

后来，经过思考，她发现，不能再走别人走过的路。与客户做下换位思考，就不难发现，要是自己遇到这样的事情，也会烦透的。整天面对同一个模式的机器人，重复同一件无味的事情，说同样的话，没有一点儿新意，他们肯定不愿意给你继续说下去的机会。于是，她开始换了思维，大原则上还继续按公司的规矩行事，至于很多与客户沟通的技巧与方法，她按自己创新的规则走。比如，她去和客户沟通前，会先让自己从上到下给人耳目一新的清新感，不再是风尘仆仆的，而是精神百倍。与客户见面时，她会先跟客户说一些轻松的话题，同时也会察言观色。客户属于哪一行，是什么样的人，需要什么方面的信息，她都会知道得一清二楚。然后，顺藤摸瓜地与客户讨论他们最关注的话题，先进入他们的内心，留下一个好的印象。下一次再登门，客户必然笑脸相迎，这一次再谈保险的话题，客户即使当时不愿接受，事后也会处处留意，给她机会。

后来，小张便因为创新的销售思维拥有越来越多的客户，很多客户还和她成为交情甚深的知己朋友，不仅他们自己买了保险，还推荐了很多潜在客户给她。她的业绩越来越突出，大家在公司的销售人员评论会上夸小张拥有创新意识，有开阔的思维、聪明的头脑，愿意与她一直合作下去。老板不仅提升她为销售经理，还给她涨了工资，定了年薪。

小张的这种破陈出新的举动为她自己的事业铺下了成功的基石。当然，也只有开阔自己的思维，不被大框框囚禁住自己的心，才能取得人生的成功。然而，我们生活在这个社会上，难免一时会被各种规矩所限制，但是，千万不可一辈子被限制。否则，错过的将是自己人生最美好最重要的机遇。其实，仔细看一下我们周围的人群，为什么很多人在一个岗位上兢兢业业这么多年，虽然赢得老板和同事心目中“老实人”的称号，却依然无法获得晋升和加薪的机会呢？为什么有一些人刚到岗位便获得老板的赏识？其实，很多人就是因为太“老实”、太死板、不懂变通、太遵守规矩的缘故，缺乏创新的意识，所以在一个固定的岗位上，很多年如一日地重复着同一件事情。

想起一句话来：“人一生可以活很多年，可悲的是很多人一生却只在重复同一件事情。”或许，这就是缺乏创新的缘故，缺乏破陈出新的胆识和思维，所以注定一辈子如此平庸，机械一般生活着。而有头脑的女人却可以创造出属于自己的“规矩”，让那些老旧的条条框框见鬼去吧。

蛮横无礼是愚蠢女人才做的事

我觉得，“蛮横无礼”这个词真不该拿来形容女人。但是依然有一些愚蠢的女人甘愿成为这个词的代言人。她们在遇事时，不管是否因自己的失误造成不良结果，都理直气壮地和对方胡搅蛮缠，坚持原本不该坚持的小

事,甚至不惜找出一大堆不合逻辑的事情来为自己的错误言行辩驳。即使用这种方式勉强为自己争回脸面,其实,她们已经在众人口里落下蛮横无礼的恶名,相信大家事后都不愿与这种女人共事。

然而,聪明的女人绝不会如此,她们在遇见一些事时,不会不假思索地争执,用蛮横无礼的方式来为自己争取胜利。她们懂得先用自己聪慧的头脑判断事情的性质,倘若是触犯了大原则的事件,她们会坚持下去,并且用理智和事实来讨取众人的一致赞同;如若只是一些无关紧要的小事,就只需稍稍动一下脑筋,变通一下,这样既可以让自己处于优势地位,又可以博得众人赞同。她们绝不会愚蠢到采取蛮横无礼的方式与人争得面红耳赤。

有一个叫宋艳的女人告诉我,某天中午她和同事一起去吃饭,刚走到一个拐弯处,一辆小汽车刚好就驶到旁边一个深深的小坑里,将混浊的黄泥水溅得到处都是,还往她当天新穿的裙子上溅了许多泥点。她当时很气愤,汽车主人也没有停下来给她道歉。更可气的是,一看车牌号,居然是她的一个男同事,以前曾经还是她的男友,不过现在车里坐的是另一个美人。宋艳这时气不打一处来,她觉得是同事故意将泥水溅到她身上的,因为开车路过时应该可以看见她,可是他丝毫不在意地驶进泥水坑里。

来到公司后,宋艳气愤地提起自己溅满泥点的裙子,走到那个男同事面前,非要让他当着所有同事的面向她道歉。男同事苦苦解释是无意的,真的是到了拐弯处没看见她,可是宋艳就是咽不下这口气,总觉得别人欺侮自己。下午的时候,这位同事到她的桌边接一个电话,顺手将一封重要的文件搁在她的桌子上,宋艳便悄悄地将文件放在窗台外面。等同事打完电话寻找文件时,她就告诉同事,只要他按她的方式道歉,她就还给他。同事再三相告这是一封紧急文件,要赶紧送到老板办公室。可宋艳才不管呢，她继续她的报复游戏，同事无奈，只好听她的。同事叫阿当，宋艳自己念道："我阿当今天弄脏了宋艳的裙子，我是故意的，我是混蛋。"然后让这个男同事当着很多同事的面也跟着她念。同事急于寻回文件，只好委屈地在众人面前被宋艳的无礼蛮横所牵制。

事后，虽然宋艳为那么件小事讨回了公道，同事却在背后对她指责不堪，说没见过像宋艳这样蛮横无礼的女人，明明是一件小事，却非要闹到不可开交，以致伤了同事间的和气。后来，很多同事都对她很冷淡，因为大家相信，一个不懂得宽容、喜欢在小事上斤斤计较的女人，不是一个值得交往的朋友。

试想一下，原本只是一件小事，宋艳却让同事当面出丑，只是为了给自己溅脏的裙子找回心理平衡点。不可否认，这样的做法真的很愚蠢，一个女人能蛮横无礼到如此程度，也难怪会在人际交往中失去别人的信任和爱戴。她原本可以聪明一点儿的，虽然同事是不对，可是她大可不必如此蛮横，再说，这么件小事又不是牵扯到大原则的问题，变通一下会让问题有更好的解决方法。比如，可以用另一种委婉的方式告知同事，让他知道的确是他使她的裙子溅了泥点。这样，同事可能会有点内疚，主动请你吃饭或送你回家。这时，她可以笑着告诉他，不过是件小事而已，不必放在心上。相信她在这件小事上的大度和宽容一定会博得同事的赞许，而她也无形中在交际圈里赢得了一些朋友。

聪明的女人一定不会像宋艳这样，在小事上钻牛角尖，使自己失去女人应有的天真与可爱，成为大家眼里十足的蛮横女人。她们懂得坚守原则，却也可以在小事上淡然处之，不与身边的朋友发生尖锐的冲突。有立场、有原则、懂变通，这是新一代聪明女性的三大法宝。

坚持应该坚持的原则

每一个女人都要有自己的原则。就好比一个人有她自己在这个社会上交际和生活的底线，底线之上完全可以容忍变通；而一旦超越底线，就一定要坚守自己的原则，不容许别人侵犯。坚持该坚持的原则，是女人必须要树立的人生态度。那么，究竟什么才是女人应该坚持的原则呢？

比如，女人们在面对感情问题时，一定要有一个关于付出的尺度标准，不能茫目地全盘付出，不加思索。在人际交友中，对所交际的人群也要有一个范围，不要随随便便与一些品行不佳的人交换信息，这样会给自己的生活造成不必要的麻烦。特别是在择偶方面，女人不能靠感性的思维去选择一个人，要从这个人的全方面去考虑，看是否适合自己。最重要的一点是，很多女人最难以坚守的原则就是谈了男友不便立刻同居。要知道，不管年轻人如何前卫，女人对自己的的贞洁问题还是一定要有一个原则的，不要放任自流，也不能草率地跟一个无法确定是否可以走上婚姻之路的人同居。还有一方面，已婚的女人大多对自己的生活失去原则，姐妹圈子也不走动了，集体出游的活动也拒绝了，任何社交活动一概免谈，心目中只有一个太阳，那就是自家的男人。试想一下，一个连自己的原则都失去的女人，男人能爱她多久？

吴单就是一个在生活中很有原则的女人。说她坚守自己的原则，并不是指她一根筋撑到底，不灵活变通。在人际交往的小事上，她还是一个很善于变通、绝不斤斤计较的女人。我所指的是她在一些有违个人道德和尊严的事情上，会守住自己的原则，绝不随波逐流。

有一次吴单和朋友参加一个交际会，朋友都争先恐后地去认识那些上流人士，也不管对方年龄、品性、素质如何，只想多认识几个有钱的朋友，或许会对自己以后有帮助。只有吴单，她只选择那些通过交流、确认和自己性格相投又品性极佳的人士，彼此交流也决不涉及隐私，有种君子之交淡如水的风范。听吴单说，交朋友一定要择优，宁可少一些朋友，也不能让自己的生活被多出的素质低下的朋友弄得乌烟瘴气。一定要确立交友的范围，诚实、友善、光明磊落的人可以与之携手共进；唯利是图、正恶不分的人要拒而远之，免得给自己的人生带来麻烦。

后来，吴单还告诉我，女人在生活上，一定要有自己独立谋生的手段，万不可把男人当做长期饭票，一定得坚持事业独立的原则。暂且先不管挣钱多与少，但是得有自己的工作。这是每一个女人必须坚守的原则，只有这样，才能在家庭婚姻和人际中拥有一定的地位。

聪明的女人都该像吴单一样，为自己的人生确立一些大的原则，不要做一棵墙头草，没有主见、没有原则地跟着别人的思想走，这样只会让你在别人的眼里显得没有个性、过于平庸。

别养成“愤世嫉俗”的习惯

我们经常会遇到这样的一些事：有人天生就有好运，家庭富裕，学习优异，事业有成。而有的人不管怎么努力，如何奋斗，依然摘不掉“穷人”的帽子，平庸地过完一生。所以，这是一个不公平的世界。但是，难道就因为

这些不公平，你就让自己变得愤世嫉俗，内心对世界充满怨恨，丢失信心和奋斗的勇气？只能说，有这样想法的人，表面上厌倦这个不公平的世界，实则是对自己失去信心，低估自己的能力，让原本信心十足的自己失去唯一可能让你获取成功的动力和勇气。

聪明的女人依然坚守自己纯洁的心灵，把自己内在的潜质发挥出来，不断充实自己，让自己的一生变得辉煌。虽然这样的奋斗总会在纷繁的世界上遇到这样或那样的障碍，但是，只要敢于拼搏、积极努力，不让内心被这种愤世嫉俗的恶习所占据，就一定可以获取自己想拥有的东西。

记得从朋友那里听来这样一个故事，有一个女大学生叫晓红，刚刚上完大学，离开象牙塔时，对自己的人生做了最美好最长远的规划，计划几年内拥有多少资产，几年内使自己成为某一行业的精英，拥有多少上流社会的朋友。并且，她在单纯的校园里，对外面繁华的世界充满了想象，总觉得自己投身于这个社会时，一定会是一块闪闪发光的金子，不管到哪里都会是一匹千里马，被很多伯乐看中，然后实现自己的锦锈前程。

只是，她始终没有料想到，单纯的校园生活以及纯粹的个人梦想怎能敌得过现实的复杂。在晓红信心百倍地将自己的简历一次又一次投入自己所喜好的单位，却一次又一次石沉大海后，她第一次觉得，这个世界真的不公平。晓红在人才市场亲眼看着别人冷眼拒绝她后，却将一个学历比她低的人的简历收进了文档里，然后笑着告诉那人上班的时间，她的内心充满了愤慨，她觉得真不公平。

自己比别人学历高、知识渊博，为什么会被单位拒绝，单位宁可找一个学历低的人？晓红为这件事，一直想不通，整日愁眉苦脸，一见人就把这件事拿出来咀嚼，仿佛要告诉全世界的人，这是一件多么不公平的事啊。可是，她告诉别人时，很多人一笑了之。后来，她勉强被一家单位录取。谁知，到单位之后，她发现自己一个堂堂名校大学生，工资居然是一个中专技术人员的一半，于是，她抱着愤怒的心情去向领导诉说对自己的不公。而领导直接告诉她："想干就干，不想干就走人，想来这个岗位的人多的是。"

晓红气愤地摔门而去，带着行李离开了这家公司。很长一段时间，她都没有去人才市场，她觉得太不公平了，内心充满愤慨和难过。渐渐地，自己就失去了找工作的勇气，并且开始变得厌世，对任何事都充满猜疑，不肯面对。后来，她的一个朋友告诉她，其实社会上很多观点和习俗、对人对事的态度，都没有什么公平或不公平。因为，在这些事情上，上帝也没有一个标准的尺子来衡量谁对谁错，既然很多事在自己能力范围内无法改变，再愤慨又有什么用呢？只有适应，才能求其生存。

她在朋友的劝说下，渐渐平息了自己内心的愤慨，抱着平和的心态，再一次穿梭于人才市场。求到一个职位后，晓红从最基层努力做起，从不与身边的人攀比，只是一味加快自己的步伐。后来，她居然也升职加薪，成为别人眼里的女强人。

晓红起初的做法真的是自己跟自己较劲儿。一种普遍的社会现象，又怎么是她一个人就可以瞬间改变得了的？让自己钻进牛角尖里愤世嫉俗，不懂得变通想法去适应，迟早是要吃亏的。很多时候，在这个社会上摸爬滚打，会碰到不公平的事，愤慨是与自己较劲儿，对这个社会以及固定的习俗而言，你的力量是微薄的，既然无法改变，唯有适应，才能更好地生存。

所以，聪明的女性应该懂得变通，不对这种无法改变的社会现象耿耿于怀，别钻进牛角尖里与自己过不去。特别是长期以来存在于社会的一些"潜规则"，在我们无力改变的时候，请收回自己的愤恨怨怼。平和相待，变

通一下思维，不要一根筋撑到底。有句话说得好："水之所以源源流长，是因为它碰到任何坚硬的石壁时，都知道绕道而行。"

将小人当做人生的一面镜子

我一直记得一句话："要感谢那些伤害过自己的人，因为他们使你懂得如何处处规整警惕自己的言行，让你更加完美。"其实，我们生活在这样一个日新月异的社会里，面对形形色色的人群，难免会受到这样或那样的伤害。有时候，当你认为她是你的知己朋友，将自己的内心秘密与她共享，却在不经意时发现，自己所遇的一些不幸居然来自于与自己关系最好的朋友，是她一直在背后为你埋下隐患，让你在工作中失利，在爱情中受挫。

当你醒悟过来，得知这一切皆来源于自己的知己，你难免会内心沮丧，甚至心中怨怼不已，觉得自己为何如此不幸，遇人不善，认小人为知己，使自己一次又一次受到伤害。其实，当现实中的你面临这样的遭遇时，不必愤恨，不必伤心，有句话说得好："任何事情的发生所引起影响，都不是单方面的，表面看似负面影响很重，其实，静下心来仔细推敲会发现，原来伤害过你的、被你视为朋友的小人，他们对你造成的不一定只是伤害。"

从另一个角度考虑，他们的这种言行恰恰变成你规整自己、完善自己行为的镜子。是他们提醒你，在以后的工作与人际关系中，要提高自己的人品修养，完善自己的各方面素质，告诫自己永远不要踏入小人的行列，以免一不小心错失很多东西，比如友谊，比如爱情，比如工作中的宝贵机遇。

这样想的时候，我们会发现，原来遭遇小人并不是一件纯粹的坏事。相反，小人会让你时刻警惕自己，端起这面镜子，把自己的行为规范到最好最完美的境地。我的同学晓洁就是这样的一个例子。晓洁曾是一名业务人员，专门销售医疗器材，她最初步入这个行业时什么都不懂。后来，经过自己的不断努力，她拥有大量的客户群体，很多客户都冲着晓洁的坦诚，甘愿一次又一次地与她签合同，给她创造一切提升业绩的机会。

渐渐地，晓洁就在所有的同事中脱颖而出，业绩遥遥领先。女同事小童也是一名普通的销售人员，和晓洁的关系也不错，由于晓洁没有多少知心的朋友，所以，她把小童当做自己唯一的知己。每天两个人一起上下班，一起研究业务知识，推敲与客户交流的经验。小童虽然比晓洁工龄长一些，可是，她一直以来却没有干出多少成绩，还时常受领导白眼。于是，小童经常向晓洁询问一些业务方面的东西，而晓洁也信任自己的姐妹，没有丝毫保留地将自己的客户信息整理出来，作为例子，举一反三，一个又一个讲给小童听。

后来，晓洁出差了一个月，等她回来与自己的客户联系时，他们却说和小童签了合同。晓洁一下子不知道该如何是好，她不知道小童是如何将自己的重要客户群挖过去的。她只是知道，单纯的自己被信任的姐妹挖了墙角，那种伤心与愤恨像野草在心里疯长起来。她去找小童理论，却被小童的三寸不烂之舌说得哑口无言，好象挖墙角的是她而不是小童。她一时不知道该怎么办，看着自己的业绩一季又一季几乎为零，晓洁特别难过，她一向信任的姐妹原来是小人。她想报复，可是一直没有下狠心。事后，公司领导人士发现小童采取卑劣手段夺了晓洁的客户，便以言行举止低微不高尚为由，勒令小童退职，小童不仅名誉受损，还遭遇同事的斥责。

这时的晓洁看到小童名誉受损而离开后，突然有种回头是岸的感觉，

觉得自己差一点就误入了小人的范畴，毁坏自己名誉和言行。从那之后，晓洁一直把这件事牢牢印在心里，时刻提醒自己，当面对使自己受挫受伤的小人时，不要以同样的卑劣手法去报复他人，这样只会降低自己的行为标准，让自己也落入小人的行列，等到事情澄清后，自己会失去很多很多的财富，比如友谊，比如名誉，比如工作。

晓洁的想法是对的，聪明的女人不会因为对方行为卑劣，伤害了自己，就失去自己的原则，因为一件小事让自己也背负上小人的恶名。要时刻懂得用原则来规范自己，越过了原则底线的事，可以试图争取和变通，但决不钻牛角尖。倘若晓洁没有坚守自己做人的原则，也用卑劣的小人手段去伤害小童，她失去的会更多——自己的原则和做人的品性，统统都被这件小事一起抹黑。

看过这个例子后，亲爱的，你一定会在遭遇小人时，让自己变得更有风度，有更广阔的心胸。不是吗？要把他们当做人生的镜子，使自己成为人人爱戴的君子，而不是卑鄙无耻的小人。

女人的性格优势

上善若水，以柔克刚

在这个复杂的社会上游走奋斗，难免会碰到很多意想不到的事情。每当到了这个时候，不要灰心，不要沮丧，不要放弃，不要因为我们是男人眼里的柔弱女性而失去信心。要知道，作为女性，我们有自己与男性不同的独特品质，应当用我们善良温柔的性格，用水一般柔软的品质，克服生命中所遇到的最顽强的石头。

柔美是女人的天性，也是女人最有利的武器

老子说："上善若水，水善利万物而不争，此乃谦下之德也；故江海所以能为百谷王者，以其善下之，则能为百谷王。天下莫柔弱于水，而攻坚强者莫之能胜，此乃柔德；故柔之胜刚，弱之胜强坚。因其无有，故能入于无之间，由此可知不言之教、无为之益也。"

老子认为上善的人就应该像水一样，有柔美的品性，可容万道溪流。水造福万物，滋养万物，却不与万物争高下，这才是最为谦虚的美德。江海之所以能够成为一切河流的归宿，是因为它善于处在下游的位置上，所以成为百谷王。

可见，虽然女人在这个社会上依然是弱势群体，但是，如果换一种角度来看待，柔弱并不见得不是女人的一个优势。女人柔美如水般的品性是男人所不具备的，因此柔美反而成了女性战胜万物的筹码。即使是极刚强的男人，也终究敌不过女人的柔美，而甘愿跪倒在她们的石榴裙下；或被她们的柔美征服，甘愿在事业和生活上，提供给她们更多获取成功和幸福的机会。可见，女人的柔美并不见得是一种软弱，而很有可能是女人获取幸福人生的最有利的武器。

阿美是我见过的朋友当中最成功的一个白领女性。她才刚刚二十八岁，却在繁华的商业区拥有几个服装铺，在环山秀水的郊区拥有几百平米的房子。这对于一个大学毕业仅仅几年的青春女性来说，阿美算得上是一个很成功的女人了。有时，我们会在一起聊天，我很奇怪，人人都说想要获

取幸福，在这样一个竞争激烈的社会上，不采取一些阴谋和手段，而同时拥有事业和房子，简直是不可能的。

可是，我发现阿美并不是我想象中的女强人。她不像别的成功女人那样有太多的功利心和妒忌心，也不会一提钱和事业问题就见缝插针，争强好胜。反之，阿美给人的感觉很温柔，说话和做人处事都带着与世无争的优良品性，我们每一次谈话，我都觉得很舒服，完全没有无形的压迫感。阿美的朋友很多，时常会看见她接到一些电话，眼里荡漾的全是喜气和幸福。而且在同事中，她的人缘是极好的，可以毫不夸张地说，她在公司所有人的眼里，都是口碑极好的。一个成功女人可以使事业和人际和谐到如此地步，真的不是件容易的事。

后来，阿美向我讲述了她刚毕业时的工作经历。那时，阿美还是一个单纯的学生，不懂得钩心斗角，也尽量避免与别人起争执。因此，阿美的单纯柔美的品性让她在公司里赢得了很多朋友，大家都愿意与她这样一个从不玩心计，不背后指责别人，在工作上也从不与同事斤斤计较的人交朋友。

试想一下，像她这样一个女人，哪个人不愿与她交朋友？可是，有的人却说她很傻，很软弱，阿美都一笑了之。她觉得想要入世，就先要学会出世，不能被各种各样的诱惑打倒。坚持自己柔美的品性，不为外界的环境所改变，不为了争夺一个职位而改变自己单纯的品质，不因为金钱而与身边的人钩心斗角。所以虽然刚刚毕业、不谙世事，但阿美如水一般的高尚性情还是为她赢得了机遇。当然，除了这种性格，她还有聪明的头脑。

初入职场，阿美在上司米德的眼里是软弱的，但他同时又觉得她人很聪明、头脑灵活，有潜力可挖。于是，他故意把很累的工作分给阿美，比如让她像个保姆一样为他天天冲咖啡、打扫办公室、整理堆积如山的文件、帮他接听电话等等。但阿美都从不因为工作内容的单调和平庸而抱怨，因为通过平日里对上司的观察，机警的她早已猜到上司的心思。你想考验我？我当然要随着你的心思来表现自己。阿美是这样想，也是这样做的。

她将各项工作处理得井井有条，又与各部门的同事之间保持着良好的关系。这种如水般柔美的性情使米德觉得她适合做组织协调类的工作。习惯了公司其他人的明争暗斗，米德觉得阿美就像一池清泉，让人感觉舒服又不会有压力，这种亲和力在沟通方面很有优势。于是他在一次人员职位升迁调动中，将阿美调到他的办公室做助理。这个别人计划用很多年猎取的职位，却被阿美用她的性情和头脑捷足先登，真是羡煞了旁人。

事情如阿美当初所料的那样发展，但是她并没有因为自己被上司赏识而改变温良的柔美性情，而是一如既往地坚持自己的原则。站在众多竞争者的队伍里，她依然是一个温良的小女人，在不经意间，用自己的柔美，为人生争取更多的机会。她的聪明从不对外张扬，完全隐藏于她柔美的天性里，即使获取了成功，也没有在竞争的人群里树下敌人，反而受到了很多同事的认可。不久，与她有过多次业务来往的另一家公司的管理部门精英恋上了阿美。他的业务能力尤为出众，头脑又十分灵活，人也特别正直，正是阿美理想的对象。两人交往不久，就认定了对方是自己终生的依靠。

由此，阿美不仅在工作方面力压群芳，在爱情中也是如此。而她之所以取得成功，就是因为她拥有聪明的头脑和女人才有的柔美如水的品性。她懂得以柔制胜的道理，凡事不多做牵强的斗争。其实，我们每一个女人都拥有柔美如水的品性，就像有一句话所说，“每一个女人都是上帝派到人间的天使”。所以，女人拥有男性所无法比拟的品性和特质，关键在于是否能够意识这一点，将它当做自己的优势来看待，并发挥得淋漓尽致。有些女人认为柔弱是女人的缺点，总想变得强势一些、阳刚一些，结果只能

越来越令自己失去女人味。

所以，我们不妨用温柔的一面来面对这个世界。要知道，智慧并不只有外表强势的人才会拥有，真正拥有大智慧的人是不会处处表现自己的。聪明的女人一定要披上柔美的外衣，让人愿意亲近、愿意相信，才能使成功之路布满绿灯。事实证明，它不仅不是女人的弱点，还会体现女人强势的一面，只不过这种强势不是刀光剑影中的胜利，而是微风拂面式的荡漾。这荡漾令人心醉，令人无法拒绝。因而很多时候，我们都要坚守住我们区别于男人的这种独一无二的品性，用如水般的性情来克服工作与生活中的种种困难与不幸。乐观处事、平和待人，适当保留自己单纯柔美的真性情，把柔美的天性当做获取幸福的有利武器。这样，成功了，幸福了，也依然拥有君子作风以及坦荡荡的人生。

善于发挥女人特有的手段

总是能听到一些女人抱怨："这是一个男权社会，我们女人走到哪里都没有优势，就连找工作，很多单位都声明男士优先。问其原因，他们都会说，很多事女人是不行的，必须由男人去做。所以，在很多场合，男人的机会总是比女人多，看来，我们女人还是跟旧社会一样，没有多少优势，只能罩在男人的阴影里度过一生了。"可现实真的只能如此吗？这可不一定哦。

现如今，女人和男人都是公平地存在于这个社会的。很多时候，男人的担子还要比女人更重一些。女人之所以会觉得自己仍然处于劣势，是因为多数女人没有真正意识到她们的优势所在，结果盲目地去模仿男人，既失去了女人的天性，又没有真正获得成功，还落得个“男人婆”的绰号。就像“站有站相，坐有坐相”一样，女人也要有女人相。女人看似软弱，骨子里却坚强无比。温柔使她们更容易与人亲近，获取他人的信任。而纤细的性格又使她们做事比男人更细致，且遇事时懂得委婉迎合，实则既保全了别人的面子，也减少了不必要的麻烦和冲突。你们看，女人不是拥有很多实实在在的手段吗?

我们一定要坚信，上帝赋予我们女人的那些在男人看来不起眼的性格，也一样可以让我们在激烈的竞争中寻得很多机会。一定不要轻易小看自己，不要气馁，不要因为自己没有男人刚烈的性格，就觉得自己一无是处。应该好好把握自己作为女人的天性，让它来为自己的未来赢得更多的机会。

安小小是一个没有任何销售经验，也没有高学历的人。她为了在社会上生存，整天穿梭于人才市场，为自己谋取一个职位，以便让自己变成这个大城市里的一员，过上幸福的生活。但是，安小小走遍了所有人才市场，也没能找到适合自己的位置。她知道自己没有高学历，不能坐进舒适的办公室里，又听说只要肯吃苦，销售这个职业人人都可以做，就打算先从销售做起。可她面试了很多销售单位，人家看她长得清秀瘦小，都不愿给她机会，有些干脆直接告诉她，我们只招男性。可安小小没有放弃，她一直在寻找机会，后来朋友介绍她去了一家公司做销售。

虽然同事之间的竞争比较激烈，但是那些从事这行业很久的同事依然愿意向安小小透露很多东西。他们觉得她是女人，又柔柔弱弱的，所以就对她有一丝怜惜，愿意给她多讲一些销售方面的知识。很多男同事告诉她，销售不像你想象中那么好做，经常会被别人轰出来。有时寻找客户，人家居然连门都不让进，我们有多年经验都这样，你肯定不行，还是早早找

一个爱你的男人嫁了，就不用这么辛苦了。

安小小没有被吓倒，她依然背着几瓶水四处寻找潜在客户。她频繁进出一些高级写字楼，寻找各类贸易公司，不断地作着自我介绍，不断地递给那些负责人名片和资料，当然也不断地承受着别人的白眼和刻薄的话。尽管如此，她得到的推荐自己的机会却是最多的。因为很多男职员都不愿直接拒绝这样一个柔弱的女孩儿。不管是否有合作机会，他们至少可以给她一次表达的机会。由于她天性善于与人亲近，再加上如水般的性情，她在那些客户的心里留下了很不错的印象。有几家公司都答应，需要询价的时候一定会找她。经过一段时期的辛苦努力，安小小的业绩不断上升。后来，她甚至超过了那些奋斗多年的男人，成为公司销售部的红人。

说起成功的秘诀，安小小总是狡黠地笑："其实就是稍微利用一下男人怜香惜玉的心情嘛。女人与女人合作并不容易，但是换成男人就容易一些。所以我的客户目标都是男人。"简单的真相，道出的却是千古不变的道理。所以女人们大可不必轻易地否定自己，天生我材必有用，关键在于如何用，以及用在什么地方。女人特有的手段还有很多，可用的地方也有很多，比如在男友或老公面前撒娇，比如在男同事面前叫苦，这些手段如果能够运用得恰到好处，就能成为女人的制胜招数。

柔弱的姿态并不表示会失去成功的机会，就像武侠小说中的情节，某些时候，女人总是杀伤力最大的，因为男人对女人的伎俩永远防不胜防。而在女人之间，只要对方认为你没有危险，要想她将你当做"姐妹"看待也不是难事。一切的一切都在于，聪明的你是否善于发挥自己的天性。

力量不是绝对，四两拨千斤才是王道

“四两拨千斤”，这一个武术技法术语最早见于太级拳《打手歌》：“任他巨力来打我，牵动四两拨千斤。”正所谓顺势借力，以小力胜大力，以弱胜强，就是这一词的灵魂所在。我们经常会在一些武打片里看到，在太极拳推手过程中，凡加引化劲于对手动作上，诱其落空；或者先化后粘，使对方陷入不利地位；或者以横拨直，以直拨横，改变对方劲力方向等等，这些均属“四两拨千斤”之法。

此语经广泛传播，为各家拳派采用，泛指以巧胜拙的各种击法。而如今，有越来越多的人把这个武术术语用于用很小的力量就可以战胜强者的人。可见，力量不是绝对，最重要的是可以用你智慧的大脑，花最小的力气克服最强大的对手。“以柔克刚，以弱胜强”，相信大家对这样的词一点儿不陌生，既然古人都将四两拨千斤这样的力道运用于武术及人生的各个领域，相信它一定有独到的特点。

做女人就要会“打太极”，这里所说的打太极当然是指将太极的理论和方法运用到生活中。在面对比自己力量强的对手时，关键要看是否拥有智慧和方法，要善于借对方之力给予还击。如果只是一味与对方硬碰硬，就像拿鸡蛋碰石头一样，是幼稚而愚蠢的方式。比如，女人在感情中会遇到情敌。这种情况下，多数女人都会毫不留情地选择痛击。但痛击也有痛击的方式，并不是要你真的将她痛打一顿才算是痛击，才能出恶气。更多时候要寻找其他方法或者借助旁人的力量，才能确保既达到目的，又不会

伤着自己。

我曾经看过这样一则小故事，很受启发。很久很久以前，有一个文弱书生叫南安，终日在深山老林里饱读诗书。有一天，南安读书读得累了，就一个人跑到一个狭窄的山谷里闲逛，走着走着，他看见前面有一个黑乎乎的山洞。南安一直生活在这个林子附近，从未发现过有山洞，他一时好奇，想知道这个山洞到底有多深。他走到山洞边上，从黑乎乎的洞口向下望去，可无法看清洞底。于是他想起曾听林外的老人说过，想要知道洞有多深，只需投一块大石头，听听石头的回音就能猜到有多深。南安很兴奋，他到处找石头，刚好离洞口五米远的地方有一块巨石，可是南安是个文弱书生，他如何才能将巨石滚进山洞呢？这时，他想起书上有一个关于杠杆的原理。他灵机一动，找了一根粗细均匀的树干，运用杠杆的原理撬动了巨石，使之滚落进山洞。

那块巨石就像生活中的艰难困苦，很难撼动，只有找到适当的方法，才能将困难克服，而这样的情形是我们每天都会遇到的。看过这则故事，相信大家都会明白，力量并不是绝对的。当我们遇到一些远远超出自己能力范围之外的事情或困难时，千万不要沮丧，不要因为自己的柔弱而放弃或退缩，也不要因为自己足够强大而付出不必要的力量。在这个时候，我们一定要多发挥自己的聪明才智，运用最省力最有效最聪明的办法去解决。就好比这则故事中的文弱书生南安一样，他没有别人健硕的体形，但是却聪明地运用了杠杆的原理，将远远超出自己能力范围的巨石撬进了山洞。而那一刻，如果是一个彪形大汉面对那块巨石，也未必能够对付得了它。

所以，聪明的女人一定要学会四两拨千斤的方法，并且要修炼得炉火纯青、出神入化。无论前路的敌人是何种姿态，我们都要在擅长“打太极”的基础上迎难而上，相信自己的能力，也相信自己的技术。以暴制暴、直来直去是没有头脑的女人才会做的事情，有头脑的女人会让自己赢得更漂亮。

放弃小聪明，选择大智慧

每个人都想拥有大智慧，但往往容易迷失在小聪明之中。生活在这个充满诱惑和竞争的社会里，人人都想要在茫茫人海中脱颖而出。很多人为了满足自己的虚荣心，在生活和工作中，处处利用自己的小聪明来获取虚荣的光圈，让自己暂时拥有掌声和鲜花。

比如，有人在工作中善于演戏，善于用自己的小聪明在背地里给别人穿小鞋，并且能言善辩。她们在一些琐碎事情上费尽心机地表现，使自己在领导眼中成为特别有能力的人，而事实上她们不过是徒有其表罢了。当然，这种人通过自己的小聪明也很容易获取升迁的机会。但是，要知道，当自认为有那么点小聪明并且加以滥用时，很快也会受到小聪明带给自己的惩罚。毕竟，你的小聪明只是短暂地让你尝了甜头，相比那些拥有大智慧的人，你那些掌声和鲜花相伴随的日子是短暂的。

真正拥有大智慧的女人，往往看问题的眼光都是比较长远的，常常拒绝运用小聪明的人擅长的急功近利的手段。她们一般都将自己的聪明智慧隐藏得很深，说话很有深度，在一些小的事情上表现得很平静，不会和人争得面红耳赤，不会背地里给人穿小鞋。大智慧的人似乎没有小聪明的人那样的自私品性，其实不是这样的，大智慧的人并不是不懂得为自己谋取利益，只是她们善于思考，善于用大智慧为自己创造长远的发展和生存

的机会。

我曾经有一个同事，她给人的感觉一直很张扬，特别是在工作上，表现得很积极，看起来是一个能力非常强的女人。最重要的是，她懂得在领导面前表现自己，比如，有时公司开例会，大家都坐在一起开会，可她却主动离开，为老板冲一杯咖啡端过去。有时候轮到全体大扫除了，大家都表现得很消极，这儿一堆哪儿一群的聊天。她原本是在窗口打电话的，可是一见老板远远走过来，就赶紧挂掉电话，拿起旁边的拖把拖地。老板走过来，一看只有她一个人在辛苦劳动，先是批评那些闲聊的同事，然后当着众人的面把她表扬了一番。

那时，大家都觉得她很有心计，懂得把握时机获取领导的赞许和赏识。甚至，有很多同事认为，她这样的人爱表现自己，发挥自己的小聪明，实则本身没有多少能力。但是，偏偏就她这样一个人，在一次职位调动中被提升成了办公室经理。大家背地里对她使的小聪明极为不服，觉得她完全没有能力胜任经理的职位。可是既然她已升为经理，大家也不好再背地里对她使坏，只好服从。

升职后，她才发现原来一个经理并不好当，很多的事项都要由她自己一个人全权负责，连公司专业的技术参数和资料，都要由她自己考评和提供。原本自以为聪明的她，拿着一堆对她自己而言云里雾里的参数资料的那一刻，才傻了眼。可是为了迎合老板，保持自己实力很强的假象，她依然在这些事情上表现得很专业，不露出一点儿外行人的痕迹。而事后，她却从别的公司高价聘用了一个人替她完成这些资料。

因此，很多时候，她递交的材料和参数都被领导高度赞扬，并且极力推荐她为全公司技术人员的楷模。为了让全体员工有更好的培训和学习的机会，领导特意在当天安排了一个会议，由她把所有的技术参数及资料的完成这一系列事项为所有的员工讲解一下，让大家也可以有一个共同学习的机会。她没有想到领导会这么看重她，甚至让她做演讲，她一下子傻眼了，要知道这些东西都是她背地里请别人做的，她自己完全不知道怎么做。可是，领导已发话，要是在平时，她肯定庆幸能有这么好的机会表现一下，可当时，她觉得真是骑虎难下了。结果，那天的会议，她始终沉默地一言不发。也就在那天，领导才陆续从同事口中得知她的为人，一切不过是她玩小聪明才得到手的掌声和鲜花，她根本没有多少能力。

我这个同事的做法就是玩小聪明的典型例子，她不懂得运用大智慧，才使自己如烟火般穿入高空，刚刚享受穿越高空的喜悦，却灰飞烟灭。她的这种做法有可能暂时获得别人的认同和赞许，但是持续的时间很短，总有被拆穿的时候。想想，还是拥有大智慧的女人更实在更聪明，在看待问题时也更有远见，只有这样，一旦拥有，才不会轻易失去。

所以，与小聪明相比，大智慧永远都是一个人成功的根本。不要总想着玩小聪明，也不要处处表现自己，任何事都要有个度。水满则溢，月满则亏，凡事都不必过于追求圆满。很多人认为让步和吃亏的人就是傻，就是愚蠢，其实懂得让一步、亏一点何尝不是一种大智慧的体现？小聪明的人不愿吃一点亏，所以他们永远都不理解什么叫做真正的大智若愚。我们每一个人都应培养自己的大智慧，随时放弃小聪明来成全自己的大智慧，把自己以后的人生路铺就得平坦宽阔，这样，这一生走起来也就可以一帆风顺了。

用平和的心态面对人生

我们经常会发现，身边的朋友时常抱怨自己不幸的人生。有人说，自己原本可以拥有升迁的机会，可偏偏被一个好友抢了风头，于是恨死这个人，从此一刀两断，老死不相往来，在公司也鼻子来眉毛去的，弄得很不愉快。有人说，这一次生意原本可以跟一个客户很好地合作一番，各得所需的，谁知签合同的一瞬间，客户却因为这样或那样的原因而拒绝合作。他因此一直郁郁寡欢，再也提不起做生意的兴趣了。还有人因为失恋了，所以整日以酒浇愁，酒劲十足时就当街破口大骂，扬言凡是有人敢穿自己穿过的衣服，他一定不会让别人好过。

像这样的例子，还有很多很多，几乎每一个人在自己身边一抓就是一大把。多数人在竞争和压力极强的社会的影响下，都变得暴躁不安，情绪波动极大，很难用平和的心态去看待人生的得与失。很多人都有极强的功利心和欲望，让自己始终奔跑在时代的巨流里，无法有安静的时刻去休息，去看人生沿途的风景，错过了太多太多美好的东西。并不一定拥有高高在上的地位，才可以拥有安宁平和的幸福人生；不一定拥有很多很多的钱，才可以享受人生的美妙所在；也不一定是在一生中取得成功，才是你生而为人的根本。要知道，所有这些荣誉的前提都必须是拥有一个平和的心态。有句话说得好：“心态决定一切。”当你去做一件事情时，内心如巨浪翻滚，试问，你可以全身心投入自己所有的精力吗？因此，拥有平和的心态是很重要的，也是决定你的人生是否成功，是否丰富多彩的前提。

有朋友曾推荐我看《小窗幽记》，我发现其中有这样一副对联："宠辱不惊，看庭前花开花落；去留无意，望天空云卷云舒。"这句话的意思是说，为人做事，看待宠辱像花开花落一般的平常，才能不惊；像天空中的云卷云舒一样看待自己的职位，这才是无意。生活在这个压力和竞争都很强大的社会，女人们自然会遇到种种不如意，但是，要明白，失落只不过是一种心理的失衡，并不代表自己就真的在这个社会上失去机会；失意是一种心理倾斜，要靠自己的情绪来调整，要靠自己的命运来主宰。生活中，我们要克服这种种失落、失意，就要做到宠辱不惊，去留无意。

这副对联用质朴的语言道出了人生对事、对物、对名、对利应有的态度。得之不喜、失之不忧、宠辱不惊、去留无意，这样心境才能平和、淡泊自然。人要放开眼界，放大眼光，要有博大情怀，一句云卷云舒更有男子汉能屈能伸的崇高境界，要做到不以物喜，不以己悲，才能笑看人间的风流。

"看人间云卷云舒，去留无意"，说起来很容易，但真正做起来很困难。这个世界的色彩令大家怦然心动，名利皆你所欲，又怎能不忧不惧，怎能不喜不悲呢？不然也不会有那么多人穷尽一生追名逐利，更不会有那么多人失意落魄、心灰意冷。我们每个人对自己都应该有个测试，有一个自我的评价，让嫉妒的心放飞，让宽容的心伴你永远。

有这样一则故事：唐代著名的慧宗禅师常为弘法讲经而云游各地。一次，他临行前吩咐弟子看护好寺院的数十盆兰花。弟子们深知禅师酷爱兰花，因此侍弄兰花非常殷勤。但一天深夜，狂风大作，暴雨如注。偏偏当晚弟子们一时疏忽，将兰花留在室外。第二天清晨，弟子们后悔不迭：眼前是倾倒的花架，破碎的花盆，狼藉遍地的兰花。几天后，慧宗禅师返回寺院。众弟子忐忑不安地上前迎候，准备领受责罚。禅师得知原委后，泰然自若，平静安详地宽慰弟子们说："当初，我不是为了生气而种兰花的。"就是这

么一句平淡无奇的话，让在场的弟子们听后肃然起敬。“我不是为了生气而种兰花”，慧宗禅师的宽阔胸襟令人叹服！钦佩之余，我们可以自问一下，我们在工作和生活中能否学一学慧宗禅师呢？

有头脑的女人懂得何时应该收起自己的欲望，让心短暂地休息一下，用平和宽容的心态去看待人生的成与败、失与得。只有我们自己拥有宽阔的胸襟，才能容得下别人的过错和社会的不公。一个人在一生中碰到的大大小小的不如意，真的是太多太多了，但是与你宽阔的心胸相比，它们又都如沧海一粟般渺小。

女人的魅力优势

美丽赢得男人，魅力赢得所有人

真正有头脑的女人不会只停留在追求美丽的阶段，魅力才是她们追求的终极目标。当你还在因自己的美丽而沾沾自喜的时候，她们已经开始修炼内心。等到你开始感叹年华似水、青春易逝，她们已俨然成为不老神话的典范。

不必将“漂亮”写在脸上

毫无疑问，漂亮是女人值得炫耀的重要资本之一。尤其是当漂亮的女人置身众多不够漂亮的女人之中，她就会格外得意，举手投足间，时时都在告诉别人：“我很漂亮，我是所有人中最漂亮的。”当然，她也明白人们自有他们的判断能力，可还是抑制不住想要炫耀的冲动。殊不知，如此做法只能引来同性的排斥和异性的反感，根本起不到任何正面的作用。

我想，每个女人都会或多或少遇到这种喜欢将“漂亮”写在脸上的女人。在路边，打扮新潮，迈着自认为优雅的猫步，举着最新款的手机，嗓门像锣鼓一样喧天地讲着电话的女人；在办公室，每天都会穿着名牌服饰，在所有人面前走过的女人；在商场，套着试穿的衣服大大方方地在专卖店里走来走去，还不时摆几个 POSE 的女人；在朋友聚会中，不停地想要表现自己，刻意将话题引入容貌、发型、服饰、化妆品等表面功夫的女人。她们大多对自己的外表很有信心，所以想尽办法吸引旁人的目光，但又有多少人真正在意或接受她们的美丽呢？

从心理学的角度来说，人一旦具备某种突出的特质，就会想要展示在别人的面前，为的是得到周围人的认可与称赞。然而我们是否想过，外貌原本就是人类的表象，每个人的相貌、外形、服饰、装扮都是不由自主地显现在别人面前的，根本就不需要刻意展示和炫耀。如果你明知道别人轻易就会看见，还要故意引起别人的注意，那么，这根本就不是自信的表现，而是一种不自信的表现。因为你无法确定别人是不是认为你是“漂亮”的，所

以才想要进一步确认一下。而这种做法只会让同性感到你在向她们示威，让异性感到你的轻浮与俗气。

曾有一位朋友在参加了一场聚会后，对我大谈自己遇到的某个女人。此女自称叫 Linda，是某家贸易公司的职员。入场时她拎着大包小包的名牌提袋，据说是刚刚在某家高级商场扫货完毕。众人围桌而坐，还未商量好如何点菜，这位 Linda 小姐便与旁边的一位男士攀谈起来。朋友心中暗想，自己该不会是遇到喜欢炫耀的女人了吧。果然，整个聚会过程中，这位小姐处处想要彰显自己的美貌，还毫不吝惜地向女士们介绍自己常去的美容院、常用的化妆品和喜欢的品牌服饰，告诉她们如何才能使自己看起来更漂亮。出于礼貌，在座的每个人都没有露出不快的表情。

晚饭过后，其他人都自称还有事，不方便在外面逗留。于是，散了席，各自准备回家。等这位小姐离去之后，相熟的几个人才又重新凑在一起。原来，他们早就心照不宣，不想继续与这位小姐同桌，只好出此下策。

“真是太夸张了。不就是长得漂亮点么。”其中一位女士毫不掩饰自己的厌恶之情，“就算她长得再漂亮，也用不着这样显摆吧，人家不都看在眼里么。再说，人外有人，比她漂亮的还不有的是。”另一位男士也接过话头：“这样的女人可真够受的，哪个男人娶来做老婆准要倒霉。漂亮的东西一旦被炫耀成这样，也就没什么价值了。”

一件价值连城的商品，若是放在精品柜里供人欣赏，便能体现出它曲高和寡的价值。而若是拿到大街上叫卖，便成了路边摊的便宜货，即使再精致，别人也只会承认它的做工，却不会承认它的内在价值。比如，一尊金佛摆在高级商场里，任谁见到都不会怀疑它的价值，而如果一个人拿着它在路边兜售，恐怕别人只会以为它是做工精致的假货。

外表的“漂亮”也是如此道理。想要“漂亮”得更有价值，就要学会“犹抱琵琶半遮面”的含蓄和妩媚。越是朦胧的、看不清的美，越能吸引人去关注，因为任何人都有想要探知真相的好奇。而越是暴露在光天化日之下的美，越显得粗俗与廉价，也就令人失去了兴趣。

而今，网络的发展还为许多喜欢炫耀的女人提供了一个更加广阔的平台。各种各样的照片、视频和文字随处可见。只要我们在各大论坛、视频网站和博客里留意一下，就不难发现女人们的热情似乎越来越高涨。PS的技术更是可以弥补先天的不足，使每个人都可以做一回倾城佳人。但被毫无节制地展示的脸蛋和身段又能说明什么呢？不过只是能博得诸君的一点赞叹或者一笑罢了。

有的女人说：“我就是爱晒。这叫自恋，这叫性格。”那拜托你晒点儿更有价值的东西吧。你可以晒钱、可以晒才、可以晒幸福，但最好别晒漂亮的脸。实在想要确认自己是不是真的漂亮，还可以去选选美。无端地炫耀既不能带给你名，也不能带给你利，还容易引起周围人的反感。不如好好想想如何利用自己“漂亮”的先天优势，再加几分才华、几分能力、几分魅力，你就真的可以技压群芳、傲视群雄了。

抛弃让美丽大打折扣的坏习惯

“美丽”一词综合了女人的容貌、性格、习惯、品位、气质等多种因素，所以美女自然而然地成为女人中的上品。生为女性，没有哪个女人不想做美女。有些女人终其一生，不断地修饰自己、改变自己，不过是为了一个美女头衔。可见，“美女”的皇冠对于女人们的诱惑力有多么强烈。然而，当我

们兢兢业业地为成为美女而努力奋斗的时候，是否会留意到自己身上那些影响“美丽”的坏习惯呢？人无完人，缺陷总是难免。但这并不意味着我们可以纵容这些坏习惯继续存在下去，人生就是不断完善自我的过程，坏习惯当然是越少越好。

想知道究竟哪些习惯会让你的美丽大打折扣吗？一起来看看吧。

No.1 爱攀比、好虚荣

不管你究竟有多么美，不管你究竟多么渴望别人的注意，不管你究竟多么喜欢新潮、喜欢跟风，都要学会适可而止。

小A是某家外资公司的职员，平日里也是同事们公认的美女。可是最近，她却是一副不愿输给别人的架势。市面上流行的新款手机、服饰与各类生活用品，她都要拥有，并不时拿到办公室，在同事面前炫耀一番。而且，一旦她发现同事新买的某件东西比自己的好，就会立刻换一个。起初，同事们以为她只是喜欢购物，可日子久了，同事们渐渐觉得这并不是她的个人爱好，她是为了显示自己而故意这样做的。从那以后，同事们再也不和她一起讨论流行趋势，也不再将自己新买的东西给她看。等到她发觉自己正被人孤立的时候，已经迟了。而她的美女头衔也很快被另一位新职员取代。

其实，任潮流摆布并不比任人摆布来得高明。盲目的攀比与虚荣不仅不会带来别人羡慕的目光，还会使自己陷入尴尬的境地。有头脑的女人是绝不会丢了西瓜捡芝麻的。

No.2 无视场合的大吃特吃

这个世界上的确存在无论怎么吃都不会胖的美女，而上天的如此恩典可不是拿来当众表演的。有些女人无论在什么地方、什么场合，手边都离不开各种各样的食物。说得好听点儿，叫好吃；说得难听点儿，叫嘴馋，还会被人误以为是在炫耀自己苗条的身段。最要命的是，喜欢吃的人大多不会一直保持吃相的优雅，并且在公共场合大吃，无论动作怎么优雅，都没有一点儿美感。

大学时期，我的一位室友便是个喜欢吃的女孩。上课时，包包里除了书本，必然会有一两袋零食。下课后，同学们都聚在一起或讨论或闲话，她则兀自在座位上吃零食。回到宿舍，她也没有休息的意思。不管是躺在床上读书，还是靠在墙上听音乐，甚至连打电话的时候都在吃。如此一来，这么一位相貌清秀的女孩就成了同学们口中的“饿死鬼”。大家纷纷议论："她上辈子该不会是饿死的吧？"当然，这不过是句玩笑话，可美女的头衔怎么都不会戴在这样一个女孩头上。

瞧，就因为贪嘴，毁了一个女孩的大好形象。喜欢吃零食的女人们，咱们就忍忍吧。

No.3 喜欢照镜子

美丽的女人似乎总离不开镜子，难怪有人说吸引女人视线最好的方法是在自己身上装一面镜子。想要时刻留意自己的仪容、仪表，就需要镜子，这原本无可厚非，可照得过于频繁，就成了自恋狂。

设想一下，如果你的身边就有这样一个女人，喜欢在空闲的时候从包包里掏出镜子照个不停，你会感到心情舒畅吗？即使你原本还觉得她算得上是美女，在发现她有这样习惯的时候，也会怀疑自己的看法吧。别以为这只是同性之间的嫉妒心理在作祟，事实上男人也不会喜欢爱照镜子的女人，他们会认为这样的女人对自己的外表没有信心，显得十分小气。那些对自己的外表有充分自信的女人，是不需要通过反复照镜子来自我安慰的。

No.4 频繁地打电话

曾有一位通讯心理学的研究者指出，只有10%的人在利用电话说正经事，而其余90%都是闲聊，而这90%中又有相当一部分是女人。

生活中，我们常常接到各类客服电话和广告电话，十次中有八次都是女性打来的。即使对方的声音再好听，如果净说了些对自己没有用的话，相信我们也不会愿意耐心听下去的吧。除工作之外，女人们还时常喜欢煲电话粥。明明没有什么特别的事，却可以一聊就是半个小时、一个小时，甚至几个小时，既耽误时间，又浪费资源。可有的女人居然还将这当做炫耀的资本，动辄告诉身边的人自己和某某人打了多长时间的电话，不过这多半只能吓跑你身边的爱慕者而已。

我的一位同学提及刚刚分手的女友时还心有余悸，原因就是这位小姐特别爱打电话，只要一有空闲，便要与闺密煲电话粥。每月的话费清单就让人大跌眼镜，还经常因为电话打过了头而忘记约会时间或者做家务。更要命的是，她的电话总是占线，真等到有事的时候却打不进去。有好几次，他有急事找她商量，结果她的电话长时间占线，最终他不得不放弃，眼看事情被白白耽误。为此，他们争执过好几次，但这位小姐始终没能改掉这个坏习惯。分手后同学对我说："原来我觉得她既漂亮又温柔，可一看到她打电话时的样子，我就觉得自己找了个老太婆。"

No.5 香水有毒

香水体现了一个女人的品位，优质的香水、适当的喷涂方法会令女人散发出沁人心脾的魅力。但同时，香水也是一把双刃剑，如果使用不当，就会产生毒素，使身边的人对你敬而远之。

曾经，香水盛行的时代，满大街都是劣质香水的味道。尤其是夏天，简直令人头晕目眩。而今，劣质香水已有所减少，但仍然不时会嗅到某位美女身上喷洒过多的高级香水味。上回与好友在一家西餐厅吃饭，与她背靠背的一位女士身上传来浓烈的香水味，害得我这位朋友只好尽量将身子趴在桌子上躲避，也失去了对美味食物的好心情。

有毒的香水绝对是对周围人的侵犯，一个有头脑的美女是不会让自己处于“众叛亲离”的尴尬境地的。

No.6 不食人间烟火、扮酷

当你还在向小龙女看齐的时候，这个时代远比你想象中发展更迅速。记住，“Cool”早就已经尘封作古。如果你还在为扮酷而洋洋自得，你就真的 out 了。在多数人的眼中，冰冷的仙子远不如可爱的 MM 容易接近。

这是一个讲求实际、讲求轻松的年代，扮酷不仅不会提升你的魅力，还会令你失去几分亲和力。如果没有孤傲的心境与自信，还是不要盲目地扮酷为好。不然，只会换得一个“装酷”的名头，成为别人眼中的笑柄。

No.7 阿姨辈的非主流

不错，“非主流”的确十分时尚、十分流行。“非主流”也的确有几分小资，几分颓废的美。可如果你已安然度过“年方二八”的大好时光，还是省省那份心思吧。那种矫情的装扮实在已经不适合你这种阿姨辈的人了。

如果一个超过二十五岁的女人还在研究非主流照片的制作方法，并花费许多时间来尝试各种各样的造型，那简直就是没头脑女人的典范和偶像。

“少年不识愁滋味”的人才更适合玩感情，而一把年纪、风风雨雨走过来的人再去玩失恋、玩颓废、玩忧伤，累不累啊？事实上，失去那份游戏的心态，再怎么打扮，怎么摆 POSE，怎么 PS，都是白搭。有那种时间和精力，还不如多去几趟美容院，多进几次健身房，多买几件好看的衣裳，来年也许还能钓到一个金龟婿，从此过上幸福的生活。

所以,再美丽的女人也要认清自己的年纪与身份,别做那些与年龄不符的可笑之事。

No.8 永无休止的减肥

减肥似乎是女人永恒的话题,并且老少皆宜,就好像女人天生就喜欢与脂肪作对。当然,没有一副好身段算不得美女。可是如果已经瘦得快要皮包骨头,还在天天喊着"减肥、减肥",不觉得是很煞风景的一件事么?

几年前读过一个故事,说一个女孩子为了减肥,每天只吃一袋爆米花,已经瘦得弱不禁风还不肯停止,最终竟饿死了。或许这里面有一定的夸张成分,但迷恋减肥的女人倒还是大有人在。不然,那些减肥产品广告怎么会忽悠得不亦乐乎呢?

普通人看到骷髅定会吓一大跳吧,那么热衷减肥的女人们是否不介意顶着一副活骷髅的身板走在大街上?还有些女人根本不想减肥,却也为了紧跟流行趋势,大呼"减肥",太矫情了吧。

健康就是美,这是尽人皆知的道理。就算身上真的有点儿赘肉,默默减掉也就是了。你看有哪位魔鬼身材的极品女人将"减肥"当做口头禅挂在嘴边的?

No.9 热衷八卦

女人爱八卦,所以混了个"八婆"的"美誉"。许多本该是"天知地知、你知我知"的秘密就这样随着女人的一张嘴传遍了大街小巷。几天前,一个朋友在博客里写道:"珍惜生命,远离女人。"原因就是遇到了一位喜欢八卦的女人,弄得自己好不狼狈。怪不得有人会说,如果你有一个秘密想要保守,那就千万不要让任何女人知道。如果你不幸让女人知道了,那就将它告诉更多的女人,并且变换不同的版本,几天后,你的秘密就会有几百种版本流传于世。你看,女人的杀伤力果真了得。

想要做美女的女人可千万不能养成八卦的习惯，因为传播别人的隐私自古就是恶毒的妇人才会做的事儿。

No.10 亲密接触

老人们常说："站有站相，坐有坐相。"美女们出门在外更要留心这一点，不要动不动就勾肩搭背，一副亲密无间的样子。即使是再好的朋友，也要顾及自己和他人的形象。

女人之间拉拉对方的胳膊和手，或者摸摸脸、搂搂腰等表示亲昵的举动并不少见。如果说小时候的幼稚举动还可以原谅，那么现已成人的我们又怎么能延续孩子时的傻样子呢？与人之间保持一定的距离并不是疏远，而是一种尊重。彼此都维护对方的良好形象，才能愉快地交往。

"腻人"的美女不仅会吓跑同性，更会吓跑异性。动手之前，好好想想吧。

以上这些事例尽管不能代表全部，但至少也能为美女们提个醒。美女难做，除了天生的漂亮相貌之外，还要不断地剔除身上的坏习惯，才能修成正果。不要以为别人身上也有同样的缺点，怎么也没见人家损失什么？其实，很多"损失"都是无形的。在别人发现你的缺点之前，他对你的微笑是真诚的，但当他了解你的缺点后，可能就只是故作姿态罢了。他们不会当面告诉你，你身上的缺点有哪些是他们无法忍受的。因而，想要做个处处受欢迎的美女，就需要更多的自我检查，果断地抛弃那些让美丽大打折扣的坏习惯，才能赢得更多人的青睐。

“矜持”是不可或缺的态度

“矜持”是一个有点儿老旧的词语。很多年前，女人们喜欢隐晦地表达自己的感情，尤其是爱慕之情。所以，在面对男人的邀约时明明满心欢喜，却要一再拒绝，最终把自己喜欢的人拱手送给了别人。

现代社会的快节奏使得多数男人失去了欣赏矜持的心境，女人们也索性卸下了这个包袱，变得直爽起来。喜欢就直接说喜欢，爱上了就告诉他“我爱你”，能不能如愿那是听天由命。能如愿固然是好，如果不能也没所谓，立刻转身走开，去寻找下一个目标。久而久之，女人们觉得这样做既省时又省力，于是果断地将矜持请进了博物馆。

而现在，我又打算将它从博物馆里拿出来晒晒，因为在我看来“矜持”不仅仅是在男人面前的“口是心非”，还包括保持庄重、自我约束、恪守、守正等含义。如此看来，对于女人们来说，“矜持”就成了一种不可或缺的态度。如果抛弃了矜持，就抛弃了庄重、约束、恪守、守正，就会变得自负、自大、放荡、散漫。试想，一个自由放浪的女人怎么谈得上优雅、气质、魅力呢？盲目的矜持态度当然需要改变，可完全失去矜持的态度，女人便会失掉自身的价值。

矜持是女人自我保护的手段。在花花世界里畅游的女人们，难免会遇到各种各样的诱惑，而矜持的态度会帮助女人抵御那些居心叵测的伤害。俗话说：“一个巴掌拍不响。”只有诱惑却没有人去迎合，那么诱惑便无处作祟。而那些心甘情愿抛弃了矜持的女人，就是诱惑最好的攻击对象。

几年前，我遇到过一个视矜持如粪土的女人。她在朋友圈中是开放、前卫、流行的代名词，说话直率、俗气，与人接触也是从不避讳，遇到中意的男人更是爽快地将自己双手奉上。表面上看，她周围的朋友很多，男人们更是频频献殷勤，所以她也就乐在其中。如果你与她讲“矜持”，她一定会笑你老土。

就这样风风光光地过了几年，等到她快要三十岁的时候，忽然开始对自己的态度产生了怀疑。原因是她想和朋友们一样找个人嫁掉，安安稳稳地过后半生的日子，却怎么都找不到。那些曾对她海誓山盟的男人，一个个都悄无声息地名草有主，从她的生活中远去。而她主动表白过的几位优秀男士也找各种理由推脱。她怎么都想不明白，自己要相貌有相貌，要能力也有能力，怎么还比不上那些平庸的女孩？后来，在她一再追问下，某人才直言相告：“像你这么开放的女人，好男人怎么会愿意担这个风险，万一被戴了绿帽子怎么办？”话虽不好听，可她还是明白了其中原委。换个角度想想，别人说的何尝没有道理。

男人们大多认为：没有不坏的女人，只有不敢坏的女人。而矜持就是女人的一层防护罩，放弃矜持的女人远比固守矜持的女人更容易变坏。所以，感情游戏当然要找玩得起的坏女人，而一辈子的幸福还是留给“不敢坏”的女人好些。如果你是男人，也会这样想吧？不要以为男人真的喜欢不矜持的女人，只不过是因为不矜持的女人更容易上钩而已。一旦男人们想要认认真真去付出感情，是不会选择这种不可靠的女人的。由此可见，玩世不恭的女人丢掉的不仅仅是脸面，更是身为女人的尊严和后半生的幸福。

然而，女人们想要学会矜持，也不是一件简单的事。也许你会说，“矜持”不就是遮遮掩掩、欲说还羞么，这有什么难，只要学会在愿意的时候说

“不”就行了。事实上，“矜持”也在随着社会环境的改变而不断变化。我们不能像古代女人那样拼命地矜持，现代女人有现代女人的矜持之道，那就是外表随意、内心坚强。文静而不呆板、热情而不浮躁、温柔而不做作、清高而不冷漠，实为女人矜持的最佳尺度。

矜持是一种内外兼修的气质，也是一种高贵的品格，它体现了一个女人的涵养，是魅力女人必修的功课。但这种功力并不是一天两天就能练成的，只有你的内心真正认同，并且变得高洁起来，才能做得恰到好处。如果只是为了矜持而矜持，反而会给人做作之感。更不要去模仿别人的矜持，不然只能得到邯郸学步的结局。想要学习矜持，不妨从现在开始，在岁月中积累与沉淀，当善良、温柔、自立、坚强等美好的品质渐渐汇聚在你的心中，你的形象便会越来越完满。

请不要再傻傻地询问“矜持究竟是好还是不好”，任何事物都需要从正反两方面来看待。盲目和过度的矜持会让你错过真爱，而适度、恰当的矜持却可以令你像莲花一样“出淤泥而不染，濯清涟而不妖”，还会带给你一生的幸福，你说矜持究竟是好还是不好？

有头脑的女人懂得如何弥补自身的缺陷

世间的任何事物都无法完美，因而缺陷实在是一种必然的存在。有了缺陷就要想办法弥补，这也是人之常情。然而，在谈到弥补缺陷之前，我还想表明一点，那就是弥补缺陷并不等于追求完美。因为追求注定无法实现的东西是不明智，也是没有意义的，那完全是自己在与自己较真。我们真正需要做的，只是在恰当的时机与场合中，避免让自己的缺陷暴露在人前，而惹来尴尬的场面；或者在激烈的竞争中扬长避短，尽可能地将自己美丽的一面展现出来，就已经够了。

对于女人们来说，外表的缺陷是最直接也是最令人伤心的。毕竟，我们每天都要面对形形色色的人，谁不想拥有能让人赞不绝口的外表？可天不遂人愿，多数女人在这方面都难以如愿，于是就诞生了许多教女人弥补外表缺陷的方法。

比如，在容貌方面，女人们除了要学会适合自己的化妆方法，还要了解脸型与发型的搭配，不能市面上流行什么就做什么。再比如，身形方面，要靠适当的穿衣方法来弥补。身材矮小的、肩部过宽或偏窄的、腹部突出的、臀部丰满或扁平的、四肢较粗的，在选择服饰的时候都有许多需要注意的细节，这些几乎是任何女人都会去关注、去留意的问题。而性格、学识、涵养、习惯等内在方面的缺陷却是女人们较少关注的，这不能不说是女人们的失误。

或许外表缺陷的弥补的确轻松一些，也方便一些。只要多看、多听、多记，再花点钱就能解决。而内在的缺陷大多已经成为一种习惯，弥补时既费时又费力，偶尔还会做无用功。所以，女人们对于内在缺陷通常都采取置之不理的态度。而聪明女人之所以聪明，就在于她们不会忽视自己的内在缺陷，而会尽量减少这些缺陷暴露在人前的机会。这样做会使自己看上去更加完美，从而避免在竞争中被淘汰。

安安是众人眼中的优秀女人，常常有要好的姐妹们向她请教，如何才能让自己变得像她一样完美。对此，她只是笑笑，对她们说："其实我也并不完美，只是我特别留意弥补自己的缺陷，所以才会给外人造成如此错觉。"而后，她向姐妹们讲述了自己是如何弥补缺陷的。

比如，刚刚面试成功的时候，安安对公司业务方面的流程一点也不熟悉。于是，她利用上班前一周时间，向在其他公司从事相关工作的朋友请教。在朋友的耐心指导下，安安不仅了解了工作流程方面的知识，还对各种方法有了基本的认识。随后，她又针对公司的业务范围，在网络上搜索了大量资料，学到了许多行业内部的知识。由于有了一定的基础，上任之初，安安就能独立完成一些相对简单的基本工作，而其他新人则不停地向前辈问这问那。不过，安安并没有孤立自己，也没有骄傲，在其他人请教问题的时候，她也会耐心地在一旁听前辈解答或演示，这样，无形之中就沾了别人的光。部门领导看在眼里，喜在心里。安安很快就凭借优异的表现，提前结束了试用期。

再比如，安安知道自己生来就是急脾气，尽管这有助于提高她的工作效率，但她明白如果不好好控制，就容易得罪人。因此，她总是想方设法克制自己的脾气。在想要发脾气的时候，强迫自己保持沉默，一定要把那些不好听的话咽进肚子里。日子久了，渐渐养成习惯，也就不那么难掌控自己了。

在同事们眼中，安安业务能力出众，脾气又好。可有谁会知道，她只不过是避免将缺陷暴露在人前，及时弥补而已。

懂得如何弥补缺陷的女人才能时刻将自己优秀的一面展现出来，不管是美丽的外表，还是人格魅力，都需要恰到好处地遮盖缺陷，才能散发出无尽的光芒。如果有哪个女人在你的眼中是完美无缺的，请记住，你要效仿的并不是她的美丽和魅力，而是她弥补自身缺陷的方法，一旦你学会了，就会变成具有独特风格的完美女人。

选择恰当的方式凸显个性

“个性，是一个人区别于他人的，在不同环境中显现出来的，相对稳定的，影响人的外显和内隐性行为模式的心理特征的总和。”这是心理学教材中给出的定义。而从日常生活的角度来说，个性就是人的整体精神面貌，是一种纵横交错的复杂存在。

曾几何时，“个性”之风悄然吹起，大街小巷中的人们为之振奋，人人口中都喊着“看我多有个性”、“这叫个性”。又有多少人为了表示自己“有个性”，做出许多令人匪夷所思、瞠目结舌的荒唐事。似乎有很多人认为，个性就是与别人不同，凡是与主流做法背道而驰的都叫个性。后来，随着心灵的成长与成熟，人们渐渐意识到个性并不是非主流，它不过是每个人区别于其他人的标志而已。世界上没有完全相同的两片树叶，也没有完全相同的两个人，而个性恰好就是每个人独特的表现。

个性有表面的，也有内在的；有鲜明的，也有隐晦的。但不管什么样的个性都需要表达，也就是所谓的“彰显个性”。放开那些大道理不谈，我们只需要明白怎样让自己的个性飞扬，又不至于沦为哗众取宠就已足够。

首先，来看看外在个性是如何被表现的。

生活中，我们被各种各样的“个性”装饰品与生活用品所吸引。铺天盖地的个性签名、个性图片、个性礼品、个性玩偶等等，还有些商品大打个性牌，纷纷表示自己是这个时代最能体现个性的用品。于是，为了体现个性，不少人毫不吝惜自己原本就不富裕的钱包。可是如此付出真的能换来个

性吗？比如，某品牌的手机声称自己的外观与独特设计如何如何个性，那么是不是你真的买了，就能获得与别人不同的个性？

我们不妨来分析一下，假如你在某款个性产品上市之初购买了它，那么它的确能够带来“个性”的效果，因为那个时候使用的人还不够多。而随着产品的普及，它的个性也就会消失。因此，追求个性的人们又要去寻找下一款全新的产品。女人们频繁地购买新服饰，频繁地更换自己的手机、笔记本电脑等数码产品，都属于此类。新产品的定价往往比较高，追求个性的女人们背负着压力不断地购买个性，也着实很辛苦。

那么，我们再想一想，假如我们去购买一件处于大众视线边缘的产品，又会如何呢？由于使用的人不多，它不会很快就显得过时，也能从众多时髦与流行中脱颖而出，这未尝不是另外一种个性。也许有人会说，那种东西怎么能用呢？那不是被别人淘汰的东西么？那我想问的是，你一定要跟着别人走么？所谓个性，难道不是与别人不同么？时刻站在潮流前端的个性，又有多少人能承受得了？做不了潮人，做个恬淡的人也是一种个性。当别人都去追求最新的流行款式，你淘到一件清新的田园风衣饰，走在大街上你未必就会输给人家。当然，别样的个性并不等于不合时宜的另类。对于既不想融入人流，又没有足够的经济实力与时尚赛跑的人来说，最容易陷入另类的尴尬。比如，穿着与时代不符且华丽的服饰走在大街上；化着诡异的妆容去赴宴；戴着夸张的复古饰品却没有适当的服装搭配。如果你不想被旁人当笑话看，还是尽量不要施展自己的奇思妙想。不然，很可能既达不到预期的效果，又会颜面扫地。

还有一种凸显个性的方法，就是在同一空间里避免与别人雷同。这种方法或许不能为你在大街上赚足回头率，但对于普通上班族来说也颇为适用。我有一位特别会穿衣服的朋友，她的秘诀就是：及时了解周围的人都拥有什么样的服饰和用品，并且尽量选择与她们不同的穿着和用品。因为公司里的女人比较多，大家常常讨论最新的流行服饰与搭配，又经常逛同一家专卖店，所以每个人的服饰从品牌到款式都非常容易雷同。于是，我的这位朋友就想出了这个方法，买东西的时候尽量避开公司同事们追求的品牌和款式，这样就使得她在公司里成为众人眼中最有个性的女人。怎么样，这比那些跟在同事后面学样的女人要聪明多了吧？

除此之外，无论怎么表现个性，都不能犯下“邯郸学步”的错误。适合自己的才是最好的，这是尽人皆知的真理。

其次，来看看内在的个性是如何被表现的。

每个人都有自己独特的爱好和习惯，比如对音乐、书籍、电影、游戏的喜好，说话的习惯、独处的习惯等等，这些都是内在个性的体现。它们与人的思想、文化、内涵、修养有很大的关系，因而这些个性也体现了一个人的内在素质。与外在个性相比，内在个性更能代表一个人的本质。比如，有些人装扮时尚，但说起话来却显得粗俗，旁人对她的印象就会大打折扣。如此看来，内在个性就显得尤为重要，但它却不是一朝一夕能够培养起来的，更不是装出来的。那些为了显示个性而故意装样子的人，早晚有一天会露出马脚。

某次，我和朋友一起去咖啡馆小坐时，遇见一位昔日的同学，她正坐在角落里边喝咖啡边读书。既然好不容易有机会碰面，总要打个招呼。我拉着朋友一起，三人坐在同一张桌子旁聊了一会儿。我发现她正在读的书是杜拉斯的《广岛之恋》，就随口问了几句。她立刻说起这是一本如何好看的小说，根本不能与市面上流行的低劣畅销书相比。恰好我与朋友都喜欢读书，就不约而同地和这位同学聊起了杜拉斯。但话题开始不久，我们就发觉她似乎并不愿意说太多，总是支支吾吾说不出个所以然来。出于礼貌

的缘故，我们只好转移了话题。后来，我与朋友单独相处的时候，朋友才笑着说我的这位同学可真会装个性，明明对杜拉斯一无所知，还要跑到这种地方来读她的书。

我想我的那位同学大概是紧跟流行趋势，听说小资的女人一定要读杜拉斯，所以也拿来装装样子。其实，从大众的欣赏角度来看，杜拉斯的作品有些晦涩难懂，本不该有那么多人津津乐道。可也许正是因为难懂、小众，才让很多人觉得这是一种个性的体现。可事实上，够不够个性与读不读杜拉斯根本没有任何关系，每个人都会有自己的欣赏口味，不能说读杜拉斯的人就高雅，不喜欢杜拉斯的人就俗气。个人爱好与欣赏习惯都是装不得的，不然一旦遇到了真正的行家，就难免捉襟见肘。

内在个性是一种自然的流露，无需刻意表现。如果你觉得自己的内在个性不够鲜明、不够另类，只能通过不断地积累与发掘，才可能找到适合自己的新事物。

总而言之，每个人都有自己独特的个性，关键在于如何将它们凸显出来。先深入地了解自己，再选择恰当的方式表现，未来的你定会变得更加与众不同。

时刻保持魅力的女人，才能赢得所有人

“如何做魅力女人”、“如何提升女性魅力”、“女性魅力关键词”等话题一直以来都吸引着广大女性同胞，各式各样的魅力修炼教程也随处可见。每个女人对“魅力女人的标准”、“提升魅力要注意的细节”之类的问题多

多少少都了解一些，那为何真正拥有魅力的女人还是稀世珍宝呢？说穿了，无非就是：说得到，做不到。

也许你曾拿着书本学做魅力女人，按照里面的要求和标准留心自己的穿着打扮和言行举止，但那不过是几分钟热情。几天、几周、几个月之后，你是否还能坚持生活在这些条条框框里？还是重新回到过去的“自由”当中？恐怕是后者居多吧。因为你没有将这些规矩变成自己的习惯，所以它们早晚会被当做负担丢掉。就像你学习一门功课，但无论如何都记不住，只能依靠每天温习来保持记忆，久而久之你就不再喜欢它，不再热衷学习它了。魅力也是如此，你将它当成一种功课来学习，起初可能会激情澎湃，但如果你无法吸收它、消化它，它就会成为一件华丽而沉重的外衣，最终只能被脱下。

魅力有许多标准——优雅、知性、健康、性感、时尚、睿智、风韵、大气、妩媚等等，想要做到面面俱到几乎是不可能的。真正的魅力女人也并非全能，她们只是做到了自己擅长的多数而已。所以，按照书本的要求全面修炼自己就显得得不偿失。不妨在具备了基础条件之后，选择几点适合自己、能够长期保持的特质继续努力，也许就会离魅力越来越近。

年轻有青春的魅力，年长有成熟的魅力。不够性感的女人可以可爱，不够时尚的女人可以清新，不够妩媚的女人可以温婉，不够睿智的女人可以单纯。魅力是可以千变万化的，只要发挥出自己的特质，任何一个女人都有属于自己的魅力。而这样的魅力刚好有利于保持，不会轻易消失。

当然，我们需要一些毅力来完成魅力的修炼，三天打鱼两天晒网肯定是不行的。人都有惰性，但不能让惰性妨碍我们的大业。也许你的工作真的很忙，但这绝对不是懒惰的借口。只要养成习惯，修炼魅力不会耽误太多时间。比如，外出前照镜子，面带微笑，控制说话时的语音、语调和语速

之类的日常小节，只需几分钟的时间就可以养成。而锻炼、阅读之类的功课就要考验你的耐性与毅力了，但它们也不会浪费太多时间，只要你学会掌控自己的时间。

曾有人问起全美最大的发业连锁机构总裁 Dennis 先生："你怎么会有那么多时间做那么多事情？"他的答案只有一个词："Organization（组织）。"安排时间是一门学问，只要有心想要做好，就会有时间去做。如果你每天还能拿出半小时的时间玩玩游戏，那么不妨将这半小时用来运动，要知道健康是魅力的根本。如果你每天还能拿出半小时的时间发发牢骚或者逛逛 BBS，那么不妨将这半小时用来阅读，要知道头脑已经成为魅力的重点。魅力的修炼与保持会让人变得自律、有节奏感、有制约力，这些好习惯对于工作和生活也都非常重要。

而假如你自认拥有了魅力的资本，可千万别忘记保持神秘感。朦胧会引发无限遐想，激发人们的探索欲望。能将有限的魅力发挥成无限，才是魅力的终极目标。

做一时的魅力女人并不难，难的是做一个时刻保持魅力的女人。想要赢得所有人的目光和关注吗？老老实实地修炼自己的魅力吧。

女人的职场优势

八面玲珑，畅游职场

职场是人生的重要舞台，上面充满机遇与挑战，也充满阴谋与陷阱。如今，置身其中的女人们，也要像男人们一样在尔虞我诈的复杂世界中求生存，其中的辛酸与苦难唯有自知。

俗话说："人在江湖，身不由己。"既然注定要在江湖中讨生活，就要练就一身披荆斩棘、百毒不侵的好功夫。不求赢得天下第一的美誉，但求活得逍遥自在。就好像畅游在海洋中的鱼儿，有自己的生存法宝，才能在关键时刻逃离危险，潇洒而去。

选择适合自己的工作，就是选择了有前途的人生

对于初入职场的人来说，工作的选择尤为重要。找工作难，找到一份合适的工作更难，但这并不表示我们可以漫天撒网，到处乱撞。那样做既浪费体力又浪费精力，往往还讨不到任何好处。从某种程度上讲，工作决定了人生的方向。所以有人说，选择工作就是选择生活方式，甚至是选择人生。这道理看上去很玄，但其实是非常简单的。

有的人不擅长说话，却偏偏选择了营销、公关之类的工作；有的人不适合处理人际关系，却偏偏选择了人际关系复杂的工作环境；有的人适合研究技术，却偏偏被任命为管理者。不管是由于何种原因，做了不适合自己的工作就等于拿自己的短处与别人的长处相比，结果只能是既得不到成就感，又无法收获快乐的心情。别说什么"人生就是充满挑战，要敢于尝试"之类的话，"挑战人生"并不是让你强行改变自己的弱点。如果每一种弱点都能通过强行锻炼来改变，那世上的人怎么仍然无法完美？何况，就算你能从事一份不适合自己的工作，赚得足够的薪水，但工作的辛苦还是会让你身心疲惫。可见，根据自己的人生观、价值观、性格等因素选择适合的工作或职业方向，是非常有必要的。

不过，选择工作之前，我们首先要明白自己究竟适合在哪方面发展，也就是说要做好粗略的职业规划。我想，这是许多求职者都曾忽略的问题。不知道自己想做什么，眼中只有薪水、待遇、职位、环境，怀抱一份"万金油"式的简历在人才市场横冲直撞，期盼自己能有好运气，如此找工作

的方式与买彩票无异。

一位朋友拜托我帮她制作简历，提出了很多要求，诸如版式美观、内容丰富、介绍全面。我看了她提供的资料，其中学习成绩、社会实践、各类奖项和证书一应俱全，唯独没有求职意向。于是，我问她："你的求职意向呢？"她愣了半天，才答复我："我也不知道。你看呢？"我顿时哑口无言。一个学习了四年专业知识的女孩却不知道自己想从事什么样的工作，听上去真的有些不可思议。她可以有很高的目标，也可以有现实的目标，只是不能没有目标。

有些人说："只要薪水高、环境好，我什么工作都肯做，如果设定了目标行业和职位，就会在无形中限制了自己。"瞧，多么自信的口气，难道你是无所不能的超人吗？如果你连自己有能力做什么、喜欢做什么都不知道，别人为何要提供"薪水高、环境好"的职位给你呢？因为你的能力十分出众，还是因为你是稀缺人才？如果你没有惊世骇俗的本事，还是先明确自己的目标吧。它包括行业、职位的类型、公司的性质与文化等许多方面。只要不把目标定得太死，选择的机会还是很多的。就算暂时找不到令自己满意的工作，至少可以找一份贴近自己想法的工作。为自己的职业生涯开一个好头，后面的路就不会偏离轨道。

接下来，第二阶段就是工作单位的选择。如果你不考公务员，也进不了特定的大型企业，那么就要像多数人那样，通过自己的奔波，一步一步地找适合自己，并愿意接纳自己的工作单位。简历投出去之后，会有多家公司同时与你联系。他们会告诉你统一的面试时间和地点，然后你就可以按照他们的要求去接受考验。拥有面试的机会固然很难得，但并不是所有的面试都需要精心准备。尤其是当面试通知比较多的时候，选择贴近自己目标的公司和职位，才更具有针对性。

小C刚刚毕业不久，正急于找到一份适合的工作。有一段时间，她几乎每天都要去参加面试，但结果始终不够理想。辛辛苦苦跑了那么多地方都失望而归，她的心情自然十分糟糕。后来，她意识到自己也许犯了一个错误，那就是无论什么样的面试她都会用同等的态度来对待。而当她真的走进面试现场，才发觉有的公司根本就不适合她，那些事先的准备工作都是白白浪费时间。而遇到适合她的公司时，又常常因准备不够充分而输给别人。眉毛胡子一把抓的结果就是两手空空。

找到了结症所在，问题就很容易解决了。小C适当减少了面试的次数，优先选择正规的、符合自己目标的公司，花费更多的时间了解公司的背景。不久之后，她就找到了一份不错的工作。

我们都很清楚，找工作就像谈恋爱，想要一步到位非常难。只有学会选择，才能在激烈的竞争中站稳脚跟。不要固守自己的要求，盲目地声称不能低于这样的标准，不能低于那样的标准，也不要妄想迎合所有人，自以为每个机会都会向你敞开大门。聪明的女人懂得如何选择适合自己的职业，也许薪水不够高，也许环境不够好，但不管怎样，只要它适合你，就会为你带来成就感与发展空间，这样你的人生才会有明媚的前途。

同事，介于闺蜜与普通朋友之间的微妙存在

比私密朋友远一点，比普通朋友近一点，同事就是这样的一种存在。每周至少有五天的时间，我们要与同事一起度过。所以，能否恰当地处理各类同事关系是职场生存的重要部分。与同事关系融洽，就会保持舒畅的

心情投入工作。反之，则会工作得压抑而辛苦。那么，到底该如何处理与同事之间的关系呢？

有人说，不能跟同事做朋友。也有人说，要做同事的知心朋友。那么，到底该不该与同事做朋友呢？事实上，我们不能单纯地说同事等于朋友，或者同事不等于朋友，这不是一个对与错的判断题。什么样的同事可以成为朋友，什么样的同事不可以做朋友，要根据你的性格、对方的性格和你们之间的立场来判断。比如，你是一个快言快语的人，而对方恰好是“传话大王”，那么你最好避免向他透露私事或者发牢骚，以免你的故事和不满广泛流传。再比如，你和对方都是部门的业务精英，那么你们之间最好保持适当的距离，俗话说“一山不能容二虎”，你们之间是不可能成为朋友的。由此看来，我们不妨选择适合自己的同事做朋友，与其他人做“面子上”的朋友，这样既能保证工作不受影响，也能为你赚得一个好人缘。千万不要以为，只要兢兢业业地工作，对待任何人都一视同仁，就能获得所有人的认可。

娜娜是某家私营公司的职员，由于公司规模不大，十几位员工同在一个大房间里办公，她觉得自己与同事们天天在一起，一定要搞好关系才行。所以，她对身边每个人都非常友善，从不与人起争执。一年多来，娜娜的工作无功也无过，是同事们眼中的乖乖女。但重新定位薪水的时候，她却没能获得加薪的机会。这多少让她感到有些意外，不明白自己与别人一样努力工作，为什么没能得到肯定。而且她认定自己的人缘很好，老板在了解情况的时候，同事们都应该帮她说话才对。毕竟，平日里她总是帮他们的忙。

几天后，娜娜瞅准机会，找到财务部门的一位大姐打听情况。不问不知道，一问却吓了她一大跳。原来，老板认为，尽管她的工作没有出现任何失误，但由于她性格太过平和，没有竞争力，不能当做培养对象。而在同事们眼中，她不过是个普普通通的老好人，存在感并不强。大家在各自寻求自身利益的时候，哪还顾得了她？

得知其中原委后，娜娜改变了策略。她选择了自己同部门的两个女人做好朋友，对其他部门的同事只维持普通朋友的关系。她还学会了与人竞争，也学会了婉言拒绝别人不合理的帮忙要求，但表面上她还是对所有人都很热情。如此一来，娜娜在公司中的地位得到了明显的改善，没有人再忽略她的存在，老板也改变了对她的印象。

其实，同事之间的相处并不难，因为每个人都明白相同的道理，你想要与他们保持友好，他们也会想要与你保持友好，但前提是你与他们之间不存在任何利益关系。也就是说，面对没有任何利益关系的同事，你可以充分运用各种技巧与他们保持友善的朋友关系，除此之外，最好慎重行事。然而，世事难料，任何事情、任何人都在不断变化，你必须时刻关注这些变化，调整自己的态度与策略，才能在与同事的交往过程中占得先机。不要一成不变地对待某个人或某些人，尤其是当双方的立场正在发生改变时，就要及时做出改变。更不要愚钝地认为只要你对别人好，别人就会在关键时刻帮你讨个公道。事实上，他们或许不仅不会帮你说话，还会利用你的平庸作为突出自己的踏板。

怎么样与同事交朋友还真是件麻烦事吧？交好了，可以并肩协作，互相帮助。交不好，就不只会影响工作，还有可能暴露隐私。比如，有的人和同事做好朋友，随口说出了不少个人的隐私，尤其是对老板的不满和牢骚，可那位朋友很可能会以此作为巴结老板的机会；还有的人凭借自己的能力升了职，却被原来的朋友误以为他在背后搞小动作才得到晋升的机会，从而为了发泄自己的不满，用暴露“隐私”来实现报复的目的。这些都

大大增加了与同事交朋友的风险。但我们又不能对同事置之不理，或者戴着太过虚假的面具与人交往，不然就会被当做异类而受到排斥与孤立。那么，怎样避免做出影响同事间关系的行为？又怎样掌握好朋友关系的尺度呢？下面的几种细节，看看你做得如何。

第一，能告知的尽量告知。当你身边的同事不在，而刚好有人来找他的时候，你要表现出适度的热情。如果你恰好知道同事的去处，不妨告诉对方。除非同事事先说明，请你保持缄默，不然即使你并不知道，也最好去问问其他人再告诉对方。如果你明明知道却声称不知道，一旦被同事知晓，就会影响你们之间的关系，还会给旁人留下你们之间关系不好的坏印象。

第二，有事适当向同事求助。独立当然是一个好习惯，可每个人在工作中都会遇到各种各样的问题，不要以为寻求帮助会给别人带来麻烦或者会使自己看上去很无能。恰当的求助不仅不会令人反感，还会让别人感觉到你对他的信赖，下次别人遇到问题的时候也会来向你求助。如果让别人发觉你有事不肯求助，那么别人便会认为你是个怕麻烦的人。要知道，良好的人际关系是以互相帮助为前提的。

第三，随时将自己的动向告诉同事。不管是请假，还是短时间的外出，最好向周围的同事通报一声。这样，一旦有什么公事，同事可以帮你应对一阵，领导问起的时候也能帮你说句话。如果你什么都不说，给人一副神秘兮兮的感觉，万一遇到紧急事件，别人也懒得替你说话，受到损失的还是你自己。

第四，说一些无伤大雅的私事。比如，自己男友的工作、脾气，家里的房子、装饰，你个人对食物、音乐、电影的喜好等等。这些无关紧要的私事可以帮助你赢得别人的信任，加深彼此间的感情。同样，别人也会对你说说他的一些情况，偶尔还可以相互帮帮忙。如果你从来不肯说起，别人怎么会了解你，信任你呢？

第五，不要拒绝别人的分享。午休、工作不忙或遇到喜事的时候，有的同事会乐意把自己的零食或小吃与周围的同事分享。这时，你千万不要一概拒绝。毫不客气地接受一点点，微笑着表示谢意，这是最好的选择，既能保持周围融洽、快乐的气氛，又不会让人觉得你很清高。偶尔享受一下办公间隙的乐趣，何乐而不为。

第六，不要常与一人亲密接触。同部门或同办公室中，要尽量对所有人一视同仁。不要与某个人特别亲近，或者与某个人特别疏远。否则，会令人产生“小团体”的嫌疑，其结果只能使你们距离其他人越来越远。

第七，不要过分探听别人的秘密。别人不想说、不愿说的话，就不要打破沙锅问到底。每个人都有自己的秘密，喜欢探听秘密的人都是别人唯恐避之不及的对象，即使没有什么特别的目的，也会招人生厌。所以，千万别做这种不道德的事情，就算别人不小心说漏了嘴，也要全当没听见。

第八，不要在嘴巴上占人家便宜。有些人特别喜欢说别人的笑话，或者给别人起绰号，讨人家的便宜；有些人特别喜欢与人争辩，有理要争，没理也要争上三分，生怕自己吃亏；还有些人喜欢主动出击，别人不说他，他却总想骚扰人家。这样的一些人在办公室里是万分不受欢迎的，想要赢得别人的尊重与信任，先管好自己的嘴巴。

第九，与同事们共同分享喜事。发福利、发奖金是上班族的开心事，如果你已经得知，要及时将这个好消息传播出去，让所有人感受到快乐。而当身边的同事正忙于工作，无暇顾及的时候，你不妨将可以代领的东西帮忙领回来。这些力所能及的事会帮你与同事保持良好的关系，如果你自己领了，却没有告诉别人，就显得太过小气。长此以往，就不会有人愿意与你共事了。

第十，不要随意地拒绝同事的邀请。忙碌了一整天，一起逛逛街、吃吃饭、喝喝咖啡也许是再正常不过的活动。如果有同事诚意邀请你一起参加，而你又没有其他事情，最好别错过这个机会。不要随意拒绝，更不要用各种拙劣的理由搪塞，一旦被发现，你和同事之间的距离就很难再拉近了。

有头脑的女人懂得如何与同事做朋友，以及做什么程度的朋友，只要将彼此的距离拿捏得恰到好处，将细节之处做得周全周到，就能享受与同事相处的快乐时光。

如何应对形形色色的上司

游走在职场中的我们会遇到各种类型的上司，有的脾气温和，做事谨慎；有的脾气暴躁，做事草率；有的自以为是，做事武断。很多时候，我们无法选择自己的上司，但我们可以选择适当的态度。应对不同的同事要用不同的方式，同样，应对不同的上司也要有不同的方式。不要一味地抱怨自己的上司多么无知、盲目、不可理喻，抱怨不仅不能解决问题，还会使你陷入怨念的包围，带着阴郁的心情工作。要相信，不管遇到什么样的上司，只要拥有相对应的处理方法，就能化险为夷。

下面是几种常见的上司类型与应对的小招数，一起来看看其中的玄机吧。

1. 面对“工作狂”上司，要学会甘拜下风

如果你的上司是一位“工作狂”，那么你的公务一定非常繁忙。此时，你可能感觉很累、很倦，甚至对工作产生厌恶的情绪。但如果你还想继续在他的手下工作，就不要让他察觉你的负面情绪。因为这类人往往精力过剩，认为自己很能干，也希望下属像自己一样能干。假如他得知你对工作如此反感，你可能就会被他果断放弃。而如果你想得到他的赏识，除了要与他一样能干之外，还要学会处处向他请教，让他感到你是在他的英明领导下努力工作的。

2. 面对“无知”的上司，该反驳时不要犹豫

“无知”的上司并不可怕，可怕的是不知道自己“无知”的上司。有些人就是喜欢不懂装懂、装内行，在别人工作的时候横空出世瞎指挥。如果上司指挥的是重要的工作、牵涉原则性问题的大事，那么请不要犹豫，无论是选择直接反对，还是迂回前进，一定要争取扭转上司的决定，不然一旦工作失误，你也许就会成为他的替罪羊。而对于那些无关大局的小事，偶尔满足一下他的“自以为是”也未尝不可。

3. 面对喜欢挑拨是非的上司，忍无可忍就无需再忍

上司原本应该与下属融洽相处，以便共同为公司利益服务。可有的人偏偏喜欢搬弄是非，不仅在下属之间制造矛盾，还会向大老板打小报告。这样的人，如果你不想办法揭穿或制止，他是不会自己停止恶行的。所以，一旦你遇上此类上司，根本无需考虑太多，更不能忍耐。找准时机让他在大老板面前展示一下自己的无耻行径，比如在他刚刚打过小报告之后，就向大老板证明他的报告是错误的。就算他是大老板的某某亲戚或朋友，在恶行被揭穿后也会收敛一些。因为，大老板通常会对自己的公司负责，不会纵容手下的主管人员太过嚣张。

4. 面对能力平庸却好大喜功的上司，要把握原则，见机行事

拥有一个平庸的上司一点也不奇怪，而今某些公司里，每十个上司中可能有六个都是平庸的。拥有一个好大喜功的上司也很正常，大不了就是

损失一些展示自己的机会，“人在屋檐下，不得不低头”嘛。而如果你的上司不仅平庸、好大喜功，还会将下属的成果全部拿走，不肯分出一点利益，却把过错统统推给下属承担，这样的上司真可以称得上是自私自利的极品。怎么办？当然不能任他宰割，定要在老板面前适当维护自己的利益，让他明白你不是那么好欺负的。不过，要采取刚柔并济的战略，不能反应过激。

5. 面对霸道的上司，不要被吓倒

某些人天生信奉霸道，做了上司就把自己想象成皇帝般的人物，以为只有不断地训斥、威胁下属，才能让下属乖乖听话。假如你遇到了这样的上司，最重要的就是不要被他的威胁吓倒。尽管工作中有上级、下级之分，但人与人之间是平等的，没有足够的理由，任何人都没有权力对别人恶语相向。你一定要在他说出那些恫吓的话之前，考虑好如何回应，并时刻让他感觉到你是重要的存在。

6. 面对优柔寡断、反复无常的上司，在适当的时候帮他做决定

这类上司大多没有做出决策的魄力，只要一听到别人的意见，就会动摇自己的决定。如果你不能把握适当的时机，帮他做出最终的决定，那么，你很可能要不断地重新来过。长久下去，你的工作积极性和乐趣便会荡然无存。

7. 面对健忘的上司，主动成为他的备忘录

千万别怕辛苦，如果因为上司的健忘而耽误工作，会对你造成诸多不变。比如，快下班时他才想起还有一份工作没有交代给你，那么你只能加班赶工。对你来说，这是纯粹的浪费时间。所以，你不妨在下班前一两个小时问一句，也许就能起到提示的作用。还有的上司对自己说过的话也不记得，明明交代过的问题，过几天又忘记。对付这种人，你可以在他交代任务的时候，随手拿个便签本做个简单的记录，并且拿给他确认。之后，放到电脑旁或贴在桌边，还可以随时向他汇报工作情况，这样他就不会忘记自己交代的工作了。

8. 面对模棱两可的上司，充分发挥“打破沙锅问到底”的功夫吧

没有明确的指示与要求，这样的工作要如何完成？可有些上司偏偏惜字如金，不肯把话讲明白，只用一些模棱两可的话交代工作。这时，如果你不问清楚就去执行，一旦与上司的想法不对等，就要承担全部的过错。所以，哪怕他再不愿开口，你也要追问到底。千万不要盲目地以为不能询问上司不想说的话，其实你可以采取反复确认的方式，或者通过一些诱导性的问话与上司周旋。

9. 面对疑神疑鬼的上司，“报告”或许是最好的方式

既然他不信任你，那么就让你的工作成为他“看得见，摸得着”的东西。有这些详尽的记述做证明，他也就安心了。而对于你来说，无非就是多花几分钟，写一写工作日志而已。

10. 面对好色的上司，保持尊严最重要

办公室中的“性骚扰”对于女人们来说，是既令人气愤，又令人尴尬的遭遇。如果选择退让，对方便会得寸进尺，如果选择反击，又担心丢了工作。其实，女人们大可不必感到难办，既然自己受到了侵犯，那就定要坚决地给予回击。如果抱着利用自己与对方的关系换回简单而轻松的工作的想法，那无疑就等于出卖了自己的尊严，后果当然不会如你所愿。试想，别人怎么会看重一个随随便便的女人呢？失去了尊严，利益也无法长久，麻烦还会越来越多。

其实，不管什么类型的上司都不可怕。只要了解他的性格，摸透他的脾气，就能采取相应的对策来应付。而找到了应付上司的方法，往后的工

作也就会越做越好。当然，在应对的过程中要保持清醒的头脑，不要得罪上司。假如一不小心捅了马蜂窝，不要心慌意乱，更不要找身边的同事商量对策或者向同事抱怨上司的不是，只有沟通才是最好的出路。凡事多从别人的角度思考，保持良好的心态，很多问题都能迎刃而解。

工作中的“投机取巧”

有些工作简单而枯燥，有些工作复杂而忙碌，但不管是什么样的工作，都需要良好的工作状态。如果你死板、教条地跟着那些条条框框，按部就班地工作，日子久了就容易产生反感的情绪，这会严重影响你的工作状态和心情。而如果你能找到恰当的工作方法，不时地“投机取巧”、忙里偷闲，就能获得些许上作的乐趣。当然，前提是你要高质量地完成工作，还要避免自己的小动作被老板发现。

看看装忙族们是怎样应付枯燥的朝九晚五吧。

小美是某家外贸公司的单证操作员，整日坐在办公室里面对着各种各样的文件，日子久了难免会觉得无聊。那些反反复复的机械操作任务实在太单调了。而且，随着工作的日益娴熟，她的空余时间也渐渐多起来。于是，她开始想办法给自己找点工作之外的乐趣。上网当然是首当其冲的选择。上网可以浏览网页、玩游戏、看小说，乐趣无穷。但上网也有上网的方法，明目张胆地开着网页，或者集中精神玩得不亦乐乎是肯定不行的。小美通常是一边开着 QQ 或 MSN 聊天，一边打开某个工作文档假装正在工作，桌子上还会摆满各式各样的文件、文件夹、资料，不时地动笔写上几个字，一副集中精神忙工作的架势。工作三年来，小美一直如此偷懒，却从未被老板发觉。

怎么样，是不是很有一套？其实，很多老板或主管都对员工的偷懒行为一清二楚，但大多采取睁一只眼闭一只眼的态度。只要你的工作效率能够满足他们的要求，偶尔偷一点懒实在算不得什么。那么，你是否学会如何偷懒了呢？

尽管都是在偷懒，但各有各的策略，各有各的方法，这要看具体的工作环境与工作职位而定。同时开着聊天软件与写字板是最有效的方法，将网页中的小说复制到 word 文档里慢慢看是最热门的方法。而假如办公室不能上网，这些方法显然就行不通了，你只能看口袋书，或者用 PSP 玩玩游戏、看看电子书，还可以将某些绿色小游戏装进电脑娱乐一下。

不过，在做这些之前，你一定要找到提高工作效率的方法，确保可以挤出稍作休息的时间。如果每天忙得天昏地暗还是做不完或做不好手中的工作，就不要考虑“投机取巧”的问题，不然你很可能会因太想寻找工作捷径而犯错误，从而影响你的工作成绩。

我曾在杂志中看到一篇报道，讲述一个业务员如何迷恋投机取巧，想尽种种方式逃避工作，最终他购买了一种可以显示异地来电的电话软件，实现了自己的愿望。后来，他打着出差的幌子到处玩，而将打给老板的汇报电话全部显示成出差地的号码。起初，老板并没有发觉。但日子久了，他的业绩难免下滑得厉害。只出不进的业务员，老板当然不会满意。而且，随着这种方法的传播，越来越多的人利用它欺骗自己的老板。为了维护公司的利润，老板自然会想方设法找到问题所在，最终还是发现了他们的恶劣行径。这些欺骗者不仅丢了工作，还丢了自己的道德与尊严。

我们可以装装忙、偷偷懒，但绝不能妄想找到只赚钱、不工作的捷径。

任何收获都要靠自己的付出和努力。这个世界没有一步登天的事情，成功需要积累，金钱也需要积累，只有在做好本职工作的前提下，才能偶尔放松一下。否则，不管使用什么样的方法投机取巧，最终还是会在失败中感受到无尽的迷茫。奇迹不会从天上掉下来，这是尽人皆知的道理。

记住，工作中的投机取巧不是飞黄腾达的手段，它不过是辛苦工作中的一点儿点缀，就像饭后的甜点一样，多了会腻的。

活学活用“办公室定律”

想要在职场生存，不仅要会干活、能干活、巧干活，还要避免白干活。前者是个人的工作能力问题，后者则更多取决于你是否了解办公室的内在奥妙。为了帮助那些在办公室里摸不着门道的人，有人总结出“办公室定律”。但定律是死的，人是活的，只有活学活用才能充分发挥定律的作用。就像小时候学过的那些数学定理和定律，每一条看似都很简单，但用起来就没有那么容易了，而能学会用的人通常才是学习成绩最好的。办公室中的定律也是如此，只有做到活学活用的人才能游刃有余地处理各类问题，成为别人眼中的职业精英。

定律一：矛盾定律

在这个世界上，矛盾无处不在。办公室里的矛盾则主要在于作为下属的你与领导的关系处理上。与同事之间，可以远，可以近，还可以打打太极，但是与领导之间的关系就不那么容易处理了。走得太近，不仅周围的同事看不顺眼，万一领导哪天倒了台，你恐怕就要跟着受牵连。走得太远，不仅有什么好处都永远轮不到你的份儿，领导还会把困难的任务都交给你。如此矛盾并没有根本的解决之道，只能依靠审时度势的能力，看清瞬息万变的局势，且永远不要让自己处在风口浪尖上。要说与领导走得近，你不是最近的；要说与领导走得远，你又不是最远的。找到一个折中的办法，也许会好过很多。

定律二：尴尬定律

苦干的不如巧干的，会干的不如会看的，会看的不如捣蛋的，这几乎是人人都知道的职场规律。所以，时常有人为此感到气愤与无奈。能力强的无法升职，升了职的庸才又跑来指手画脚，令人心里不痛快。假如你不想更换工作环境或者暂时还无法更换，那么就只好顺应环境，在学会巧干的基础上，再学会何时需要“会看”，何时需要“捣蛋”。一个人如果够聪明，不只能够在工作方面有出众的表现，还能自降身份，与那些只会看和会捣蛋的庸才斗斗法。要知道，聪明人在多数情况下都会赢。

定律三：变脸定律

明明不喜欢，也要装出笑脸。明明不同意，也要大加称赞。明明不想去，也要积极参与。办公室里的虚假表象太多太多了，归根到底就是一个字——装。你装，我装，大家装。不会装、不懂装、不愿装的人就要吃亏，学会变脸才是生存的王道。

定律四：活跃定律

该活跃的时候不要沉默，该沉默的时候不要活跃。领导不在的时候，同事们之间的讨论、神侃、说笑、吹牛你一定要表现积极；领导在的时候尽管一本正经地保持庄重、严肃、沉默、埋头苦干。千万不要没来由地活跃，也不要没来由地沉默。

定律五：不公定律

世界上没有真正的公平，办公室里当然也是如此。能者只是一味多劳，却不见得有收成，还会常常犯错。而不能者即使不劳，也不见得会比多劳者差多少，还能因少犯错而受到领导赏识。于是，便有许多能者心理不平衡。可既然这种不公平不会消除，我们为什么不能试着改变一下呢？能者可以适当拒绝一些工作，不要担心上司会因此而否定你的能力。因为如果你的上司连这种不公都不想调节，无论你做多少工作都没办法升职或加薪，不如推掉一些，让上司明白你也有你的极限，或许反而会获得不错的结果。

定律六：加班定律

加班，加班，永无休止的加班。是不是真的有这么多的工作可以做呢？答案是：不一定。有的人加班是为了领导而加，到了下班时间领导不走，下属也不好急于撤退。这样的班加起来不必那么辛苦，装装样子也未尝不可。有的人加班是为了自己，工作多到做不完，第二天还有报告或方案要上交，只有加班吧。明明知道这样的班加了也是白加，可还是要加。这时候赶紧想想办法，让领导知道你在加班工作。不然，就真的赔了。

定律七：新官定律

新官上任三把火，所以千万别以为见谁都笑容可掬、亲切有加的就肯定是个好领导、好上司，只是他的火还没到烧起来的时候罢了。等过些日子，你就会发现，他与之前的其他上级并无不同，甚至更加官架十足。所以，你得记住，对待新官的亲切要谨慎，如果你不加防备，把心里的牢骚都抖出来，后果可就麻烦了。

定律八：趋同定律

爱好着领导的爱好，幸福着领导的幸福，快乐着领导的快乐，是许多做下属的都会养成的习惯。即使你看不惯自己的领导，哪怕装装样子也要装。谁会和自己的前途过不去呢？何况，多数时候装一下样子也没有太大损失。

定律九：转移定律

如果你看到领导阴着脸走进办公室，赶紧低头佯装忙碌吧。没准儿他刚刚挨了上级领导的骂，正无处发泄呢。假如这时你要向他汇报工作中的问题，或者拿文件给他签字，就可能被当做出气筒。所以，无论有多么要紧的事情，最好先暂缓几分钟。保持沉默，敬而远之，是最好的处理方法。

定律十：关系定律

有能力不如有关系，这早已不是什么秘密了。有能力又有关系的人端的是金饭碗，没能力有关系的人端的是银饭碗，有能力却没关系的人端的是铜饭碗，而既没能力又没关系的人只能端铁饭碗或者干脆没饭碗。关系有先天的，来自父辈；也有后天的，来自自己的交往。不管是有能力的，还是没能力的，都要有自己的人脉关系，这是生存的必然。

定律十一：竞争定律

想要在激烈的竞争中脱颖而出，不是只凭工作成绩那么简单，还要看具体的职位、性格、为人处事的方式等各方面。能写的不如跑腿的，能干的不如能吹的，能说的不如会送的，本分的不如张扬的，遵守制度的不如听领导话的，固守原则的不如会变通的。

定律十二：忌讳定律

“说古不说今，说外不说中，说远不说近。”这是办公室说话的重要原则，不要对贪官、时政等敏感信息发表评论，不要对管理、薪酬等问题大发牢骚，即使你不过是在评论新闻报道。不管你多么大气，不妨说说小女人话题，比如某某商场的打折，某某品牌的促销，某某西餐厅的折扣券。

关于“潜伏”，你不能不知的秘密

要说2009年上半年什么电视剧最火，恐怕是非《潜伏》莫属了。一部谍战剧可以红到这种程度，不只是剧情本身和演员的功劳，而是因为人们从剧中看到了另外一片天地。不管当初的编剧是否故意将剧中所包含的职场攻略作为卖点，但观众的确从中悟到了不少职场真谛。所以，你可以没看过《潜伏》，但决不能不知道《潜伏》中那些关于职场的方方面面。

作为“潜伏”在惊涛骇浪中的小人物，我们不妨抱着轻松的心态体味一下剧中的某些桥段，看看究竟是不是别有洞天，另有所悟。

桥段一：男主角余则成初入职场（天津情报站），就受到了中校马奎的鄙视和怀疑。余则成刚刚进入陌生的环境，人生地不熟，而对方又是官大一级的中校。所以，尽管对方处处找茬，他也只能默默承受。

俗话说：“官大一级压死人。”其实就算不是官大一级的人，而是周围的老员工，也常常对新人保持警惕或者喜欢指手画脚。那么作为新人来说，是要高傲地转头走人，还是默默承受？我想后者应该更现实一些吧。所谓忍辱负重就是如此，因为新人还没有任何成就，也就不容易得到别人的肯定。如果这时一定要为面子争个你死我活，吃亏的还是新人。比尔·盖茨曾说过：“世界不会在意你的自尊，人们看到的只是你的成就。在你没有成就以前，切勿过分强调自尊。”

桥段二：女主角翠平刚到天津时，每天的工作就只是陪官太太们打打牌，喝喝咖啡。这对于原本担任游击队长的她来说显然很难接受，她不明白自己为什么要堕落至此，为什么不能做更重要的工作，所以意见特别大，总是闹情绪，发泄心中的不满。后来随着工作的深入，她才渐渐明白这份工作的重要性。

有些工作表面上看起来并不重要，但却是很好的铺垫和锻炼。所以，千万不能挑肥拣瘦，觉得自己做这份工作是怀才不遇，大材小用。殊不知，老板或许正在一旁观察你的工作，如果第一步你做得很好，往后会有更多更重要的工作等着你。如果此时被老板发觉你的不满，也许你的前途就会毁在自己手里。凡是能成大事的人，都能把不起眼的小事做得有声有色。如此才能为今后的发展打下坚实的基础。

桥段三：余则成第一次执行任务时，任务还没完成同伴就被刺杀，对他来说无疑是灭顶之灾。但他没有退缩，而是抓住机会果断出手，孤身一人冒险策划并刺杀了汉奸。

成败往往就在一瞬，而这一瞬的成败又取决于是否能够抓住机会。如果能够抓住机会将事情完成，不仅体现了自己的爱岗敬业，又证明了自己的睿智与果敢，必然会得到上司的赏识。能够获得成功的人不一定是能力最强的人，但一定是最能抓住机会的人。

桥段四：余则成最拿手的态度便是装傻。当站长召开紧急会议，需要手下发表意见的时候，他便会傻笑着顾左右而言他。同事们以为他没有能力，也没有魄力，而站长则是无奈地摇头叹息。

其实，喜欢面露傻表情的人未必真的傻，这一点多数人都清楚，但也的确拿他没办法。尤其是当上司需要你公开表态的时候，装傻尤为重要。选择事情的方向很难，有时候甚至怎么选都是错的。那么，最好的办法就是装傻。就算别人看出你在装傻，也无可奈何。

桥段五：由于军统身份，余则成成为吕宗芳拉拢的对象；由于立下大

功，他成为戴笠青睐的工作人员；由于能帮站长贪钱，他又得到了站长的庇护。如果没有这些靠山，他不可能多次转危为安。而让他赢得这些靠山的，正是他的实力与能力。

有靠山的人才能长久地屹立不倒。然而在寻找靠山时，你要先扪心自问，自己能为他们带来什么价值？没有人会白白被你依靠，想要让上司心甘情愿地成为你的靠山，你就要有足够的能力，成为他们手中的关键棋子，这才是根本所在，而不是单纯依靠吹牛或者送礼。

桥段六：每个人都有软肋，余则成也不例外。比如感情，比如贪财，他有他的缺陷，他也会让别人利用他的缺陷。当然，这些都是他故意制造给别人看的。

人无完人，每个人都会有弱点。一个没有弱点的人是可怕的，上级永远也不会信任一个找不到弱点的人。因为他找不到你的弱点，就无法利用弱点控制你。既然他控制不了你，就没办法真的相信你。聪明的人会故意暴露一点无伤大雅的缺点，让上司以为他完全有能力掌控你，这样你就会安全得多。

桥段七：余则成是站长的心腹，两人常常促膝长谈。温馨的画面让人觉得他们简直就像一家人。但是背后呢？余则成做他的卧底工作，站长照样纵容李涯彻查余则成。

下属与上司之间没有真正的挚交。很多时候，上司想要找你谈心，无非是想知道你内心的想法，你只要说一些无关紧要的私事就够了。如果你因为上司的几句好话就把心窝子都诚恳地掏出来，那就太过愚钝了。要知道，将内心全部展示给别人，你也就没有多少价值了。

瞧，带着生活中的问题去看一部电视剧，也是很有意思的。难怪《潜伏》播出不久，就引起上班族们的诸多讨论。如果详细分析，里面所涉及的细节内容还有很多。其实，不只是这样的一部戏剧，很多电视剧中都包含有类似的处世之道。只要学会用独特的眼光发掘其中的秘密，娱乐的同时也能学些有用的东西。

“八面玲珑”的女人最受欢迎

在复杂的职场斗争中，女人们固然不及男人们强势，但这并不表示女人就会处于下风。就像武侠小说中的那些女人，尽管力量比不上男人，但灵活的头脑、柔媚的性格都可以作为有力的武器，很多时候，男人们就在怜香惜玉的心境下败给了女人。想要在职场江湖“混”得久一些、好一些，就要学会做一个“八面玲珑”的女人。

下面是一则趣味测试，看看你是不是一个八面玲珑的人。

题目：情人节当天原本要快乐地去约会，可是因为被家里的人要求解开绑旧报纸的绳子而无法出门，你觉得绳子打结的方法是什么？

A：刚好的一个结

B：缠绕很多次的死结

C：固定的死结

测试的题目先放在这里，直接将答案公布会影响测试效果。我们不妨先来说一说如何做“八面玲珑”的女人，而后再来揭晓问题的答案。

“八面玲珑”是实力与技巧的结合，实力是能够让你在工作中站住脚的基础，而技巧则确保你的实力能够得到别人的欣赏。拥有实力没有技巧，你的工作成果很可能会付诸东流。而拥有技巧没有实力，就很难拿出令人信

服的成绩。如果两种特质都具备，还要学会灵活运用在实际工作中。

首先，不要太过突出自己。除非你拥有能够震慑所有人的能力和工作成绩，否则不要让周围的人感觉你比他们高出一等。不然，很可能会招来记恨和报复，尤其是女人。因为异性不甘心在你之下，而同性又有强烈的嫉妒心理，所以一旦你的成就超过他们的预期，就要小心行事了。即使你得到了老板的嘉奖或升职，也要积极与那些原本与自己处在同一水平线上的人沟通，让他们了解你并没有因此而改变对他们的态度，甚至在以后的工作中还可能为他们谋得种种好处。时刻与周围的人打成一片，哪怕仅仅是做出这样的姿态，也能缓解矛盾，但同时也要提防那些不肯买账的人。

其次，要让上司和老板看到你的工作成绩。如果你一直默默无闻地保持谦虚，很可能会被老板认定为无能的人，而你周围的人都在积极进取，这更加凸显了你的无能，后果自然不会好到哪儿去。要想使自己的成绩不至于付诸东流，就需要主动向上级和老板展示自己的工作成果。当然，要采取恰当的方式，而不是到处宣扬。必要的时候看看你周围的人都是怎样做的。

再次，学会对"小人"视而不见。"小人"处处都有，或许在你的身边还特别多。"小人"往往都有些小聪明，所以与他们斗法还真不是件容易的事儿。尤其当他们成为你的上司，那就更是难上加难。如果你还想把握这次工作的机会，不想轻易走人的话，就要学会心平气和地面对这些小人的行径。不要在其他人面前大发牢骚，也不要到处抱怨。没有人会帮你的忙，最多不过是说几句同情的话。而你的这些话一旦传进小人的耳朵，后面的麻烦可就大了。此外，更不要替别人打抱不平，这是最愚蠢的做法。别以为这是嫉恶如仇、伸张正义，你只不过是将别人的祸患引到自己头上。永远不要刻意得罪"小人"，躲不起的时候多动动脑筋，智谋才是解决问题的钥匙。反之，能躲的时候就尽量躲吧，犯不着没事儿找事儿。

最后，要在工作的时候斗志昂扬，在与同事接触的时候笑容满面，给周围的所有人留下工作积极、态度友善、处事得当的好印象，还要让他们认为你与他们是站在同一阵营的亲密战友。这不是靠一天两天的工夫就能完成的，而是要在长久的沟通与交往中才能慢慢培养起来。记住，对待不同的人要用不同的方式和策略，不能一视同仁。如果你能轻松自如地应付所有人，那么你的未来就会更加光明。

想要将内心的棱角打磨光滑不是件容易的事，但除此之外还能有什么别的方法呢？为人处事是一种技术，也是一种艺术。有头脑的女人就像神秘莫测的“美人鱼”，是畅游在职场中的明星。让人忍不住想要靠近，又难以琢磨。拥有如此功力，就可以放胆去闯，任何龙潭虎穴都不成问题。

那么，想知道你的“八面玲珑”修炼到什么级别了吗？看看上面问题的答案吧。

选择 A 的姐妹：可以用“剪不断，理还乱”来形容你复杂的人际关系，可以说是人际关系中的高手。上司或前辈都很少埋怨你，因为你很能掌握与他们之间相处的要领，但与自己的朋友之间就容易陷入表面交往。

选择 B 的姐妹：平日的人际关系有点狭窄，如果太依赖某个特定的好友，可能会造成别人的心理负担。

选择 C 的姐妹：比较适合与特定的群族交往，因为你个性耿直，暂时还无法达到八面玲珑的境界。

测试可以为你提供一点启发，但不能代表最终结果。脚踏实地进行自我升级才是唯一的出路，好好修行吧。

女人的人脉优势

网络改变世界，人脉改变人生

人脉是一个人通往财富与成功的门票。从某种程度上讲，一个人能否成功，不在于你知道什么，而是在于你认识谁。所以，在这个竞争激烈的时代，几乎人人都懂得利用人脉。然而，普通的人脉只能说明你认识对方，对方也认识你，双方的关系仅限于彼此“认识”而已。真正能够帮助你走向成功的人脉绝不能只停留在这样的阶段，良好的关系才是人脉的升华，才能当做资本。

不要将“功利”写在脸上

功利是一种哲学，指的是人们评判行为的正确与否，只看该种行为是否有助于增进幸福。这种幸福不仅涉及行为的当事人，还包括受该行为影响的每一个人。而今，“功利”一词代表了功名利禄，多含有贬义的意味。没有人不想或不愿追求功名利禄，但如果无论做什么事都是为了实现它，就会掉进“功利”的陷阱。

尽管为了生存，我们不能放弃功利，但太过功利的人终究是不受欢迎的。对功利的追求会使他们的思想变得扭曲，在做任何事的时候，只要看到功利的影子，便会不择手段。所以，对于想要拓展人脉的人来说，明显的“功利心”往往会适得其反。我们不否认人脉是有功利价值的，但那些真正拥有四通八达的广泛人脉的人都拒绝将“人脉”作为一个功利性的词汇来理解。人脉不是利用别人的感情或者设置其他圈套的捷径，它也是建立在基本的感情基础上的。所以，想要有广泛的人脉，就要有朋友。让周围的人觉得你是个值得交往的人，日子久了，你的身边自然而然就会聚集属于自己的人脉圈。

有些人急于扩展自己的人脉关系，尽可能地采用各种手段认识有用的人。不管对方愿不愿意与自己交往，不讲求交往中由远及近的过程，而一味地追逐对方，只为与对方相识，同时还想要在短期内与对方成为朋友。持这类急功近利的心理，真的能交到朋友吗？

有一位做保险的小姐告诉我，她曾通过各种方式得到了一份全市知

名企业老总的名单，为了扩展自己的人脉关系，为了使自己的人脉圈变得更有质量，她硬着头皮给那些老总们打电话，甚至想要约他们出来见面喝咖啡。按照她的说法，只要能获得见面的机会，就能获得一半成功的机会。而结果怎么样呢？当然没有达到她预期的目的。

并不是那些老总的眼界有多么高，而是他们遇到的此类人太多了。每个人都采取同样的方式，说着同样的话，想要达到同样的目的。试想，如果你天天都遇到这样的一些人，你会做何感想？当然只有极度反感吧。因为他们不仅会浪费你宝贵的工作时间，还将人与人之间的交往表现得很廉价。如此露骨的功利，你受得了吗？

还有的人本着“宁可错杀一千，不放过一个”的原则，无论聚会大小，不管派对的公私，只要有类似的活动便毫不犹豫地加入。不管三七二十一，先认识了再说。回家后再把各人的情况略加整理，找出那些对自己的事业和未来有帮助的人，其他的人便可以淘汰了。可这样的人脉拓展方法真的很有效吗？恐怕不会吧。不要低估别人的眼光，既然你已经将“功利”摆到了台面上，别人难道会视而不见？而别人如果完全清楚你的目的，那么你们之间的交往就已经蒙上一层阴影，无论如何也不可能走到朋友的关系。离开了朋友间的感情基础，这样的人脉会牢固吗？

我曾在 BBS 里看到过这样一个帖子，某位小姐发出不解的疑问：“有多少人脉是靠得住的？”据她所说：“穷朋友用不上，尽管他们真的很想帮到我，但是多数情况下是无能为力的。富朋友不好用，尽管他们有足够的能力，却没有帮我的心。还有那些头脑不够灵活的人，办事让人觉得不够放心。而那些太过精明的人，又怕他们耍心机。我到底该怎么办？”

瞧，她将这些所谓的朋友分得多么清楚。穷的，富的，笨的，聪明的，一应俱全。真不知道如果她的朋友们得知她是如此对待朋友的，他们会怎么想？而假如你事先得知身边有这样一个女人，还会选择成为她的朋友吗？她在埋怨这些朋友如何如何没有用的时候，是否想过“朋友”对于她的意义究竟是什么呢？

当你想要别人对自己“有用”的时候，在交往过程中就必然会面露“功利”之色。而这正是人际交往过程中的大忌。没有人会帮助那些将“功利”写在脸上的人，尽管他们明白其他人或许也是抱着相同的态度。不要看不起穷人，你不能断定一个人的未来会怎样。不要将希望寄托在富人身上，因为你的功利会被他们一笑置之。不要埋怨那些头脑不够灵活的人，有些按部就班的人才能办好的事会比较适合他们。不要担心那些太过精明的人，除非你自己不够聪明，不然就不会输给别人。

将“功利”写在脸上的人就像一朵变异的玫瑰，只见茎中的刺，却不见美丽的花朵，这样的一朵花必然会让人躲得远远的。如果你带给周围人的信息是“不可靠”，那么没有人会愿意成为你的朋友，更没有人愿意做“有用的朋友”，即使他对你真的有用。因为，没有人会一直“有用”，也没有人会一直都“没有用”，将这一点作为判断朋友的标准，是头脑简单的人才会做的事。想要建立自己的人脉关系，就先擦掉脸上的“功利”吧。

建立牢固的朋友圈，并学会结识朋友的朋友

自从我们学会与人相处，朋友圈就是生活中不可避免的存在。学生时代的朋友圈是在潜移默化中建立的，也是感情深厚且相对牢固的朋友圈。而随着学生时代的结束，我们又需要在工作中建立新的朋友圈，这时的想

法就难免带有一丝功利的色彩了。通常，人们会把所有对自己有帮助或者未来会对自己有帮助的人纳入自己的朋友圈，这本没有什么错。但在此之前，还需要一个固定的朋友圈作为基础。

一下子与很多人交往会令你感觉辛苦，又没有方向，甚至没有什么效果。凡是人都有一点点私心，如果别人知道你同时在与许多人交往，无形中会降低他与你继续交往的积极性。因为他会感到自己很可能不被重视，或者被你当做功利性的朋友来相处。任何人都不想成为别人的工具，这是人之常情。所以，先不要急于扩展你的朋友圈，而是先要建立相对牢固的朋友圈。

学生时代的朋友圈在你工作之后仍然是有效的，并且非常有效。一是由于相识、交往的时期，彼此思想都相对单纯，没有什么功利色彩，再加上时间的雕琢，使得感情不断加深。共同拥有美好回忆的人是最容易相处和亲近的。二是由于同学们各自从事不同的行业和工作，这就在无形中扩大了你的交往范围，能够让你了解很多行业以及你的本职工作之外的事情，这是很难得的增长见识的机会。然而，很多人都不注重学生时代的朋友圈，认为自己工作了，开始了新的人生，便不需要与过往的同学联络。这些人会渐渐脱离过去的朋友圈，而在他们脱离之后，那些仍然保持联络的朋友就形成最基本，也是最固定的朋友圈。

在这之后，第二批加入你朋友圈的应该是同事和工作中的联络伙伴。他们是与你相处时间比较长的人，共同面对一些工作上的事务，因而容易建立良好的朋友关系。只要你懂得如何与他们相处，他们将会是你朋友圈中相对牢固的第二类人群。但由于某些时候会牵涉利益关系，所以这类人群要用恰当的方式对待。你可以与他们一起吃饭、逛街、娱乐，但不要触及太过私人的问题。

下一步，我们就该积极拓展自己的朋友圈了。在我看来，学会结识朋友的朋友，是一种不错的朋友圈拓展方式。比起盲目地寻找交往目标，朋友的朋友更容易结识。并且在结识之前，你还可以向朋友充分了解对方的情况，以此来判断彼此的性格是否适合交往，这样就可以有的放矢地交朋友，避免浪费时间和资源。重要的一点就是选择适当的方法，不要刻意追求自己能力所不及的事情。

比如，某位小姐喜欢通过请客来拓展朋友圈，请吃、请喝、请玩，忙得不亦乐乎。起初，朋友倒是交到了不少，可是后来越喝越高档，越吃越讲究，越玩越频繁，每次都要她掏钱买单。之前还以为这样能体现自己的身份与热情，日子久了就渐渐觉得钱包吃不消，心理也开始不平衡。因为那些朋友并没有帮她什么忙，如此付出与回报不成比例的事情，怎么能做下去？最终只好作罢。

多数情况下，依靠吃喝玩乐才能维持的朋友关系也只限于吃喝玩乐。一旦遇到正经事，十个人中有八个都会逃之夭夭。所以，这实在算不得好办法。我有一个好友，她的做法或许值得借鉴一下。她并不是那种热衷交友的人，但她的朋友却不少。原因就是她的一些同学在与同事或其他朋友聚会的时候，常常会带上她一起去。在那些非功利性的聚会中，大家只是图个人多热闹，吃饭和娱乐大多采取 AA 制的付钱方式，玩得尽兴便是最终目的。少了功利性，彼此间的关系便更容易亲近，彼此认定志趣相投，见面之后再打几个电话或者在 MSN 里闲聊几句，就可以巩固朋友关系。如果想要进一步成为好朋友，还可以适当增加谈话内容的深度，不要仅限于肤浅的家长里短，可以聊一些双方都感兴趣的知识性话题。长此以往，朋友圈就可以渐渐扩大。

而今，网络也成为交友的主要阵地。各种各样的交友社区和网站都为

扩大朋友圈提供了一定的帮助，适当地利用网站和社区的优势，也可以结识朋友的朋友。但网络毕竟是虚拟的环境，想要真的交到合适的朋友，还需要将网络中的朋友实体化。比如，同城的网友之间可以组织各类活动，异地的网友也可以通过出差或旅行的机会见面。不过，千万不要盲目地相信任何人。网络风险多多，交友更是要谨慎再谨慎，即使是“朋友的朋友”也不可大意。

朋友圈的建立与积累都是一个漫长的过程，需要有耐心，还需要具备长远的眼光。不要只根据眼前的利益来做取舍，更不要只重利益不重感情。要知道，“感情”可以使人选择无私地付出，这是人性中最玄妙的特点。

在利益的诱惑面前保持清醒，不要因小事伤害别人

每个人在交朋友的时候都会衡量朋友的可靠性，尽管某些朋友是因利益关系而存在的，但感情终究是朋友关系的基础。没有人会喜欢结识一个轻易为了利益而出卖或伤害朋友的人。想想人脉关系的积累是多么不易，而假如你不小心伤害了朋友圈中的某个人，就很可能会引来骨牌式的连锁反应，影响你与其他朋友的关系。因为好事不出门，坏事往往会传千里。不要为了赢得一个朋友，而失去更多的朋友。更不要为了一点蝇头小利，破坏自己的朋友圈。

有人说，没有永恒的朋友，只有永恒的利益。这句话看似很正确，但我们要注意“永恒”两个字。从世界上没有一成不变的事物来看，“永恒”的确是不存在的。不只永恒的朋友不存在，永恒的利益也不存在。既然你们此

刻是朋友，那么就算感情并不深厚，但最起码还存在相同的利益吧。如果轻易地就破坏了这种朋友关系，不是连利益也一并牺牲了吗？

我的朋友曾向我讲述了她朋友圈里的一个故事。故事的女主角叫晓晴，工作还不到一年的时间，平日里给人感觉是很坦诚、很热情的，因而朋友也比较多。我朋友还去过她的办公室好几次，看到她与办公室里的同事相处得都很融洽。原本，我的朋友一直都为她感到高兴，可是几个月后，我的朋友却得知她已被许多朋友疏远。细问之下，她才详细说出了自己的遭遇。

公司年终聚会之前，部门主管找到晓晴，对她说，以她的新人身份在聚会的抽奖活动中可能什么也得不到。通常，公司不会把重要的奖项安排给新人。可是如果她能在年终的调查表上帮忙说几句好话，打高一点的分数，她就能想办法把部门最好的奖品安排给晓晴。

晓晴明明知道周围的同事都不喜欢这位主管，因为她平日对待下属态度恶劣，且自以为是，一点儿也不得人心。之前，同事们还打算合力利用匿名调查表向上级反映情况。可现在她偏偏找到晓晴，难道她已经知道同事们的想法？慌张的晓晴不知道该怎么办，又不想找其他人商量，她觉得这是领导私下对自己说的事，不能让其他人知晓。何况，那份奖品实在很诱人。她想，年终时周围的朋友和同学常常提起各自的奖金和福利，如果自己能获得公司的奖品，在告诉其他人的时候，不也会显得很有面子吗？再说，只是在调查表上写几句话，又不会被其他人发现，于是她稀里糊涂地照做了。

最终，部门最好的奖品真的给了晓晴，可同事们看她的眼光却一下子全变了。因为有经验的老员工都明白，如果没有好处，这位主管从来都只会将奖品留给自己，怎么会给一个无关的新人呢？从那以后，办公室里的其他同事都有意无意地躲着她。无形中，她已成了同事们眼中的“小主

管”。后来，工作中的其他联络伙伴也通过她的同事得知了这件事。结果，与她亲近的人变得越来越少。

为了一件可有可无的奖品而得罪周围的人，这位小姐可真是做了一笔亏本的买卖。而一旦这样的名声传出去，往后的人脉积累可谓是困难重重。不要以为那些偷偷做了的事情别人不会知道，事实上你的一举一动都在别人的观察中，那些老油条们甚至能从你的一句话、一个眼神中发现端倪。在你的朋友们眼中，你今天能为了一点私利不顾朋友的感受或背叛他们，明天就能为了其他事情坑害他们。尽管你很可能是无心的，但结果已不容你再去争辩。

不要觉得这些事情不会落到你的头上，有江湖的地方就有利益的诱惑。比如，领导以升职或加薪为诱饵，让你说出同事间的一些秘密。与朋友敌对的某个人也很可能会发出诱惑的信号，让你舍弃原来的朋友。如果你不能很好地处理这些问题，做出了对朋友不利的事，或者让朋友知道你有这方面的想法，那会使你在人际关系中处于被动的地位。只有果断放弃那些小利的诱惑，才能维系好自己的人脉关系。

守住隐私，成为别人眼中值得信赖的女人

假如有人问起，什么样的女人坚决不能做朋友？答案中一定会有“大嘴巴”或者“长舌妇”之类的词儿。喜欢啰嗦、喜欢讨论家长里短的习惯使得某些女人们的嘴巴成了令人恐惧的存在。此类女人连维系自己的人脉可能都会比较困难，哪里还能将人脉当做资本？所以，做女人就要做嘴巴

严密的女人。

在人际交往中，许多人都会或多或少地将自己的隐私透露给身边的同事和朋友。某项调查显示，有54.35%的女人会向关系很好的同事透露个人隐私。而且，个人生活中的隐私与工作之间存在一种微妙的关系。如果你坚持对自己的任何隐私都守口如瓶，势必会给人一种难以亲近的感觉，从而影响在朋友圈中的人际关系。所以，在人际交往中，隐私的透露在所难免。而这也恰恰是考验一个人的机会，想知道朋友可不可靠，隐私也是一块不错的试金石。同理，想要得到别人的信任，让别人相信你是可靠的，就要坚决守住别人的隐私，别做那种泄露隐私的缺德事。

两年前的苏苏是某家公司的办公室文员，工作成绩平平，能力也并不突出，但同事们都特别喜欢与她交朋友，还愿意将自己的朋友介绍给她。起初，她的老板以为她人缘好是因为工作能力不出众，对其他人来说没有威胁，但后来渐渐发现，这其中还另有原因。用同事们的话说就是她的嘴特别严，不该说的话从不说，无论怎么央求和诱惑，她都不会将别人的私事说出来。

开始发现她这个习惯的是同办公室的小兰。某次，小兰不经意间向她透露了一些家庭方面的隐私。后来她一直担心这些内容被传出去，但既然是已经说出去的话，总无法收回。于是，她只好一边埋怨自己嘴快，一边提心吊胆地过日子。几天后，小兰发现别的部门的一个曾与自己闹过矛盾的女人正在和苏苏聊天，一副神秘兮兮的样子。她心想，这下可糟糕了，苏苏该不会把那些话说给她听吧，她可是个长舌妇啊。结果，过了半个月，小兰发现自己的隐私并没有在公司里传开，又经过多方探听，才知道苏苏拒绝了那个女人的要求，没有透露她们谈话的内容。

从那之后，小兰将苏苏当成了很要好的朋友，还把苏苏的这一优点传

给了很多同事。久而久之，苏苏就成了朋友圈里的抢手人物。朋友们有知心话愿意和她说，而她遇到问题，朋友们也会主动帮她解决。这样，苏苏在工作中的成绩也越来越好。而今，老板看中了苏苏的品质，将她提升到了经理助理的位子。既有事业又有朋友的生活，对于苏苏来说无比惬意。

每个人都需要倾诉，有些隐私埋在心底会生出草来。尽管网络中不乏“晒隐私”的平台，但将这些事情敲进虚无的网络中，隐姓埋名地供人鉴赏，还不如对着大海、高山或空气自言自语一番。所以，既然要倾诉，面对面地与人交流才是首选。但即便是没有利益关系的朋友，对她说出隐私也是要承担一定风险的。因为她很可能在第二天就当做无关紧要的事情讲给其他朋友听，而其他朋友又会讲给自己的朋友。这样一来，你的故事很可能就会衍生出众多版本，在世人口中流传。也许还会有好事的人写进网络，赚得可观的点击率。

由此看来，身边有一个嘴巴严实的朋友实在是一件不容易的事。尤其是对于喜欢说话的女人们来说，可靠的朋友就像手指上的钻石戒指一样珍贵。而守得住秘密的女人必然是品格高尚的女人，与这类女人交往实在是有百利而无一害。在这种时候，道德远比个人能力重要得多。

想要将人脉变成资本的女人不妨牢记这一点：守住秘密，就守住了成功的资本。

懂得称赞，而不是恭维

赞美之词人人都会讲，而且还能滔滔不绝地讲出一大堆。可问题在于，你是否讲得恰到好处，会不会让人感觉如坐针毡、如芒刺背？有时候，你真的特别想要感谢别人的帮助，或者想要称赞一下别人刚买的服饰，又生怕自己讲的话不够到位，于是一句接一句地客套、称赞，让人听了值只得满脸堆起虚假的笑容，随时准备逃走。而有时候，你或许又不屑称赞别人的成果，因为你觉得它与你无关。如此说来，这种称赞就有了“势利”的影子，势必讨不到任何好处。

称赞是一种沟通技巧，称赞一件事、一个人或者一个集体都是轻而易举的事情，但难就难在适当地表达出你的诚意，并且让称赞起到效果，这就不那么容易了。如果语言不到位或者太过，就成了虚假的恭维，让人听了极其反感，甚至产生厌恶的情绪。所以，称赞又是一种艺术，要让人听出你的真情实意，而不是“出口乱赞”。

如果你还保持喜欢恭维别人的习惯，如果你还没有学会称赞的技巧，就来看看生活中的称赞技巧吧。

要想称赞得恰到好处，先要学会看人。人有年纪长幼之分，有素质高低之分，有能力强弱之分，只有符合对方个性与优点的称赞，才能算得上是正确的。比如，年长的人喜欢回顾过去的辉煌，那么你可以多对他的过去表示赞赏；漂亮的女人喜欢谈起自己的外表，你可以多多称赞她的美貌；不够漂亮但能力较强的女人，你要称赞她突出的工作成绩。总之，因人而异是最基本的称赞法则。当然，所有的称赞都要有迹可循，不能虚夸。

要想用称赞换回对方的好心情，就要使你的称赞听上去无比真诚。只有基于事实、发自内心的称赞才能引起对方的好感。反之，对方便会觉得你太过虚伪，只为了说而说，一点诚意也没有。比如，某个女人明明没有那么漂亮，却被你说成倾国倾城，下次见到你她一定会躲着走，尤其是有朋友在身边的时候。而你如果可以从她的装扮、气质、举止中发现一些出众之处并加以赞美，她就会很高兴地接受。因为这些是符合她实际情况的优点，即使这些话被旁人听到，她也不会觉得难堪。

要想用称赞换回一段值得维系的友情，不妨选择那些有自卑感或者身处逆境的朋友。对于难得被人称赞的人来说，一句发自内心的称赞很可能会改变他们对人生的态度，从而改变整个人生轨迹。如果未来他们获得了成功，那么你就是他们生命中当之无愧的“救星”。只用几句话便交到一个可靠的朋友，不是很划算的么？

称赞的成本真的很低，只不过是几句尽人皆知的话。而它所带来的回报又很高，可以让被称赞的人对你产生好感。所以，称赞实在是人际交往中的重要手段。不管你的性格是内向还是开朗，都要学会在适当的时候称赞别人。不过，千万不要将称赞变成恭维，甚至是谄媚，不然就显得俗不可耐了。然而，你还要明白的是，并不是每个人都愿意接受别人的称赞。如果直接的称赞不能奏效，那么你可以采取间接的方法，引用反对你的人的言辞并加以称赞，指出它的合理性和可行性，这样反而容易得到周围人的认可。少一些对立面，多一些朋友，你的人脉关系会越来越好。

可见，高品质的称赞是建立人脉资本不可或缺的本事，那么，到底怎样才算是上等的称赞呢？无论真假都让人愿意接受；不着痕迹，不动声色，使人浑然不觉；气味芬芳宜人，远离谄媚；言辞富有新意，而并非是陈词滥调的罗列；尺寸恰当，分量适中，正中对方下怀。以上就是称赞的终极表现，如果你还没能运用自如，就从现在开始训练自己吧。

等到你习惯称赞别人，就会发现称赞不仅能为你带来收获，还会增添你的个人魅力与生活乐趣。愉悦他人的同时也愉悦自己，这是多么惬意的享受啊！

城府——你可以不用，但不能没有

城府是一种内敛而不外露的功力，它的深与浅标志着一个人修养的高低。人世间的花开花落、月圆月亏，人生的坎坎坷坷、风风雨雨，本都是平常事，所以要用平常心来对待。少年不识愁滋味，喜欢为赋新词强说愁。而今，随着年纪的增长、阅历的增加，我们学会了欲说还休，学会了喜怒不形于色，这便是城府。

有人说，有城府的女人是会被人讨厌的。君不见诸多关于“N类男人最讨厌的女人”的文章中，几乎都包括了“有城府的女人”。而恐怕你随口问问身边的女人，她们也会表示自己讨厌有城府的人，尤其是女人。男人们的城府大多被认为是大气，而对于女人则成了小鸡肚肠。试问，男人们的大狠与女人们的小毒，难道有什么本质的区别吗？何况，城府的含义本不该止于此。心机固然是城府，但谋略与胸怀又何尝不是一种城府。所以，不管是君子还是小人，城府都是心态成熟的人不可缺少的利器。它就像一把利剑，可以让你在纷繁复杂的江湖中求得自保。如果别人拥有，而你却没有，那么你很可能会被别人的利剑所伤。

小琳的朋友圈里有一位喜欢发牢骚的姐妹。某次，这位姐妹来找小琳诉苦，抱怨她的老板如何苛刻，对她一点不好。眼看这位朋友受苦，小琳有些于心不忍，再看她如此真诚，一脸无辜的样子，小琳就动了恻隐之心，想着怎么也要帮朋友出出主意。她是个聪明的女孩，很快就想到不少点子，于是掏心掏肺地告诉这位朋友，遇到这样的事情就该怎样怎样。结果没过多久，朋友圈里就有传言，说小琳的城府如何深，心机如何重。而她的那位朋友则是如何直率，如何没有城府，结果在公司里成了任人宰割的羔羊，对小琳教给她的那些手段，她无论如何都不忍心下手。以致后来小琳成了朋友们防备的对象，而她的这位朋友就成了纯洁、天真、无辜的天使般的女孩，任意挥霍着别人对她的同情和安慰。

经过了这次教训，小琳明白自己太过单纯。心想，下次无论如何也不会再犯相同的错误。后来，那位朋友又来找小琳诉苦，说某某人忘恩负义背叛她，某某人心机太重陷害她，某某人杀熟，某某人对不起她。小琳只是听着，却不发表意见。这位朋友兀自唠叨着，还一脸无辜地问："为什么那些人的城府那么深，为什么受伤的总是我这样没城府的？"小琳的心中无端地感到气愤，忍不住挖苦她："没有城府和城府不够深是两回事啊。"之后，这位朋友非但没有自惭形秽，还理直气壮地对小琳说："早知道你城府这么深，我就不会告诉你这些了。"说罢，生气地走掉了。小琳这才明白自己的城府果然还不够深，一直都被牵着鼻子走。真正城府够深的人怎么会被人占得先机呢？

世界从来不曾像我们想象的那般美好、那般纯洁，但也并非是处处险恶。只要我们正视这个世界，用恰当的方式保护自己不受别人的侵犯和算计，就已足够。人性是复杂的，而想要有足够的能力保护自己，就要具备足够的智慧和宽容。城府刚好可以带给我们一些这样的品质和能力。

那么，究竟如何才能做一个有城府的女人呢？当然是要经过岁月的沉淀，慢慢修炼，才有成果。这其中必然会遭遇许多陷阱，也会品尝许多失败。俗话说，“吃一堑，长一智”，吃了足够的堑，自然就长了足够的智。当然，一味吃亏总不是件好事，多看多听别人的故事也是一种很好的方式。知道哪些该做，哪些不该做。还要知道在什么样的情况下，该如何做。但有一点要记住，那就是不要面带“城府”。

城府不够深也许并不可怕，可怕的是人人都知道你有城府，或者人人都能看出来你想修炼城府。也就是说，那种让人一眼就能看出来的心机是最要不得的，那会让你失去很多朋友，无形中降低了你的人脉资本。

晓燕是个特别会说话的女人，全公司上下都知道她“见人说人话，见鬼说鬼话”，可却没有人欣赏她的能力，反而有很多人觉得她人品不好，心机太重，自然也有没有多少人愿意和她做朋友，更别说是关系要好的朋友。她也渐渐觉得自己被孤立，但始终找不出问题所在。后来，一次招募公关经理的机会让她找到了其中的问题。以她的性格和说话的技巧来看，非常适合公关工作，所以公司经理想提拔她做公关经理，而就在上任前的谈话中，经理才告诉她：“面对什么样的人说什么样的话本没有错，可问题在于你的做法让别人感觉不到一点真诚。我知道你的目的是好的，想要结交更多的朋友，成为左右逢源的交际高手，可你的目的并没有达到，只因为你留给别人的印象是心机太重。”晓燕是个聪明的女人，她立刻就明白了经理的话。

一年之后，晓燕就成长为出色的公关经理。别人在她的脸上再也察觉不到任何心机，取而代之的是真诚与豁达。由此，她的朋友圈越来越广阔，人脉关系也越来越多。当然，她并不是真的失去了心机，而是将心机转变成真正的城府。

不要片面地认为人们不喜欢与城府深的人交往，其实恰恰相反，凡是拥有良好的人脉关系的人同时也拥有较深的城府。因为如果你没有城府，不仅会处处受人摆布和暗算，偶尔还会得罪人。比如，如果有朋友向你抱怨男朋友的诸多罪过，把自己说得可怜兮兮，你会不会立刻劝她们分手？我想很多胸无城府的人都曾做过类似的事情，以为朋友多么多么可怜，多么多么想不开，自己一定要帮人家解脱。可结果呢，往往是出力不讨好。在那种情况下，多数女人不过是与男朋友吵了架，想发泄一下心中的怨气。也许当天晚上，两个人就又重归于好，而你在瞬间就变成了破坏人家幸福的小丑。所以，城府绝对是女人不可缺少的生存法宝。但这种城府绝不是心机，也不是精于算计，这些小聪明根本算不得真正的城府。与奸诈小人的所谓城府相比，拥有大智慧才是真正地拥有城府。

真正拥有城府的女人能够达到返璞归真的境界，将世间一切尽收眼底，取其精华，去其繁复，遇事沉着冷静，遇人真诚热情，以单纯、轻松的心态面对生活，才能成为受人欢迎与尊敬的人。

想要利用别人的优势，先要建立并运用自己的优势

许多人想要拥有广阔的人脉网，无非是为了利用别人的优势，这一点没有什么值得避讳。但想要利用别人的优势之前，你是否想过自己能够为别人做些什么？也许你会说，学会利用别人的人才能成功，为什么要让别人来利用自己？可是，你有想过别人为什么要被你利用吗？不要自以为很聪明，就可以从别人那里得到任何东西，而自己却不付出丝毫。你周围的

人远比你想象的要聪明得多，他们不会任凭自己被你利用，就像你不会任凭自己被别人利用一样。凡事换个角度思考，就不难发现其中的道理了。

在网络里不难找到为了扩展人脉而发布的帖子，楼主会先介绍一下自己的背景和能力，然后告诉人们他已有的人脉关系。背景和能力出众，且人脉关系丰富的人更容易得到别人的响应和支持，原因就是他已经向别人证明了自己能够为他们带来什么，他具备吸引别人的实力。之后，他会从那些支持与响应的人中挑选与自己具备同样实力，且适合与自己做朋友的人并与他们联络。也许这样的做法有点儿像买卖的交易，可自古我们的祖先便讲究“礼尚往来”，有进有出、互相帮助才是王道。

世间有许多事物都处在某种规律和平衡中，这种平衡能够稳定持续下去，双方的关系才能健康发展。人与人之间的相处便是诸多平衡中的一种。也就是说，交往双方的实力要均衡，而且都愿意做出帮助对方的举动，那么这两人才更容易保持朋友关系。如果其中的一方实力不够，或者因身份、意愿等缘故不愿帮助对方，那么即使性格相合，也很难成为朋友。这也是为何每个人都会拥有与自己的能力相符的人脉关系，而如果某个人想要与更高级别的人建立人脉关系，便会难上加难。

拥有自己的优势就等于拥有利用别人优势的基础，但这只是成功了一半而已。如果你不能让别人运用自己的优势，那么别人还是不会心甘情愿地被你利用。

我遇到过一位美女，从来都只顾利用别人的优势，等到别人来请她帮忙时，她便寻找种种借口推脱。在她看来，自己不仅拥有美丽的容貌，工作、家庭背景等各方面的实力都不错，所以特别容易交到朋友。因为之前没有深入了解人脉关系的意义，她只是盲目地认为人脉关系就是认识的人多，就是别人都愿意为她服务。头脑简单加上自负的性格使她从不会去

为别人考虑，也不想帮助别人。后来，我屡次听到她周围的朋友抱怨她太自私，遇到朋友有事请她帮忙，她就只顾跑路。而自己有事需要帮忙时，又说尽好话，百般讨好朋友。日子久了，朋友们也就渐渐远离了她。就连她自信不会离开她的那些异性朋友，也都逃之夭夭。

某天，她找到我，一脸不悦的样子，让我帮她出出主意。尽管有些不好意思，但她还是把心里的话都说了出来。她说："我真的不知道自己做错了什么，我待他们很热情，时常请他们吃喝玩乐，偶尔还会买礼物送给他们。我觉得自己已经够关心他们了，为什么他们还要疏远我？"于是我反问她："朋友之间除了这些，难道不应该互相帮助吗？如果你不肯帮助别人，别人为什么要帮助你？"她似乎想说自己条件优越，忍了忍，终究什么也没说。我们分别的时候，她还是一副似懂非懂的样子。

自身的条件和优势可以吸引更多的朋友，这原本是难得的天赋，但如果不好好维系彼此间的关系，就会像这位美女一样，最终落得个被人冷落的结局。别人看中你的优势，是因为他们认为你的优势可以为他们所用，如果你想不费吹灰之力，随意利用别人的优势，可能吗？就算你是美若天仙的女人，美丽能救人于危难吗？想要凭借自己的优势建立人脉关系，又不想为别人出力的女人是可笑的，也是愚蠢的。在这样一个现实的社会环境中，没有什么事情是天经地义的。想要利用别人的优势，就要付出自己的优势，有来有往的交际才能长久。

千万别错过生命中的贵人

生活中有三个基本要素：自我、贵人、机会。自我是前提，机会是目标，贵人是关键。古今中外的许多事例都证明，贵人是生活中不可缺少的存在。所以，与贵人的相遇可以看做机会来临的标志。然而，我们无法预知贵人出现的时机，所以往往会错过身边那些对自己有价值的贵人。等到回过头再去接近对方，机会已经不再。不过，尽管贵人的出现无法预知，但至少我们可以对身边的人做出适当的判断，选择那些有可能成为贵人的人。也就是说，很多时候，我们不必刻意去寻找贵人，只需留意身边的人，观察他们对自己的态度，就能从中发觉些许端倪。有些人外向，有些人内敛，但不管是怎样的性格，贵人始终都会站在你这边，默默地支持你、帮助你。

有人认为贵人就一定是身居高位的人，或者是令人心仪且欲模仿的对象，他无论在经验、专长、知识、技能等各方面都略胜一筹。但事实上，贵人并不一定是高自己一等的人。有些人表面看来并不比你高多少，但却能成为你生命中潜在的贵人。这样的人是最容易被错过和放弃的，而一旦抓住他们，你便会发现，他们或许比那些身居要职的人还管用。因为他们既没有高高在上的架子，也不会在乎眼前的你究竟会给他们多少回报。他们会为你营造一个相对宽松的发展环境，让你有机会充分提升自我，并发挥自己的潜力，你未来的成功才是他们希望看到的。如此贵人，怎么能让他从身边溜走呢？那就一起来看看究竟哪些人有机会成为你的贵人吧。

1. 愿意无条件支持你的人

毕竟，并不是世界上所有的人都是势利的。相反，那些大气、有远见的人从不会计较眼前的利益得失。他看好你的能力和潜质，相信你未来的前途，并且愿意帮助你成功，才会无条件支持你。当别人在背后中伤你，当你掉进了别人的陷阱，他都会站出来帮你的忙。这样的人不是贵人又会是什么？偏偏有些人认为社会黑暗，养成了疑心病重的缺点，遇到支持自己的人就总以为人家要沾你什么便宜，从而一躲再躲，甚至明确拒绝对方的帮助。还有些人非常乐意接受别人的帮助，却不将对方当做贵人来看待。总以为自己的身上有某种吸引别人的特质，久而久之还养成了自负、自大的毛病，认为自己天生好命，不管什么难关都会过去，渐渐也就不再努力奋斗。最终，当然也会落得两手空空。所以，请善待愿意无条件支持你的人，相信有了他们的支持，你的成功之路会平坦一些。

2. 愿意"教育"你的人

很多时候，唠唠叨叨的说教是一种关心的方式。只要是对自己有好处的话，多花点时间听一听不是坏事。可有些人总是害怕别人的唠叨，不管是来自长辈的还是同辈的，一概拒绝。要知道，只有当别人真心在意你的时候才会关心或提醒你，怕你少走弯路或者被人陷害。不然，谁又会愿意浪费自己宝贵的时间？不要总觉得别人不了解你的情况，不懂你所处的环境，"旁观者清"这句话是怎么来的？拒绝旁观者善意的提醒，兀自坚持自己的路，是固执的表现。错过一次"教育"，很可能会错过一个贵人，要当心哦。

3. 愿意和你分担痛苦、分享快乐的人

人生中的风风雨雨需要有人陪伴我们一起走过，所以那些愿意陪你经历痛苦的人弥足珍贵。而对只想分享你的成功，却不愿陪你经历痛苦的人，唯有敬而远之。我们一定要明白什么是近，什么是远。有些人习惯用同样的态度对待周围的所有人，分不清什么是远，什么是近。对工作上的朋友讲场面话、客套话，对愿意帮助自己、将自己看做好友、伙伴的人也说同样的话，这难免会伤了人家的心，让人家觉得你不够真诚，往后自然就不会再有人与你分担痛苦、分享快乐了。

4. 明知你的缺点，却仍然教导你、提携你的人

当你的缺点已暴露在人前，人家还不嫌弃你，还愿意帮助你，这是多么大的荣幸，多么难得的机会啊。如果因为缺点被发现而觉得难为情，不愿意再接近人家，那你也许真该好好调整一下自己的思路了。

5. 欣赏你长处的人

注意，此时说的是“欣赏”，而不是“羡慕”。欣赏是发自内心的赞美与接纳，不带有任何功利色彩，而羡慕可能只是嫉妒的前奏。真正有资格做贵人的人是不会担心别人具备超越他的能力的。但某些人往往只因受到他人的吹捧与称赞，就认定对方是自己的贵人，其实很可能对方的心里不仅不想称赞他，还会担心他对自己构成威胁。因此，要对自己有清醒的认识，不要被过度的吹捧冲昏头脑。

6. 愿意遵守承诺的人

在这个我们已经习惯将承诺当做耳边风的时代，有谁还会在意别人的承诺？于是某天，当你忽然发觉有人愿意遵守承诺，就请好好珍惜吧。你会发现他们非常清楚自己的能力，只要许下承诺，就不会轻易改变，而这对于成长中的你来说是非常重要的。

7. 处处为你着想的人

也许他们在你的眼中算不得有能力、有地位的人，但只要他们愿意处处为你着想，你还能要求什么呢？人的精力是有限的，他们愿意将有限的

精力用在你的身上，这本身就已经是莫大的恩惠，难道你还有理由埋怨对方的能力不够强，地位不够高吗？生活中，我们常常看到有些人用不耐烦甚至是恶劣的态度对待为自己着想的人，只因在他们的眼中人家没有用处，只会啰嗦，让人心烦。可是比起那些处处想要算计他们，找他们麻烦的人，这些“没有用处”的人简直就是他们的保镖。

8. 生你气的人

有句话叫做“恨铁不成钢”。之所以恨，是因为还期盼你可以做得更好。如果对方否定了你的能力，那根本就不会有恨，而是无视。恨与爱一样，都是深刻的感情和复杂的情绪，是需要花费很多精力的。一个不想与你有任何瓜葛，或者根本看不上你的人，是不会对你有任何感情投入的。所以，面对还愿意生你气的人，心中多一份自知与宽容吧。不要觉得人家埋怨你、教训你，你也要还以颜色，甚至立刻就绝交。这样你会错过生命中最宝贵的东西，成功不只需要鼓励，还需要鞭策。

女人的创业优势

美貌是悦人的，事业是悦己的

美貌是悦人的，但无论外表多么华丽，终究是取悦别人的工具。而事业是悦己的，它可以展示个人的价值与魅力，也能让女人们摆脱对家庭和男人的依赖，在任何时候都能拥有自己想要的生活。所以，拥有一份属于自己的事业，是聪明女人的终极目标。

创业是一条曲折的路，你需要做好准备

创业是艰难的，这原本是人人都知道的事情。可还是有人会认为，只要自己肯付出，就无所不能。“找不到工作怎么办？创业呗。”抱着如此单纯想法的人并不在少数。尤其当我们已经读过许多名人轶事，自认为对创业已经非常了解的时候，便会轻松地想“别人能做的，我也能做”。于是，越来越多的人加入创业大军，梦想着有一天能成为成功企业家中的一员。可结果又怎样呢？当然还是失败者居多吧。

失败的原因有很多种，比如准备工作不足，没有做好充分的市场调查，或者分析判断不够准确。再比如，对经营的结果有过高的期待，一旦没有达到预期的效果，心理方面的落差比较大，负面的情绪也铺天盖地地袭来。这些都是由于准备不足而造成的结果。作为女人，我们必须了解自己在创业中的优势和劣势，知道哪些因素是会影响创业的，哪些因素又是有利于创业的。同时，还要学会掌控自己的情绪，发挥女人感性、细腻的心理，也要避免因过分情绪化而影响判断和决策。这些准备工作既会帮助你认清创业的艰难，也会使你在遇到问题时有所准备。那么，我们先来看看哪些因素会是创业过程中的阻力吧。

安于现状、不思进取的“懒人”心态是女人创业中的第一大忌。聊聊天、打打牌、喝喝茶、逛逛街，多么惬意的生活啊，奋斗的事就交给男人吧。受到传统观念影响的女人，更愿意用自己美丽的容貌和温柔如水的性格换来一份安逸的生活。有些人即使是一时心血来潮想要创业，很快就会在

起步阶段被困难吓倒。所以，无法克服“懒惰”弱点的女人是没有办法接受创业考验的。如果你已经习惯纵容自己的懒惰，那还是回家做小女人吧。

社会环境与态度的倾斜会为创业中的女人带来更多心理负担。尽管一些传统观念正在逐渐消亡，但社会舆论对于女人仍然不够公平。当然，这并不是男人们怜香惜玉，而是他们不愿输给女人而发出的制约信号。很多女人在创业过程中都曾遭遇不公正的待遇，她们被冠以“女强人”、“大女人”、“不安分的女人”等头衔，承担着比男人更多的压力与责任。如果你觉得这太过残酷，还是打消创业的念头吧。

传统的分工安排使女人承担了更多家庭事务。工作与家庭是很难平衡的两个方面。许多女人认为，既然注定要管理家庭，那为何还要创业？俗话说：“干得好不如嫁得好。”干脆在家相夫教子，比在外面奔波要好得多。如果你轻易就会产生这样的想法，那还是不要创业为好。假如只是因为在家待久了，生活有些单调，可以选择其他更具娱乐性的活动。

资金是创业的保障，也是创业中不可忽视的阻力。无论做什么样的生意，没有足够的资金保障可不行。“巧妇难为无米之炊”，说的就是这样的道理。资本的原始积累是一个痛苦的过程，自己的积蓄不够用，贷款又难办。如果没有坚强的后盾和筹措资金的好办法，就可能遭遇后续资金跟不上的麻烦。你愿意面对吗？如果不愿意，还是挑选简单的工作来做吧。

市场竞争的不规范，也使女人创业的难度进一步加大。无序的价格竞争，缺乏经营的诚信，不择手段地追求价值，这些使得“付出与收获成正比”只能成为美丽的梦想。面对如此险恶的环境，置身其中的女人更容易对某些“潜规则”望而却步。如果你觉得自己还无法应对这些艰难险阻，就不要轻易做出决定。

以上所有这些都是女人们需要在创业过程中面临和解决的问题，由于性格、心态、性别等原因，创业中的女人不仅要面对激烈的竞争，还要承担来自各方面的压力。了解这些之后，你是否还觉得创业是一件很好玩的事呢？又或者你已经做好充分的准备，确保自己不会因为这些因素而退却。那么很好，接下来，你就可以学习如何发挥自己的优势了。

任何事物都具有两面性，既然有劣势，也就会有优势。女人天性富有直觉、理解力、协调性，这些特质决定了女人在管理方面拥有男人无法比拟的特长。女人们想要创业，就要懂得利用自己的特长，在很多时候，它们可以帮你渡过难关。

比如，女人们更容易成为沟通高手。善于察言观色，富有亲和力，温柔而善解人意，如此性格使得女人们在解决问题的时候懂得软，用自己的诚意和温暖感染对方，而不是像男人们那样运用自己的训斥和暴力解决问题。所以，聪明的女性上司会赢得员工们的信赖和忠诚。在任何时候，这都是一笔可观的财富。尤其是当公司面临困境的时候，忠诚的员工是渡过难关的重要保证。

再比如，女人的潜力与耐性也是非常值得称赞的。表面看上去，女人要比男人柔弱，做事还常常是三分钟热度。可真到了关键时刻，女人会爆发出常人难以想象的强大力量。就像在灾难或疾病中，女人的生命力往往要比男人更强。研究人员曾证明，在巨大的困难和压力面前，女人的心理弹性水平要远远超过男人。怎么样，很难想象吧？可这就是事实。女人们千万不要小看自己的力量，相信自己所拥有的潜能，不管遇到任何困难都不要退却。

创业是一条曲折的路，但只要用心做好准备，就能披荆斩棘，开创属于自己的未来。亲爱的姐妹们，在选择创业之前，请先问一问自己，我做好准备了吗？

选择适合自己的创业模式，不要人云亦云

每年，我们都会在大大小小的网站看到诸如“XXXX 年最适合创业的项目”之类的诱人标题。当各式各样的项目和机遇摆在面前的时候，你会做何选择，将直接决定你的创业之路是否通向成功。

曾在网络里遇到一个想要创业的女孩，她到处询问做什么项目比较好。有些热心人帮她介绍了一些，五花八门，什么都有。可最终她还是拿不定主意，就那么一天天地拖着，她既没有找工作，也没有着手创业。后来，我问她：“那么多创业途径和项目，难道就没有适合你的吗？”她答：“我不知道究竟什么样的项目能赚更多的钱，更容易成功。我看别人推荐的那些项目都挺好的，可是也不能一个一个试吧？到底该怎么办，我自己也不知道了。”我又问：“你有想过自己究竟适合什么样的项目吗？”她无奈地回答：“没有，我只听别人介绍。”

或许别人介绍的那些项目的确是当下最时髦、最流行的，对于某些人来说也的确是最赚钱的。可是请不要忘记，每个人都有自己的性格与处事方式，所以适合别人的创业项目未必适合自己。如果只听别人的介绍，或者盲目地模仿那些成功的人，很可能会让你错过一些属于自己的机会。既然选择了创业，“自主”就是最关键的一点，从适合自己的行业中寻找商机，远比单纯听取宣传信息和别人的介绍更容易成功。

而今，各类项目信息充斥着每个角落，每个项目的宣传资料都很动人。但如果轻易地相信那些纸上谈兵的理论，就会掉进别人设下的陷阱。所以，我们一定要学会如何选择适合自己的创业方向和项目，不要人云亦云。

一要选择适合自己的行业。适合女人创业的行业有很多，但并不是随便找一个来做就能获得成功。只有在自己感兴趣的、熟悉的与适合的行业发展，才会有更多成功的机会。比如，有的人适合经营小店，而有的人适合从事创意、文案、写作、翻译等自由职业，还有的人适合公关、咨询之类的工作。如果让擅长说话的人去写作，让擅长策划的人去公关，或者让擅长开店的人去做创意，肯定不会收到应有的效果。隔行如隔山，只有选择与自己的专业、经验、特长、性格相吻合的行业，才能收获一个良好的开端。

二要看准所选行业与项目的市场前景。地域的不同、受众人群的不同都会影响市场前景。而某些项目所宣传的前景与利润只是在最佳条件下所产生的结果，并非适用于各个地方和人群。所以，对当地市场的考察非常重要。要通过自己的调查、分析和判断，切实了解目标项目在当地的发展情况，而不只是问问周围的亲朋好友。比如，有的人在居民小区开精品服装店，往往经营时间不长就要搬走。我住的小区附近就先后有好几家这样的商店宣告失败，反而是出售大众商品的小店更容易生存。其实，这其中的道理不难理解，对于相同的价位，时尚女人们更倾向于商场里的专卖店，而不会选择小区的精品店。尽管同样是品牌商品，商场中的货品显然比小区里的更有竞争力。而那些生活节俭的中年人和老年人更不会光顾这样的商店。再好的货品卖错了地方也不会获得收益，看准市场才能做出正确的选择。

三要根据自己的实际情况，不要贪大求全。“不鸣则已，一鸣惊人”——很多想要创业的人都抱着如此心态。要求太高，投入太多，搞不好就会受到不必要的挫折。想要把事情做到最好的想法本没有错，但把事情做好需要投入精力和能力，而不是资本。创业的开端必然会有一个试探的过

程，以较少的投资来了解市场，根据市场的走势来判断自己的选择究竟是不是正确的，如果能够肯定自己的路是对的，再做长期的打算和投入也不迟。饭要一口一口地吃，事业也要一点一点地积累。

四要选择具备较大潜力的项目。流行固然能够带来丰厚的回报，但流行也意味着已经达到顶点，之后就只能面临下降的趋势。没有永远的流行，也没有永远的冷门，市场的流行风潮总是在不断变化。与正在流行的项目相比，拥有较大潜力的项目更容易带来长久的回报。就像我们在读大学之前选择专业一样，现在的热门很可能就是四年后的冷门，而现在的冷门也可能在未来变成热门。如果眼中只有热门，就会成为流行趋势的追逐者，而那是消费者才会去做的事情。作为经营者，要看到消费者看不到的潜力，只有走在消费者的前面，才有机会成为市场风向的领导者。等别人纷纷转到你所青睐的项目上，你已经有稳固的基础和经验，不是更容易做大做强吗？

五要敢于选择，敢于放弃。有舍才有得，无论多么好的项目，你也只能选择一个。如果吃着碗里的，还要瞧着锅里的，是不会得到什么好结果的。要敢于选择自己想要的，也要果断地放弃那些同样优秀的。做出决定，并且凭借自己的信心和勇气走下去，这样才能成功。如果你觉得自己做这个也行，做那个也不错，到头来只能是什么也做不成。

创业之前，听取别人的建议固然重要，但千万不要失去了自己的判断和选择。每个人看问题的角度不同，即使是两个成功人士为你参谋，也难免会出现两种不同的意见。只有自己才清楚什么样的模式是适合自己的，人云亦云只会令你迷失方向。

创业中的女人不可不知的故事

想要获得成功，扬长避短是必不可少的能力。女人是感性动物，喜欢自以为是，喜欢发发小脾气，也许某个男人会说你的任性和无知是可爱的，可是在创业中，这些都是致命的。不要妄想用这些小招数俘获周围的人，这不是情人间的打情骂俏，没有人会买你的账。商人们追求的是利益，没有足够的实力就一定会被淘汰。所以，聪明的女人会时刻提醒自己，不要犯那些愚蠢的错误。

下面这些小故事会形象地告诉你，创业中的女人究竟要摒弃哪些坏习惯。

故事一：某次晚宴，一位火箭专家告诉在座的诸位："最近，我们要把几只老鼠送到火星上去。"旁边的一位美女立刻插嘴："用这样的方法灭鼠，成本太高了。"

女人喜欢用直觉做出判断，这位美女只按照自己的想法做出回答，也不管专家所说的问题究竟出于何种理由，就盲目地认定结论，还自以为很聪明。毛主席曾告诉我们，没有调查就没有发言权。很多女人在遇到事情时都只凭自己的想法，不问清客观事实，也不做调查，只觉得"我想一定是这样"。那么，你凭什么认为自己的想法是正确的呢？比如，某个女人在办公室里丢了东西，而当时刚好只有另一位同伴在场，于是十个人中至少有五个会认定那位同伴就是罪魁祸首。即使找不到证据，也会想方设法通过其他手段报复或从此远离对方。可事情的真相往往没有这样简单。就像我

们不能简单地认为出现在杀人现场，甚至碰触过杀人凶器的人就一定是杀人犯一样，许多事情都不能凭借表象做出判断，更何况是直觉？如果你凭直觉断定市场、选择项目或者认定某位雇员不可靠的话，只会距离成功越来越远。

故事二：一位女主管在给下属开会的时候，将港口名称和相对应的国家名称搞错，惹来下属的一片非议。这已经不是她第一次在工作中出错，难免会引起别人的议论。可她气呼呼地找到老板，声称下属们对她一点也不尊重。后来，老板找到员工代表谈话，询问事情的经过，那位代表无奈地询问老板：“难道您要我们按照她的叮嘱，将汉堡当做意大利的港口吗？”

人非圣贤，孰能无过？为什么女人却偏偏不愿承认自己的错误呢？“我就是对的，即使错了也是对的。”这只能在男朋友面前撒撒娇，不能将它当做真理一样信奉。女人自尊心重、好面子，这原本可以用来激励自己，却被某些女人发扬成“指鹿为马”的坏习惯，一旦错误被人指出，还埋怨别人不给自己留面子，或者干脆以一副对的姿态从别人身上找毛病。如此做法只能将自己无知的一面暴露在人前，起不到任何好的作用。相比之下，偷偷改掉还可以保留几份面子。想要成功的女人绝不能纵容自己犯错，更不能一再地掩盖错误，不然只能在错误的路上浪费自己的资本。

故事三：一个女人给刚刚吵过架的男友发信息。第一条写着：“我再也不想见到你。”她想了想，删掉了。第二条写着：“别给我打电话，我不想听。”想了半天，还是没有发出去。第三条写着：“如果你愿意道歉，我可以不计较。”

世界上有两件事最难应付，一是倒向这一边的墙，一是倒向另一边的女人。可见，女人的摇摆不定的确令人头痛。口是心非、善变，这些都是女人的特质。她们口中的爱可能是恨，她们口中的恨也可能是爱。或许在前一秒钟她决定要去做，可是后一秒钟她又不想去做。所以，有人说“女人的话不能当真”。可是对于创业中的女人来说，摇摆不定是很危险的事情。不知道究竟该做什么项目，或者今天想做这个，明天又想做那个，又或者别人不愿相信你的话，只因怕你第二天会改变主意。如此一来，你还能做成什么呢？

故事四：有一则外国小故事，讲述一个白人美女坐飞机的时候，拿着普通舱的票坐进了头等舱。随后，不管是空姐，还是组长都没能劝她离开，她的理由就是：“我是美女，我要坐头等舱到洛杉矶。”后来，机长只对她说了一句话，就让她乖乖地返回普通舱。这句话就是：“头等舱不到洛杉矶。”

看似一个小笑话，却反映了许多美女的自身问题。以为自己是美女便可以为所欲为，这恰恰说明了此类美女的无知。中国人喜欢用“花瓶”、“绣花枕头”来形容外表美丽却没头脑的女人，许多美女都不愿被归到这一类，处处想要证明自己不仅外表美丽，头脑也不差。可仍然有些美女认为靠脸蛋也一样可以混日子，这样的女人可以选择傍个款爷过日子，但不要选择创业。不要以为美丽会是一张通行证，不然，你会很失望的。

故事五：一位女推销员在讲述自己的推销技巧时告诉别人：“我会挑选夫妇两人都在家的时候上门推销产品，我先向丈夫介绍产品的性能和特点，最后告诉他，你不必马上买，等下次来的时候再说。这时，旁边的妻子会表现出积极的态度，急忙买下东西。”

我们不必在意故事中的推销技巧，这对我们来说没有多少用处，我们要了解的是技巧背后隐藏的女人性格。妻子之所以买下产品，是怕推销员下次再来的时候正好赶上丈夫一个人在家。这是女人的嫉妒心理和疑心病在作怪。怪不得有人说，也许你能找到不吃饭的女人，但绝找不到不吃醋的女人。嫉妒会让女人失去理智，做出一些疯狂的事情。如果在创业的过程

中，女人们不能克制自己的嫉妒心理，就可能会为此付出昂贵的代价。

故事六：两个女人在街上相遇，其中一个说："我收到一张法院的传票，有件重要的案子要我作证。"另一个问："你紧张吗？"她答："紧张啊，我都不知道该穿什么衣服了。"

时尚而体面的服饰是女人永远的话题，女人们从中找到快乐、自信和满足。难怪有人说，男人把事业当生活，女人把生活当事业。可对于创业中的女人来说，眼光绝不能只停留在外表。我们常常看到有些开店或开公司的女人只想着如何把店铺或办公室装修得更漂亮，却不考虑经营方面的问题，结果造成了只有外表没有内在的尴尬局面。所以，女人想要创业，就要学会改变自己的眼光，像男人一样把事业当生活。

故事七：某位母亲有两个孩子，一个男孩，一个女孩。她总是给女孩买漂亮的新衣服，而男孩穿的大多是旧衣服。有人说这位母亲偏心，她却笑着回答："外销的，要讲究包装。"

女人追求华丽的服饰，男人追求华丽的女人。所以，服饰想要卖给女人就一定要讲究款式，女人想要找到好男人就一定要讲究包装。可包装并不是万能的，归根结底还是要用内在的品质说话。从长远的角度来看，只讲究包装、不讲究品质的经营策略是行不通的。所以，如果你要卖给别人某种商品，首先要购进令自己满意的高质量货品。

故事八：一位球迷对女友说："踢足球就像谈恋爱，得有缠的功夫。假如一双脚能像牛皮糖一样粘在足球上，就成功了。"女友回答："然后呢？一脚踢开？"

女人天生就没有安全感，总是担心被人一脚踢开。可我们为什么不好好想一想，这种不安的感觉究竟是怎样造成的呢？如果我们能够拥有独立的事业和生活，又怎么会在男人身上寻找安全感呢？学会为自己创造一片天地，才是摆脱不安的最终方法。

既会创业又会生活的女人，才是真正成功的女人

有人说："一流的女人是懂得享受生活的女人；二流的女人是美丽的女人；三流的女人是辛苦创业获得成功的女人。"此观点尽管有些偏颇，但也并不是完全没有道理。创业的女人往往给人留下埋头苦干的印象，在许多人眼中，她们呆板，没有风情，失去了作为女人的柔美一面。所以，好像只有那些没有背景，没有享受生活的资本，又没有美丽外表的女人才会选择创业。然而，事实并不是这样的。很多成功的女人都拥有独特的魅力，她们美丽、优雅、幸福地生活着，享受创业的激情、成功的喜悦和精致的生活。谁说创业的女人就一定是强硬派？走出办公室，结束了一天工作之后，也要懂得享受生活的温馨和浪漫，这才是真正获得成功的女人。

我曾结识一位自己创业的美女，她没有显赫的家世，没有高学历，也没有男朋友。在人群中，她是那种回头率很高的女人，因为她的确很漂亮。而在商场中，她更多的是依靠自己的能力与魄力，开创自己的天地。她经营一家装饰品商店，出售中、高档家饰，尽管价格比较高，但由于经营得当，小店一直做得有声有色。

平日里，她的工作很忙，也时常加班，但她给我的印象并不是那种一天忙到晚，没有任何生活情趣的女人。相反，下班后她会到附近的小店吃点东西，或者去海边散一会儿步，再回家陪妈妈看电视。可以说，她的生活不缺少任何常人的色彩。没有人能一眼看出她是个女老板，很多第一次见到她的人都以为她是个普通的漂亮女人。而在得知她的身份后，都为她的

成功感到惊讶。

现在，她已经找到合适的男朋友，过着幸福而甜蜜的生活。对于她来说，自己与别的女人只有身份的不同，没有本质的区别。那些“女强人”、“大女人”之类的称呼根本就不适合她。她还告诉我，自己不想成为富豪，也不想做什么知名的企业家，只要有一份独立的事业作为生活的保障，就已经足够。

生活、婚姻与家庭，是许多创业女人的阻力之一。没有足够的时间打理生活，找不到合适的结婚对象，没有多余的精力经营家庭，这些都是不同年龄段的创业女人所遇到的问题。为事业忙碌、奔波的她们像陀螺一样不停地运转，顾不上安排自己的私生活。有人说，既然要创业就要付出代价。可女人们究竟应不应该用自己的生活作为代价，换取事业的成功呢？当那些饱含血泪的成功故事铺天盖地袭来的时候，你是否想过自己可以拥有别样的人生？没有什么是天生注定的，如果你已经为创业做好放弃生活的准备，那么你不妨再想想，到底还有没有更好的方式，可以让你工作与生活两不耽误？

我们不必要求自己成为惊世骇俗的成功商人，也没有必要成为登上某某财富榜的女富豪。从更为现实的角度来说，我们只要拥有一份独立的事业，不给别人打工，不看别人的脸色，并且能够赚到可观的收入，就已经算是达到目的了。看看淘宝网上的许多小女人，每月收入不菲，还能过上惬意的生活，难道这不是一种轻松创业的态度吗？何况，即使是那些有名的女商人，也大多拥有令人羡慕的家庭生活。

既然事业是悦己的，我们就要学会在创业的同时，安排好自己的生活空间。否则，事业便失去了它应有的价值。因而，懂得工作也懂得生活的女人才算是真正成功的女人。

女人的恋爱优势

恋爱就像打牌，要有游戏精神

如果说人生如戏，爱情又何尝不是如戏呢？爱一个人的时候很疯狂，可忽然有一天就不爱了。那些付出的情感、时间与资源，都一并化做尘埃，连纪念都来不及留下，就消失不见。就像一场麻将游戏，坐在桌前的时候精神抖擞、欲罢不能，而一旦离开了那张熟悉的桌子，便不再有任何瓜葛，心中的余韵只要睡上一觉就过去了。聪明的女人知道，迷恋爱情就像迷恋麻将，失去的永远比得到的多得多。只要有一点儿游戏精神，不强求、不深入、不执著，就能让恋爱的天空少一些阴雨，多一些阳光。

好女人都是“狐狸精”

想要在一场游戏中赢得胜利，玩家必须要以强势的姿态参与。而女人想要在爱情中占得先机，也必须懂得利用自己的优势，它包括容貌、心计和任何优于其他女人的特质。男人喜欢天使般的女人，这点或许不假，但要说女人仅凭善良、可爱、温柔或者懂礼貌这些优秀品质就能抓住一个男人，就显得有点儿悬了。

很多年前，男人们就知道“男不坏女不爱”的道理，所以男人们开始学着耍酷、学着变坏，但他们当中的多数人没有真的变坏。然而，现在耍酷的“坏”男人少了，真正五毒俱全的坏男人却变多了。面对男人们的改变，女人们当然不能无动于衷。如果还像以前那样乖乖地依偎在男人身边言听计从，那么某天很可能就会落得个被丢弃的下场。不过，女人们也绝不能信奉“河东狮吼”的强硬模式，“柔”永远是女人吸引男人的最基本条件。在保持姿态不变的前提下，需要改变的只是头脑。

自从“狐狸精”一词红遍大江南北，男人们就有了更多背叛的理由。而善良的女人们则顺势宽容自己的男人，恨上别的女人。于是，原本应该是女人与男人之间的战争，就变成了女人和女人之间的战争。只剩中间的男人暗自为自己的魅力沾沾自喜，或者还会向身边的同类吹嘘自己勾引女人的本事。面对如此情况，女人们怎么能让男人占了便宜呢？所以，凡是不想吃亏的女人都该做“狐狸精”。柏林说过，思想家分为刺猬和狐狸两种，刺猬偏重理性，存一大智；狐狸偏重经验，足智多谋。身为女人，如果没有点儿做狐

狸的觉悟和勇气，就太对不起自己了。而且，女人们不仅要做狐狸，还要修炼成精，才能在复杂多变的世界里，为自己赢得一个安身之所。

也许有人会说，我怎么能做狐狸精做的那种缺德事呢？可谁说狐狸精就一定要做坏事呢？事实上，我们要学习的只是狐狸精身上的某些特质，而并非是“坏心眼儿”。只有拥有狐狸精智慧的女人，才会抓牢手中的男人，才能与那些居心不良的狐狸精斗上一斗。记住，善良并不等于无知。男人害怕女人太聪明，千方百计想怂恿女人学乖，但男人却拥有割不断的狐狸精情结，只要对方奉上所谓的真爱，再打上不求名分的旗号，男人哪有不受之理？所以，好女人一定要明白些许狐狸精的法则。来看看你究竟有几分做狐狸精的潜质吧。

柔媚，是狐狸精的必需品。你可以不够倾国倾城，但是不能不柔，不能不媚。柔媚是一种从骨子里透出来的气质和力量，不是几个眼神、几个动作就能表现到位的。多数想要表现柔媚的女人，一不小心就成了令人倒胃的风骚。真正的狐狸精可不会做这种没品的事儿，她们能够将柔媚隐藏在清纯如水的外表背后，用强烈的自信和穿透力传递给男人。如此功力，男人想不乖乖听话都不行。

妖魅，是狐狸精的终极诱惑。当然，她们不会像风尘女子般进行赤裸裸的挑逗，更不会摇头摆尾地从男人面前走过。她们的妖与魅无需张扬，但能让人一眼便陷进去。即使站在阴暗的角落，也能捉住旁人的目光。掌握此道的女人即使不够漂亮，也必然是风情万种，令人赏心悦目、过目不忘。男人都希望自己的女人在某个时刻是妖艳的，聪明的狐狸精刚好可以满足男人的愿望，但同时她们也明白，在其他人面前绝不能露出一点儿形迹。

度量，是狐狸精最好的装饰品。嫉妒之心人皆有之，对于女人来说则是有过之而无不及。为什么狐狸精们却好像可以潇洒地容下一切？不在乎名分，还要甘愿忍受别人的白眼和耳光，这是何等屈辱的生活，却被她们过得有声有色。要说她们的心中没有怨、没有苦、没有恨，怎么可能？可她们宁愿暗藏在心里，默默忍受，也绝不表现出来。于是，旁边的男人开始怜香惜玉："人家都让步让到这种程度了，你们还要苦苦相逼吗？"男人们看惯了女人的小肚鸡肠，也难怪会对"大度"的女人格外怜惜。所以，女人们不妨用"度量"装饰一下自己的外表。

神秘，是狐狸精的有力武器。相对于诱惑来说，维持双方关系的持久战更需要技巧，而神秘感无疑是最好的方式。一篇精彩的故事需要足够的悬念来吸引人，而一个优秀的女人也需要足够的神秘感来保持男人对自己的兴趣。一爱便将自己从头到脚、从内到外展示个遍，还生怕漏掉了什么，这样急于让男人深入了解的女人是愚蠢的。要知道，男人不会因为不够了解而轻易离开，却可以在全面了解之后轻易地说"拜拜"。失去了神秘感，就失去了吸引力，这一点是狐狸精无论如何也不会犯的错误。

智慧，是狐狸精的生存之本。狐狸本就是一种聪明的动物，作为狐狸精的女人们怎么能忽略自己的头脑呢？男人们自以为聪明，却不知身边的狐狸精早已站上他们的肩膀。而狐狸精的聪明就在于，她们从不埋怨男人的自以为是。相反，她们还会极力让男人以为自己很帅、很酷、很有魅力，足够征服身边的所有小女人，而她们自己就是男人能够征服的最好的女人。还有什么比这更好的呢？让男人们以为自己很有眼光，他对你的热情就不会减少，因为你是他炫耀的资本。狐狸精还懂得分寸的拿捏，不时地游移在贤妻良母与千娇百媚之间，漂亮不可过火，热情也不可过火，就这么吊着男人的胃口，直到终老。

男人通过征服世界来征服女人，而女人通过征服男人来征服世界。好女人若是不做狐狸精，便白白浪费了女人的好。对付男人，就得有点儿手段。咱不做亏心事，但也不能让别人亏了咱。对不？

选择金钱和寂寞，还是男人和爱情

学生时代，女孩子们选择恋爱对象，大多看相貌、气质和成绩。那个时候，我们相信爱情的美好，相信有情饮水饱。但随着年纪的增长，我们懂得，只有华丽外表或优秀成绩的男人算不得是上品。要想在同类面前赚足面子，要想过上衣食无忧的生活，没有钱是万万不能的。一时间，“有钱”成了许多女人选择男朋友的标准。而对于那些有钱的男人来说，自己的地位忽然上升到前所未有的高度，自然要摆一摆谱，好好挑选一番。但在挑选过程中，他们发现女人们想方设法挤到自己身边，无非就是为了“钱”。只要有钱，各种各样的女人，有多少便可以要多少，这是多么令人振奋的事儿。于是，多金的男人们果断地放弃了自己的感情，游走在各类女人的怀抱中，上演着一场又一场没有爱的爱情故事。而女人们自以为得到了想要的，却在某天发觉自己距离快乐越来越遥远，生活中仿佛只剩下寂寞。

其实，寂寞是个挺矫情的词儿，但它还是一遍遍地被人提起，因为人们不知道该如何形容自己的落寞和无奈。某些找到有钱男人做后盾的女人，过着“今朝有酒今朝醉”的生活，渐渐陷入迷失。她们知道自己没有要求“爱情”的权力，她们不知道自己的明天会迎来怎样的结局。所以寂寞，成了她们口中华丽的小资情调。夜店、网游、健身房、美容院……这些释放寂寞的场所排起了长队，可一旦回到现实，寂寞的人只能更加寂寞。

有个网名叫“云”的女人，与我算是旧相识。两年前，她梦想着找一个有钱的男人，即使不能把自己嫁掉，至少还能积累点儿金钱资本。半年之后，她真的找到了一个愿意为她花钱的男人。于是，她辞掉了工作，安心住进男人给的房子，从此过上了想象中的生活。

男人并不限制她的花销，在外面也没有其他的女人，算是此类男人中的佳品。可云还是觉得自己掉进了漆黑的无底洞，看不到明媚的未来。每天睁开眼睛，她便无所事事。家务有保姆来做，用不着她操心，她只好坐到电脑前上网。我认识她的时候，她已经自学了 PS，又在某个 BBS 里做了管理员，每日的工作就是在论坛里发发帖子、做做图，等待其他人例行公事地褒奖和评论一番。后来，她又在网游中与一个男人打得火热，做起了虚拟夫妻。她明白，这样根本一点意义也没有，可是现实中的那个男人既不能给她爱情，也不想和她结婚。日子久了，她甚至不知道自己追求的金钱究竟能带给她什么，或许，只有寂寞而已。

几个月前，她脱离了这样的生活，重新租了房子，找了工作。分手的时候男人给了她一笔钱，但她不想依靠这笔钱过后半生，所以仍然选择用自己的劳动赚钱。“辛苦的生活可以用来摆脱寂寞。”她这样告诉我，“我现在才明白，如果玩不转寂寞，还是不要轻易掉进那个华丽的陷阱。”

现在的云已经拥有自己的男人和爱情。生活看上去很平淡，没有浪漫也没有奢侈的享受，但她很满意，也很知足。

人各有志，金钱和寂寞、男人与爱情，两者间究竟该做何选择，完全要看当事人自己的态度和想法。我们不能说哪一种是正确的，哪一种是错误的。但选择前者的人所要承受的是看不见摸不着的痛苦，还不能有任何怨言，不然就成了别人眼中不知足的女人。而选择后者的女人则无需担心这点，还可以时不时地发发牢骚，埋怨自己时运不济，钓不到多金的男人，其实心里半点儿都不觉得可惜。

俗话说：“家家有本难念的经。”仅凭外表是无法看透别人的生活的，也

许在我们看来是衣来伸手饭来张口的公主生活，其实不过是混合着寂寞与无奈的枯燥日子。而在我们看来也许是平庸或艰难的生活，其中却充满了多姿多彩的快乐。打牌的时候，手中握有好牌的人往往先要抱怨自己的运气差。同样，那些一副可怜兮兮的样子，抱怨自己多么辛苦的人，未必就真的不够幸福。所以，姐妹们在做出选择的时候不妨多了解内在，少关注外表。只要能够找到让自己感觉幸福的生活方式，什么样的决定都是好的。

不要背上"执著"的包袱

不管是男人还是女人，都有在感情方面钻牛角尖的时候，可相比之下，女人们更容易背上"执著"的包袱。有人说，爱情对于女人来说就像生命那般重要，所以一旦认定了某个人，就会想法设法得到他，而且不能容忍失去。明知这样的想法很傻，女人们还是不愿放下心中的执念，以为再坚持一会儿就能迎来转机，可最终多半是以失败告终。

在电影《李米的猜想》中，小小的女主角神经质般地呢喃，她认定了那个男人，她爱他，即使无望地守候也在所不惜。最终，她的爱情得到了肯定，因为她爱着的男人并没有真的丢下她。而在现实中，这样的结果只是诸多不幸中的万幸而已。执著需要付出很大的代价，这种代价几乎超出了每个人的承受范围。不要觉得"飞蛾扑火"的姿态很帅，一听到"轰轰烈烈"就觉得热血沸腾，其实，你再执著，甚至赔上自己的全部，也不会成为流传千古的忠贞女子。最多成为别人小说中的某个桥段，在作者极尽煽情的功力下骗得痴情小姑娘的几滴眼泪而已。也不要以为男人会喜欢执著的女人，不错，男人是喜欢对自己忠心，并且能为自己奉献一切的女人。但很多时候，他们更希望女人能够召之即来、挥之即去，最低限度也是要为他们留出足够的自由空间。更不要做那种单恋的执著女人，这种恋爱方式足以毁了你后半辈子的生活和幸福。

曾有一个女人在写给我的邮件中讲述了她的故事。少女时代，她爱过一个男人很多年，而那个男人从没有给过她明确的答复，两个人一直像好朋友那样交往，直到某天她离开了出生的城市去外地，再回来的时候那个男人已经从她的生活中消失了。她不知道他去了哪儿，手机号码换掉了，地址也换掉了，发邮件也不回复，于是她明白自己已经在不经意间把他弄丢了。

原本她可以借此开始一段新的生活，可男人的离开忽然使她的感情升了温。她也说不清楚自己究竟是不甘心，还是越得不到的东西越想得到。总之，从那之后，她便守着他们的过去不肯放手，盲目地以为总有一天他们会再相遇。就这样独自过了两年，某天，她阴差阳错地得知男人的手机号码，两个人又有了联络。令人欣喜的是那个男人仍然单身，这对她来说是个最大的好消息。于是，她毫不犹豫地重新回到男人身边，憧憬着他们在一起的幸福生活。

随着彼此间了解的深入，她发现在过去的一段空白里，男人曾爱上另一个女人，并且她隐约地感到对于男人来说，那个女人比她更重要。但她仍然坚持与他在一起，她想，既然现在自己是他的女朋友，就不必对以前的事太看重。然而一年之后，他们之间的感情毫无进展，男人始终忽冷忽热，就像以前一样。眼看这段感情无法修成正果，许多朋友都劝她早点放弃，可她固执地坚持着自己的追求。最终，男人以不想再耽误她为由，提出了分手。她没有质问他的想法，也没有哭闹，而是平静地接受了他的要求。

只是告诉他,只要他肯回头,她会永远在原地等他。当然,他始终未曾回头。

执念是一把双刃剑。有时候,它可以帮助你实现人生目标;有时候,它又会将你引入无尽深渊。而感情刚好是最不能执著的东西,任何甜美的感情都会在执著中变成一把利剑,轻则伤人,重则害命。也许,在这个真情难寻的时代,“执著”在很多人眼中渐渐成了一种专注的标签。有人在谈及感情的时候,喜欢说“我对感情很执著”,以此表示自己有多么专情。诚然,专情是可贵的,问题在于你是否明白究竟什么样的感情值得专一。专了不该专的情,想要抓住不该抓的人,都会让本应甜蜜的爱情变味。

“一份变质的感情还值得执著吗?”“曾经拥有的那份感情真的会变质吗?”“为什么我们的感情变质了,我还是那么执著?”诸如此类的问题请不要再问,因为答案难道不是太过明显吗?执著于变了质的感情就像吃进变了质的食物,其中的滋味和苦楚只有自己心里清楚。假如你不会让自己吃下变了质的食物,就不要再让自己执著于一份变了质或者根本就看不见的爱情。不管是对男人,还是对自己,都不要抱有任何幻想。如果一个男人认定自己不爱你,那么就算你为他牺牲任何东西,他还是不爱你。如果你认定只要付出、再付出,就能找到或挽回一段爱情,那么就算你付出生命也无济于事。虽然这个世界相信奇迹的存在,但在某些情况下,感情的结果只有一个。

也许那些关于执著的爱情传说真的很美好,但我想谁也不会真的愿意等上一辈子。不属于你的爱情就像你摸到的那张无用的麻将牌,只有果断地抛出去才能迎来新的契机。如果你定要将它留在手里,这局游戏你就只能提前宣告失败,别无他法。

牢记物极必反的道理，坚持半糖主义

“我要对爱坚持半糖主义，永远让你觉得意犹未尽，若有似无的甜，才不会觉得腻；我要对爱坚持半糖主义，真心不用天天粘在一起，爱得来不易，要留一点空隙彼此才能呼吸。有多少温柔，何必一次就用尽……”半糖主义的流行似乎只能追溯到S.H.E的这首《半糖主义》，一个新鲜的名词儿讲的却是个古老的道理。古人说：“君子之交淡如水。”淡的只是表象，浓的却是内心深厚的情感。尽管这句话是用在朋友之间的，可将它转移到爱人之间也未尝不可。因为平淡才更容易长久，如果你追求的不只是浓烈的瞬间，而是细水长流的相守，就要谨记半糖主义。

太苦的日子令人失望，而太甜的日子会令人陷入忘乎所以的境地，轻易地就会将到手的幸福放弃。就像小时候，我们吃不到某种零食，就会特别想得到它。可一旦父母买了很多，放在家里让你吃个够，也许几天之后你就不再喜欢它了。让一个人对某件事物和某个人感到厌恶的最直接方法，就是让他天天、时时、刻刻与他们在一起。尽管爱情需要甜蜜、需要浪漫、需要如胶似漆，可这些表象大多都是短命鬼，唯有平平淡淡的相濡以沫才更长久。所以，懂得半糖主义的人更懂得凡事留一分余地的道理。

有人说，爱情就该全心全意地投入，热恋中的男女什么时候会觉得腻？哪对不是天天在一起才会觉得安心？讲究半糖主义，不是剥夺了人家的好日子吗？可有句话说：“爱得越深，伤得越重。”爱到了极致，两个人的感情也就到了尽头，终究难免走上分手的路。有多少爱得热烈的人能长久

地热烈下去呢？问起那些在一起超过八年或十年的情侣，多数人会告诉你，他们的爱情之所以能够长久，就在于平淡。淡淡的浪漫、淡淡的甜蜜、淡淡的快乐，才能换来一生的幸福。除此之外，半糖主义还是一个防止受重伤的好方法。没有浓烈的爱，就不会有刻骨的恨，更不会有永远无法治愈的伤。所以给爱情留一点儿余地，也是给自己的未来留一点儿余地。

小雅是我的一位读者，我们曾两次讨论关于“半糖主义”的问题。起初，她不能理解爱情为什么要留有余地。在她看来，如果爱情也需要拿捏分寸，那么就失去了爱情的意义。那时候她正处于热恋期，恨不能将自己的一切奉献给对方，对于“半糖”的说法不屑一顾。

半年后，她重新说起半糖主义时，态度已经有明显的改变。她说自己与男友分手的时候，那个男人告诉她：“不要以为爱情就是死缠着对方不放，每个人都需要自己的自由空间，恋人也不例外。我和你分手，就是因为受不了你过分的爱，它对我来说成了一种禁锢。”

面对一份失败的爱情，小雅终于肯重新审视自己的态度，她说：“也许我之前的想法有点偏颇，以为爱只要全力以赴就够了，其余都只能听天由命。可现在我明白了，其实命运就掌握在自己手中。爱情并非不能掌控的，只要能坚持给彼此一些空间，不仅不会被爱而累，还会让感情更长久。”

卡夫曼在《伴侣社会学》一书中写道：“这是一种矛盾现象。一方面，结合的愿望从来没有像我们这个社会那么强烈，那么理想化；另一方面，渴望结合的人从来没有像现在这样苛求。这两个矛盾的折衷办法就是大家不组成一对。很多时候，人类正是被那种强烈的结合愿望所支配，妄图实现理想化的感情，可又不能摆脱彼此间的苛求，害怕对方会改变态度，所以一味地追逐，才会造成一拍两散的局面。而恋人们如果能够把握好爱情的度，给彼此间制造一点空间，就能从爱情带来的窒息感中解脱出来。”

“要天天相恋，但不要天天相见，只需要悱恻缠绵，绝不要柴米油盐，有共同的生活经验，绝不用共同的房间……”这首黄舒骏老歌同样道出了爱情的保鲜方式。退一步海阔天空，看似打不开的结，往往会在这一退之间找到答案。在爱情中也是同样道理，退一步并不等于不够爱，而是为了更好、更长久地爱。

新“剩女”时代，想说爱你并不是很容易的事

旧时代，人们用“大龄女青年”、“老处女”这些老土的词儿称呼那些已过婚龄却迟迟不结婚的女人。而今，女人们都现代化了，高学历、高收入、高智商的女人们眼光也高起来，一不小心就错过了恋爱、结婚的年纪，可那些老旧的称呼也已经作古，现在她们被叫做“剩女”或“3S 女人”。近几年来，关于“剩女”的话题一直被人们津津乐道，呈现经久不衰之势。

有人说，“剩女”是被男人们制造出来的。因为这类女人性格独立、经济独立，吓退了许多怜香惜玉的男人，这不过是男人们为自己的胆怯制造的借口而已。害怕自己比不上身边的女人，又要维护大男子主义的自尊。究其根本，也无非就是男人在这类女人身上找不到优越感。对于难以掌控的女人，多数男人都会选择敬而远之，于是太过独立的女人便成了“剩女”。

还有人说，“剩女”不是被制造的，而是自造的。没有男朋友的女人们各有各的消遣方式，没事儿学学瑜伽、茶道，泡泡健身房、美容院，还可以宅在家里吃吃零食、看看电影、玩玩网游。想让待字闺中的她们思嫁心切，

的确是有点难度。于是，这些不思进取的女人们也成了“剩女”，甚至乐此不疲。

但不管是什么样的“剩女”，都不会真的愿意独自度过漫长的一生。所以，“嫁人”仍然是各类剩女们的终极目标。各种各样的派对和相亲充斥着“剩女”们的生活，结识的男人越来越多，“剩女”们却越来越迷惘：好男人都到哪儿去了？身边的好几个朋友在谈起自己的相亲经历时都哭笑不得，不论是通过什么样的方式结识的男人，都有明显的缺陷：大男子主义的、不懂礼貌的、不拘小节的、不懂关心人的、以自我为中心的……各有各的毛病，但就是没有一个“正经”的。于是，多数“剩女”们越找越寒心，有的干脆就放弃了寻找。可眼看自己身边的朋友和同事都有了各自的小家庭，自己怎么甘心做个失败者呢？别急。男人们固然有诸多缺点，可“剩女”们也不能忽略了自身的问题，想要改变现状，还是要从改变自己做起。

首先，不要在寂寞中越来越苦闷。

对于“剩女”们来说，如何打发工作之余的时间是非常令人头痛的事情。她们害怕自己太清闲，总想忙碌起来，所以为自己安排了各种各样的活动。不管是学习，还是娱乐，甚至是宅在家里看电影，只要不让自己闲着就是胜利。可过多的业余活动难免会让自己觉得辛苦，又觉得不值，索性什么都不做更实在。挥手拂去表面的忙碌，她们的生活又蒙上淡淡的忧郁气质。在众人面前很开朗，回到家就萎靡不振，讨厌外来的声音，更讨厌周末。久而久之，她们性格越来越古怪，还有点儿神经质。

此种情况是多数“剩女”都会遇到的问题，不管是忙碌还是清闲，都是一种极端的生活方式。而想要改变现状，就要尝试改变自己的心态。即使年龄在增长，也没有必要刻意改变自己的生活状态。不要给自己太多压力，让心情放松下来，做自己喜欢做的事情，快快乐乐地度过每一天，才是最好的选择。

其次，坚决要将那些极端的性格扼杀在萌芽状态。

歇斯底里、妄想症、怨妇情结、心灰意冷……这些都是特别容易在“剩女”们身上生根发芽的坏情绪。也许某天，你忽然觉得自己无缘无故很烦躁，看什么都不顺眼，说话总是冷嘲热讽，偶尔还会刻薄地对待周围的人。或者你开始迷恋星座、紫薇、命理、测试，并想象有朝一日能够遇到与自己相配的某星座帅男人。或者你越来越讨厌那些整日将自己的男朋友或老公挂在嘴边的女人，觉得她们很烦很无聊，没事儿出来晒什么晒，你以为天底下就你是幸福的吗？又或者干脆对自己不再抱任何希望，破罐子破摔，爱谁谁。不管是其中哪一种性格，都是极其危险的。如果“剩女”们这辈子还想把自己嫁出去，就要坚决摆脱这些极端的想法。

我的周围有不少待字闺中的女朋友，其中仍然保持好性格的人不在少数。谁说“剩女”就一定会变得乖戾?只要拥有自己的爱好和健康的生活状态，就不会钻牛角尖。没事儿的时候多读点知性的书，学着做一做优雅高贵的女人，单身也要活得有朝气、有骨气、有豪气。不羡慕别人，也不贬低自己，才能成为“剩女”中的佼佼者。

最后，也是最重要的一点，就是要摒弃性格中的高傲、天真、木讷或玩世不恭。

高傲的女人一定是足够优秀的，她们不仅是天生的美人胚子，还拥有工作能力极强、品位很高、修养一流、风情万种等优点。在外人眼中，她们简直好到无可挑剔，她们也希望找个在自己眼中无可挑剔的男人。可后来，她们不仅没能挑到心仪的男人，还眼看着被自己挑剩的男人都成了别人的男人。于是，她们自己和自己较真，各种吃的、穿的、用的越来越高级，还故作姿态地与人谈论单身生活的优点。其实，在她们心里，宁可自己的

生活水准差一点儿，也不想再孤单下去，但就是放不下高贵的架子。试想，眼中都是男人的缺点和瑕疵的女人，怎么能找到自己的另一半呢？再好的男人也不是完美的，就连上帝也不是。所以，宽容之心是她们唯一的出路。

天真是女人身上的可贵品质，但对于已经奔三的女人来说，天真简直就是幸福的杀手。此类女人单纯善良、好奇心强，偶尔遇到帅气的男人会发花痴，但始终不明白“男人究竟是什么”。她们很少对时尚大片感兴趣，却对偶像剧和肥皂剧如数家珍。买东西定要时尚、青春、“卡哇伊“，典型的“要淑女不要熟女”。如果说十年前还有人夸赞她可爱，那么现如今人家只会说她装嫩。此类女人需要一个能悉心照顾她的大哥哥，一个将她当做公主来侍奉的男仆和一个谈情说爱的恋人。只可惜，集三者于一身的男人恐怕世上罕见。何不尝试走一走熟女路线？该有魅力的时候就要有足够的魅力，不要害怕变老。

木讷，又可以叫做老实，这是“剩女”中比较平庸的一类。她们在学生时代是那种埋头苦学的好孩子，一心一意完成学业，绝不谈恋爱。投入工作之后又是公司里的模范员工，迟到、早退、偷懒之类的事儿绝不会发生在她们身上。照理说，这样的女人应该可以拥有一份简单的爱情和幸福。可她们偏偏太过沉闷，没有什么特别的爱好，也没有什么忌讳，让人无从下手。自己又没有太多恋爱经验，面对再也玩不起的年纪，想要找一个一锤定音的男人实在难于登天。于是，一年又一年过去，她们渐渐成了不食人间烟火的“老仙女”。想要改变现状，就要多多提高自己的情商，多与外界接触，不妨到大千世界中历练一番，做回一个活泼开朗的俗人。

如果说玩世不恭的“坏”男人还能受到小女孩的追捧，那么玩世不恭、游戏人间的女人可就不讨人喜欢了。现如今，在男人不喜欢的多种女人中，名列前茅的就有此类。她们妖艳、张扬，是各类娱乐场所的常客，自然也就烙下了不太好的口碑。尽管偶尔也会扮乖乖女，但坚持不了多久又会回归本色。长期纵情声色使得她们自认看透了男人的本质，天天喊着“男人没有一个好东西”，做着快乐单身女。可深夜独处的时候，还是渴望身边能有个关心自己的人。其实这也不难，只要告别不良的生活习惯，重新做人，就能找到属于自己的幸福。

不幸的人各有各的不幸，“剩女”也各有各的原因，但只要“剩女”们能够客观地认识自己，勇敢地抹掉那些不利于自己的因素，就会有意想不到的收获。不信？试试吧。

好男人都被别人“摸”走了吗

评价一个人不能单纯地用“好”或者“坏”来形容，这是常理。可某些女人还是执著地认为：“这个世界上好男人已经绝种了。”要不，怎么就找不到真正懂得关心、体贴的好男人呢？而曾几何时，“男不坏女不爱”的风潮不也让女人们为之动容吗？可见，女人们的心里本就存在着矛盾，一方面希望男人对自己宠爱有加、百依百顺；另一方面又希望男人有一点点坏、一点点酷。可天底下哪有那么恰到好处的事情？所以，男人究竟是好是坏，也要看身边的女人而定。世界由男人和女人两元组成，女人的成长与男人有关，男人的成长也离不开女人。要不，为什么某些男人离开了原来的女人之后，就成了别的女人手中的宝贝？原因只有两个，要么是原来的女人太过挑剔、不识货，要么是男人被原来的女人宠坏了，又被接手的女人改造成功。不管是什么原因，终究只能代表原来那个女人的失败。

有的女人习惯了精品，挑男人也和挑首饰一样拿着放大镜，眼中只有对方的瑕疵，再无其他。某位朋友曾向我抱怨，她好心好意给一个女孩介绍男朋友，结果女孩张口就问："那男人有什么缺点吗？怎么会没有女朋友？"朋友愣了半天，草草应付了几句，最终也没有安排他们见面。"见面之前就揪着人家的缺点，见了面肯定也是这样。谁都有缺点，但刻意奔着人家的缺点去看，怎么能成？"朋友一脸无奈，"还是算了，这样的女人还是让她等着天上掉男人吧。把我多年的好同学介绍给她，我还心疼呢。"

对于眼界太高的女人来说，或许除了她自己之外，没有人在她眼中是合格的。不明白人无完人的道理，就只能一再地失望。不过，只要改一改挑剔的毛病，她们也许真的能找到生命中的好男人。多数找不到好男人的女人并不是因为过于挑剔。她们之中，有的太过善良，有的太过放纵，有的太过自卑……种种迹象表明，正是她们的性格和态度培养了众多被"宠"坏的男人，也难怪她们的身边总没有好男人出现。要想找到好男人，首先要杜绝男人变坏的各种途径，让我们来看看到底是哪些女人宠坏了自己的男人。

No.1 自卑型的女人

觉得自己处处都比不上身边的女人，能找个比自己优秀很多的男人已经很不错，怎么还敢有更多的要求？只要男人不离开，自己就愿意默默奉献。一旦有了这样的想法，女人就会对男人的一些出格的要求和行为视而不见，而男人也会因女人的纵容一再变坏。

这类女人既可悲又可怜，再怎么让步，也得不到想要的幸福。不知她们是否意识到，连自己都看不起的女人怎么能指望别人看得起她呢？不如找个能让自己抬得起头来的安稳男人，也许他不过是茫茫人海中最不起眼的人，但毫无疑问是最适合她们的类型。

No.2 母爱泛滥型的女人

此类女人不甘心只扮演爱人或老婆的角色，还要将身边的男人当做儿子来养。事无巨细、无微不至地关心、呵护，甚至还承担起养家的任务。如此大包大揽使得男人整日无所事事，也无需承担压力，乐得到处吃喝玩乐，过足了花花公子的瘾。

不过，别以为她们会受到男人的敬重或感谢。刚好相反，男人会越来越觉得自己魅力无穷，一个女人已经配不上他，要有很多女人才算数。于是，她们的操劳最终只能是竹篮打水一场空。想要好男人？还是先收起那颗泛滥的爱心吧，可以用它来照料猫猫狗狗，但就是别照料男人。男人和孩子一样，都是禁不起溺爱的，不给他们足够的压力，他们就会无法无天。

No.3 因循守旧型的女人

老老实实、认认真真地从一而终是这类女人的优良品质。无论男人多坏多花心，她们也没有勇气炒他的鱿鱼，只能眼睁睁地看着自己的男人越来越猖狂，越来越放肆。而女人除了苦口婆心地劝说，再也没有任何办法。

感情专一本不是错，可毫无理由地盲目专一就大错特错了。时代不同，女人的观念也要有所转变。该骂的男人一定要骂，该踢的男人也一定要踢。不然他们蹬着你的鼻子爬上了脸，吃亏的还是你。

No.4 拜金型的女人

尽管没有钱是万万不能的，但身为女人，怎么能连骨子里那点儿高贵都抛弃了呢？只要男人有钱就没命地往上蹭，像超市里的廉价商品一样任人挑来挑去，还自认很时尚、很有头脑。那些所谓的成功人士和多金男就是被这些女人宠坏的，以为只要有钱就能抱得美人归，所以身边的女人换了又换，一副花天酒地的颓靡样。其他男人看在眼里，恨在心里："既然天底下的女人都这样了，我们凭什么还要专情？"于是乎，不管有钱还是没

钱，男人们都学着潇洒地游戏人间，拿身边的女人不当回事。

这类女人真是又可怜又可恨。她们眼中的好男人就是有钱的男人，可当某天自己再也没有了媚惑的资本，又埋怨身边没有一个好男人。除了“自食恶果”这个词儿，实在想不出有什么可说的。

No.5 开放型的女人

与拜金型的女人不同，开放型的女人并不稀罕男人的钱，她们只是奉行男女平等的原则，不仅精神上要平等，身体上也要平等。如此一来，她们就成了男人们眼中的免费午餐。送上门的女人当然是不要白不要。可男人并不想，也不会为此负起责任，他们有他们的理由：“既然是平等交换，完事儿之后就两不相欠。她不是得到自己想要的了吗？”

如果自己戴着“开放”的帽子，还到处声称找不到好男人，可就有点儿过分了。不珍惜自己的女人，男人凭什么珍惜你呢？

总而言之，好男人的减少与女人有直接的关系。男人之中原本就有一部分次品，再加上以上几种被女人宠坏的男人，使得那些旁观的好男人也开始蠢蠢欲动。女人们还想要好男人？可以。不仅要擦亮眼睛选好材料，还要学会改造。现如今不需要修理的男人似乎已经不复存在，但这并不妨碍女人们创造属于自己的好男人。不过，在此过程中，女人们要掌握足够的招数。

招数一：对那些无药可救的男人态度要坚决

对懒惰的、吃软饭的、花心且死不悔改的男人，只能果断地清理掉。拿出女人那股子“毒”劲儿来，他们定会乖乖走开。不要相信“下一次”、“再一次”之类的承诺，埋怨也是无济于事的，你不给他们点儿颜色看看，他们就觉得你好欺负。不如干脆做一回悍妇，好歹也算是出口恶气。只会哭哭啼啼或怨声载道，是解决不了任何问题的。

女人一旦恶毒起来，男人立刻就会退让三分。所以，强硬的态度是女人保护自己的根本，让男人知道什么是你绝对不能容忍的，往后也就不会有类似的男人靠近了。

招数二：让男人知道他在你眼中并非完美

有些好男人就是在女人的夸赞下逐渐找不着北的。你可以在外人面前给足他面子，但是私底下必须时刻寻找一些小瑕疵打击他的信心。要知道，让男人的信心爆棚是一件十分危险的事情，恰当的打击能够让他们老老实实、脚踏实地，还能给他们造成“只有我能容忍你的缺点”的印象。

男人总以为恋爱中的女人容易昏头，你偏要告诉他“我没有昏头”。如果他真的想和你在一起，那就得继续乖乖地努力啦。

招数三：收起泛滥的慈悲心肠，偶尔也要让男人觉得痛

有痛才有爱，有痛才懂得珍惜。男人对自由的需求就像女人对爱情的需求一样，永远都不会满足。但缺憾亦是美丽的，它让人执著追求。如果女人定要给所爱的男人创造一个完美的世界，就会让身边的男人变得不明事理，最后受害的还是自己。所以，任他如何要求也不能随意满足，要让他甘愿面对现实，好好地和你在一起。

打麻将的时候，总有人埋怨好牌都被别人摸走了。可有些高级玩家即使没有特别好的牌，也能打得漂亮。因为原本就没有哪张牌是“好”或“坏”，一切都要看具体情况而定。赢的方式有很多，有些时候你只知道等那张需要的牌，却不肯尝试其他的获胜方式，最后当然就会觉得好牌都归了别人。其实，你需要的好牌或许刚好是别人手中的废牌。选择男人也是同样的道理，天底下的男人这么多，难道就真的没有能与你在一起的吗？事实上，更多时候，我们只是错过潜在的获胜机会而已。

梁洛施让女人学会了什么

2009 年 6 月，关于梁洛施未婚先生子的消息闹得沸沸扬扬。各类报道与评论铺天盖地袭来，其中暗含着嫉妒、揶揄、羡慕和感叹。其实，不管外界如何炒作，当事人的幸或不幸只有当事人自己知晓。但毫无疑问的是，梁洛施的这一步走得几乎无懈可击。当然，这并不表示所有美丽的女人都该学着她的样子傍个有钱人生儿子。退一万步说，就算你愿意给人家生，人家还未必愿意让你生。所以，李泽楷对梁洛施是有爱的，至少在这一两年中是有爱的。那么作为女人，如何“利用”男人的爱，就是一门很深的学问。而梁洛施刚好做到了，还做得很好。

傍富豪是既漂亮又有地位的女人才有资格做的事，有名的富豪不会随便在马路边儿找恋爱对象，即使对方美若天仙也是白搭。生儿子也是需要些许运气的，有多少傍上富豪的明星为了儿子，变成生育机器也是徒劳。所以这些都与普通的女人无关，我们的眼光无需停留在媒体重点炒作的这两点上。但我们仍然要明白梁洛施的聪明之处，其中最关键的两点就是自知与节制。

古人告诉我们，人贵有自知之明。尽管梁洛施是明星，但她很清楚自己的出身和性格。小时候艰苦的生活环境造就了她叛逆的性格，比如数次被学校记过处分，比如谎报年龄与英皇签约，叛逆的人最难容忍的就是规矩和束缚。如果她真的勉强进了李家的门，那么各种各样的规矩便会随之而来，可现在，李家只能对她提出要求，却无法强制她做任何事。梁洛施是聪明的女人，她懂得豪门深似海的道理，也懂得自己的成长背景和心性，伺候不了李家众人的眉眼。与其强迫自己接受那些条条框框，不如自由自在来得实际。有了现在的背景和地位，足以保证今后的生活不会太过凄凉。这样不是很好么？可笑的是那些媒体还曾乐此不疲地给人家出点子，说来说去无非就是图个火暴罢了。

再来说说节制。人都有贪欲，但有头脑的人懂得克制自己的贪欲，这就是所谓的节制，它也是一种可贵的品质。以为自己得了一点儿势，或者看到了麻雀变凤凰的契机，就忍不住要做女王的大有人在，而梁洛施却没有如此。她仍然保持着温和的态度，做众人眼中的善良母亲。从她的身上，人们看不到张扬的傲气，也看不到急功近利的得意，更没有任何关于她“狮子大开口”的负面报道。这一点看似简单，但换到别的女人身上，兴许就没这么简单了。或许这正是李家能够认真对待她的原因之一，也是阅女无数的李泽楷喜爱她的原因之一。女人在面对地位、权势、财富的时候能够收起自己眼中的贪婪，安心做个好情人、好母亲，难道还不值得男人为她付出吗？

想要得到别人的爱，首先要让自己值得别人去爱。而对于男人来说，自知与节制的女人绝对称得上女人中的精品。自知可以让女人在做任何决定的时候都不会超出力所能及的范围，并且经过慎重考虑才做出决定。这样的女人一旦做出选择，男人就完全可以相信她的话。而节制可以让女人在做任何事情的时候都不会出格，更不会放纵自己的邪念。这样的女人表面上温婉、单纯且招人喜爱，骨子里又拥有大智慧，男人既不用担心她会败家，也不用担心她会出轨。若你是男人，你是不是也会爱上这样的女人？

梁洛施的人生之路才刚刚走过二十年，可每次重要的决定都出人意料，但无一不是对自己有利的，最终也都收到了不错的效果。她曾悲观，但

也坚强，无论遇到什么困难都努力克服。有人说她是幸运的，但她的幸运又何尝不是因了自己的明智？同样作为女人，我们没有她头顶的光环，但至少可以像她那样学会自知与节制，不下太多赌注，也不过分要求，这样才不会在恋爱这门游戏中输得太惨。

有头脑的女人不会拿全部的爱情做赌注

爱情不是生活的全部，更不是生命的全部。这些话说了很多年，也说了很多遍，可女人们仍然为爱一伤再伤。夜深人静的时候，会有多少女人在“输了你我输了全部”的幽怨声中记起那些悲伤与痛苦？难道女人们真的注定无法摆脱爱情的纠缠吗？其实这倒也未必。俗话说，希望越大，失望越大。既然不想有太多的失望和伤害，那么就不要抱太多的希望。凡事给别人留一分余地，也是给自己留一分余地。你可以全心全意地爱，但不能指望对方也像你爱他一样爱你。想通了这一点，很多问题便能迎刃而解。

安妮宝贝曾在作品里说起过：“感情有时候只是一个人的事情。和任何人无关。爱，或者不爱，只能自行了断。”对于那些爱得认真、爱得执著的女人来说，这句话确实值得好好体会一番。如果心甘情愿地付出所有、不求回报，那么就无须要求对方。可显然，多数女人都不会完全不求回报，她们希望自己爱着的男人也同样深爱自己，一旦发现对方做不到，自己就会陷入无穷无尽的黑暗。好一些的结果还只是自怨自艾，再坏一些的结果就有可能造成性格的扭曲，从而做出超乎常理的事情。但不管是怎样的结果，伤害的终究还是自己。

只要留心新闻报道和八卦消息，几乎每天都会看到种种为爱“牺牲”的女人做出的匪夷所思的事情。“跳楼”这样古老的方式仍不时会出现，上网爆料、谩骂的也大有人在，还有自残的、堕落的、报复的，五花八门。人们说这个时代太疯狂了，事实上不是时代疯狂了，而是女人越来越孤注一掷，越来越看重自己的得失。封建时代有传统思想禁锢着，女人们大多没有什么特别的想法，只是随大流地度过一生。现在不同了，随着时代的开放，女人也胸怀大志，这种态度不仅体现在事业中，也体现在爱情中。可爱情与事业不同，它是感性的、飘渺的，当然也是极不稳定的。而女人们却像输红了眼的赌徒，定要赌上自己全部的爱情资本。

从某种角度来说，爱情也是一场游戏。它与赌博游戏一样，用高昂的回报深深吸引着身边的人。坐在牌桌边上的人要有“不成功便成仁”的觉悟，投入爱情中的女人也是如此。不过，牌桌旁也有两种人，一种是无论如何都不会输掉最后一个筹码的保守派，另一种是倾尽全部筹码，一局定输赢的激进派。在戏剧中，帅气的男主角动不动就拿命做赌注，华丽的技巧外加一点点运气，让他屡试不爽。可在现实中，保守派似乎更容易全身而退。或许，不想发大财的赌徒不是个好赌徒，但恋爱中的女人根本无须这种赌徒精神。不然，身边的男人不是被吓跑，就是利用女人的这种心态变本加厉地索取。相反，女人越是不够投入，越会激起男人的征服欲。所以，在爱情中，谁能守住最后一点感情，谁就能占得先机。

有头脑的女人不会拿全部的爱情做赌注，她们明白在这场游戏中获得主动权有多么重要。掌控爱情的女人也能够掌控自己的幸福，而这只需要一点点游戏精神，就可以做得很好。无论什么时候，都不要将命运寄托在某一次的牌局上，给自己留出继续游戏的资本才是关键所在。这次输了？没关系，再来一局便是。

女人的驾驭优势

爱人是否可靠，看你怎样驾驭

在埋怨男人不可靠的同时，女人们是否想过，我们为什么会觉得男人不可靠？为什么有的女人却能将男人指使得团团转？为什么有的男人在你手里不可靠，到别的女人手里就变得可靠了呢？事实上，男人可不可靠，不仅取决于男人的品质，还要看女人的手段。有头脑的女人懂得如何让男人为自己而可靠，而不是到处寻找可靠的男人。

做一个值得男人“可靠”的聪明女人

“来而不往非礼也。”想要男人可靠，首先要做个可靠的女人。只有可靠的女人才值得男人为她付出，成为她的依靠。所以，身为女人，我们一定要知道在男人眼中哪些女人是不可靠的，从而避免自己被男人划归到那一类。

关键词：漂亮、自恋、无知

男人都喜欢漂亮的女人，可他们同时也容易认为漂亮的女人不可靠，漂亮、自恋又无知的女人更是极品。此类女人总是把自己当成高傲的公主，把周围的男人看做自己的奴仆，所以她们目空一切、自以为是、飞扬跋扈、自私任性，就像男人身边的一颗定时炸弹，随时都有引爆的可能。如果她们发觉身边的男人对自己的关注度不够，或者遇到其他鸡毛蒜皮的小事，很容易拍拍屁股走人，走的时候还不忘多捞点儿经济资本。辛辛苦苦“哄”了这么久，却落得个两手空空，男人自然不甘心。当被折磨的男人日益增多，这类女人就只能沦为男人的“玩具”，想要男人成为她们的靠山，门儿都没有。

关键词：虚荣、败家、攀比

女人一旦集三者于一身，恐怕任何男人连靠近她都要掂量掂量，更别提要成为她的靠山了。在她们眼中，穷小子肯定是要靠边站的，即使穷男人愿意给她们当靠背，她们也不会愿意的。而有钱人就算愿意为她们的青春买单，却不会情愿成为她们的依靠，不管是一时还是一世。所以，这类女

人想要找到属于自己的可靠男人，实在是难上加难。没钱的人对她们来说一点儿也不可靠，而有钱的人又不会做这个冤大头，她们最终也许只能自己靠自己了。

关键词：花心、前卫、爱玩

我们通常所说的“随便的女人”就属于此类。她们大多走在时尚潮流的前端，秉承西方世界的所谓“开放”政策，对什么都满不在乎的样子，身边的男人换了一个又一个，没事儿唱唱歌、泡泡吧，排解排解寂寞。只要能让自己高兴，什么好玩玩什么，什么另类学什么。男人喜欢与这样的女人“玩”，却不会真心喜欢她们，更别说成为她们的依靠了。

关键词：逃跑、不能共患难

只能同甘却不能共苦，这样的女人对男人来说只配“玩玩”，不能认真。别以为这些内在的品质不容易被发现，生活中的很多小事都能反映一个人的态度。比如，在男人真的需要帮助的时候，她却百般推脱。一次也许能蒙混过关，可两次、三次、很多次之后，再傻的人也会看出究竟是怎么回事。在男人看来，做这种女人的靠山无疑是自找倒霉。

关键词：热情、奉承、拍马屁

男人们升官发财需要拍马屁，女人们为了俘获男人的心，也需要这么干。常常见到有些女人看到自己的目标之后满脸堆笑、好话说尽，热情得有些过分，她们通常是抱有比较明确的目的接近对方，但又不够含蓄。男人们遇到这类女人，通常只是一笑而过，并不会把她的好话放在心上。如此虚伪的女人自然很难找到可靠的男人。

关键词：说谎

似乎对于许多女人来说，说谎是一种本能，一种天性。她们在任何时候都有可能说谎，而且说得头头是道，眼睛都不会眨一下。她们能把死人说活，把假的变成真的，还能让身边的人深信不疑。但谎言之所以是谎言，就因为它总有一天会被揭穿，而且生活中一些鸡毛蒜皮的谎言更加短命。如果不能用一句“我爱你”的谎言拴住一个男人一辈子，那么还是不要说谎为好。不然，很可能会从此与可靠的男人无缘。

由此可见，很多时候，男人的不可靠其实是女人自己造成的。尤其是那些没有城府的女人，喜欢把自己内心的想法都写在脸上，如此一来，男人怎么会甘心情愿地往陷阱里掉呢？如果你不属于上述类型中的任何一种，那么只要方法得当，你完全可以找到可靠的男人。而如果你恰好有那么一点点儿缺点，也没关系，能改掉当然最好，改不掉的话也要学会收敛。藏起你的恶劣品质，做个男人眼中的“乖乖女”，一个既漂亮又温柔、听话的“乖乖女”，还怕没有男人愿意上钩吗？

向最会控制男人的星座女学习

有些女人天生就懂得控制男人，这与她们的性格有密不可分的关系。我们不妨利用现在流行的“星象”学说，看看哪些星座的女人最会控制男人，为什么说她们最会控制男人，她们又是怎样控制男人的？如果你刚好属于这些星座的一分子，就看看自己是否发挥出应有的天赋，如果很不幸，你的星座没有包括在内，那也没有关系，后天培养也是可以扭转劣势的，还可以吸取各家之所长。

排名第一的星座是双鱼座。传说中，双鱼座是出产狐狸精最多的星座。她们柔情似水，举手投足间充满了女人味，是男人眼中梦中情人的代

表，也是最没有统御男人的欲望的星座。她们看上去糊里糊涂地生活着，其实算盘打得比谁都精细，绝不会吃亏。而对于男人来说，双鱼座的女人最大的好处就是善解人意。她们能够在不经意间安排好身边的事情，让男人产生依赖的感觉。并且在谈话时，不管男人是在吹牛还是讲道理，她们都不会打断对方，而是含情脉脉地注视着对方，跟随着对方的喜怒哀乐。她们不会带给男人任何压力，也不会要求他们赚很多钱。不管男人能为她们付出什么，她们都愿意做一个温柔的小女人，也会注意打扮和保养自己。如此既有能力，又愿意放低自己的女人，简直就是男人理想中的避风港。为了得到这样的女人，男人们自然会争先恐后地献出自己的一切，即使被控制也是心甘情愿、心花怒放。

排名第二的星座是天蝎座。神秘、性感、激情、柔媚，这些具有媚惑力的词汇都属于天蝎座的女人。她们似乎天生就拥有其他女人所没有的魅力，无疑这是吸引男人的最佳特点。就算她们不是有意的，也会让男人产生好感。论心计，她们绝对不会输给其他类型的女人，但她们往往又很慷慨，甚至还能让人占点小便宜。不过这绝不意味着她们可以任人宰割，相反，她们会用心观察和使用谋略，确保看上的男人能乖乖听话。她们可以为爱人至死不渝、奉献一切，但所有事情都必须在她们的掌控范围之内，不然她们的内心会缺乏安全感。此外，她们还特别会掌控自己的情绪，不会有泪水横流、寻死觅活、情绪崩溃的难堪场面出现，她们懂得隐忍、懂得担当，在女人之中绝对算得上是精品。作为男人来说，如果能找到一个既有魅力又忠贞不渝的女人，做一些牺牲又算得了什么?

排名第三的星座是金牛座。别以为金牛座的女人总是一副笨笨的、钻牛角尖的样子，事实证明，金牛座的女人是中流砥柱型的人物。她们性情温婉，做事踏实而勤奋，没有大小姐脾气，也不会哭哭啼啼地做小女人状。

她们对待喜欢的男人相当执著，即使飞蛾扑火也在所不惜，并且她们对感情的控制欲和占有欲很强，有操控一切事情的勇气和力量。但这种欲望绝不会把男人吓跑，因为她们不仅绝对忠诚、实际、生活化，还令人感到安全。最重要的一点就是她们的肚量堪称女人中的佼佼者，她们绝不会因自己的男人看了别的女人一眼，或者对别的女人说了赞美的话就大吃飞醋，她们能够很好地掌握分寸、保持温和，这对于男人们来说是多么难能可贵的品质啊。

排名第四的星座是水瓶座。水瓶座女人的一生都在探索，她们追求自由、个性独立，从不会与男人腻在一起。她们既不重视男人的地位，也不重视男人的财富，智慧与胸襟才是她们的最佳选择。水瓶座的女人是非常合乎现代需要男人的情侣，她们始终保持自我，处事周全、冷静，思维缜密，尤其是她们非常擅长看懂男人的心，古灵精怪的性格也容易讨男人喜欢，而男人们在不知不觉中就会被她们掌控。不过，由于她们实在是很专情，所以男人们并不介意自己会落入她们的手中。

双鱼、天蝎、金牛、水瓶被誉为最会控制男人的星座女，只要留心就不难发现，她们之所以会控制男人，是因为她们身上拥有让男人甘心被控制的特质。你的星座是否在此之列并不重要，重要的是你是否可以学会并发扬这些特质，如果可以的话，你也会成为控制男人的行家里手。

“利用”殷勤而虚伪的男人

天底下有那么一种男人,他们既不是好情人,也不是好伴侣,他们只是喜欢殷勤地对待身边的女人,却让人无端地觉得虚伪和厌烦。他们没有什么特别之处,既不高雅,也不成熟。或许你会对这类男人敬而远之,但他们却以各种各样的方式存在,比如同事、客户、朋友的朋友。这时,与其讨厌他们,不妨好好地“利用”他们的殷勤为自己做点事儿。讨厌一个无法走出你生活的人是徒劳的,还会影响自己的心情,不如让这些庸俗而虚伪的小人物帮你做事。

川川,女,二十四岁,遭遇缺乏决断力的殷勤男人。

川川在一家私营公司做部门经理助理,工作之初,她还是蛮喜欢自己的上司的。在她眼中,上司态度温和,讲话彬彬有礼,凡事都要先和她商量,并且十分尊重她的意见。可随着工作的深入,她渐渐发觉这个男人的秘密,他的温和与大方表面看来是尊重身边的助理,实际上是因为他优柔寡断,缺乏决断力,很多事情自己都拿不定主意。他听取川川的意见,其实就等于让川川帮她做出选择。就好像在餐馆中,优先让女方点菜,实际上是因为男人无法做出决定。明白了这个道理,川川便看透了上司的本质。那段时间,她曾因感到自己被利用而气愤,还想过要秘密告诉老板。后来她得知这位经理是老板的某位亲戚,地位坚如磐石。于是她转念一想,既然没办法改变这个事实,不如顺水推舟地做个人情。

这位上司得到了川川的支持,每次决策都会在老板那里得到好评。为此，他更加看重川川，更加依赖她，当然平日里也少不了给她些小恩小惠。但川川看上的不是这些，她觉得老板应该明白背后的真相，按照老板的脾气，是不会埋没她的才能的。果然，一年之后，川川终于离开了这个殷勤而虚伪的男人，做了老板的助理。

对于女人们来说，这种虚伪殷勤的男人是较为隐蔽的。他们表面上很有气派、很有绅士风度，实际上既没有独立的主见，也没有斩钉截铁的霸气，可自尊心又很强，容不得别人看轻自己。他们处处依赖别人，想要让别人来背负决策的风险，女人一旦掉进他们的陷阱，就只能独自后悔和惋惜。但如此劣质的男人也有他们的用处，尤其是在工作中，他们的退却恰好可以成为你向前的踏脚石。只要你能够审时度势、把握机会，就有成功的可能。

天天，女，三十六岁，遭遇乱献殷勤的暧昧男人。

此男人与天天在同一个办公室，并且无视她已经有男朋友的事实，对她大献殷勤，分配来的重活与累活他都抢着干。平日里，天天有什么难处，或者心情有什么不顺，他都十分热心地帮忙。天天看在眼里，也明白在心里。她知道自己绝不可能看上这样庸俗不堪的殷勤男人，但身边有个帮手总会让自己的工作更加轻松愉快，何乐而不为？一味拒之门外还会影响同事之间的关系，造成彼此间的尴尬。现在这样只要保持适当的距离，等以后工作有变动自然就分开了。有如此想法的天天乐此不疲地接受来自男人的关心与呵护，偶尔也说几句虚情假意的感谢话，让他乐一乐。

后来，男人买了车，每天中午载着天天去附近的餐馆打发午饭。吃完饭还可以偷空去逛逛街，买点东西。绯闻嘛，当然是没有的事，因为天天已经和男朋友说清楚其中的细节，并且每次都拉着另一位同事兼好友一起去。就这样，在这家公司的两年里，天天就毫不客气地“利用”着这个男人。

这类殷勤的男人或许天生就应该被女人好好“利用”，谁让他们喜欢玩暧昧情缘，又毫不吝惜自己的时间、金钱和劳动。也许他不过是为了在旁人面前显示一下自己的“绅士风度”，那你就该满足他的愿望，让他显示个够。

我们要选择优秀的男人，但有机会的时候也可以“利用”一下这些劣质产品。有时候，他们就像那些假冒但不伪劣的产品，还是拥有部分使用价值的。

爱情只是一道弱不禁风的枷锁

说起要控制男人，大概很多女人首先想到的就是爱情，因为一个人对另一个人产生了感情，就会对他百依百顺，舍不得伤害他，更舍不得离开他。只可惜，这不过是幼稚女人的天真想法而已。你以为你用这样的方式去爱一个男人，那个男人也会用同样的方式来爱你吗？可以毫不客气地说，答案当然是否定的。人们常说，陷入爱情中的女人会变傻，那么女人又怎么能用爱情控制男人呢？那时候你连自己都看不清楚，什么头脑、什么心计统统都抛在一边，只想着怎么对他好，其他事根本就无所适从。到头来很可能不是你控制了男人，而是男人控制了你。

或许你会说，为什么不能控制男人呢？我可以撒娇、任性、发脾气，只要我多说几句好话，或者显露出不开心的样子，他就会好言相劝，哄我开心。可这不过是热恋时候的把戏，而且多数发生在不成熟的小男人身上。

我曾在网络上看到过这样一个故事：一对情侣，女人是1986年生的，男人是1979年生的，两个人年纪差距比较大。开始交往得还算顺利，彼此都对对方有比较强烈的感情。随着时间的推移，女人开始觉得男人对自己的关心不够，因为男人在离开自己后很少发短信，也很少打电话。每次都是女人主动联络，却得不到积极的回应。这时，女人越发起疑心，想用各种方法控制男人，不让他与别的女孩接触，无端地发脾气、说些讽刺挖苦的话等等，但最后男人只扔给她一句话："你这样的性格不改变，迟早我们会分手。"于是，女孩又开始觉得害怕，不知道该怎样做才好。

对于一个1986年生的年轻女孩子来说，她身边同龄的男人或许还在和女朋友玩卿卿我我的过家家，可她的男朋友，一个1979年生的成熟男人却没有心情陪她折腾。在男人眼中，女孩的行为无异于无理取闹，这只会加深男人对她的反感，不会对控制男人有任何效果。何况，爱情终究只是短暂的，即使控制得了一时，也无法长久地控制下去。

爱情是一道弱不禁风的枷锁，这一点根本就无需怀疑。看看那些铺天盖地的悲伤故事，所有的疑虑都会不复存在。不要心存侥幸，无论是多么优秀的女人，也无法用爱情控制身边的男人。除非你能够抽离于感情之外，客观地看待身边的人和事。不过这对于原本就很感性的女人来说，几乎是不可能做到的。

还有的女人也许会想，我可以用爱情控制一个深爱我的男人。我未必要爱他，只要他爱我就可以。好吧，且不说男人的单恋会持续多久，就算你真的控制了他，又能有什么意义呢？让他为你做牛做马？又或者只是为了找一个可靠的男人，而不在乎感情？如果是后者的话，那么我可以肯定地说，如此一边倒的局面是维持不了多久的。我的身边就曾发生过这样的事情，一个女人觉得自己既然不能与深爱的人在一起，那么就与爱自己的人在一起吧。可是她始终无法去爱那个男人，一直都是男人默默地为她付

出，她理所当然地接受。可是两年之后的某天，男人突然撂挑子不干了，说不能找个根本不爱自己的女人过后半辈子。女人还没反应过来，还没明白究竟发生了什么，男人已经潇洒地离开。

后来我告诉这个女人，不用在意这样的结果，男人总有一天会成熟，他会明白所谓的“为爱付出一切”都是鬼话，没有人会无私地付出。他之前对你百般讨好，无非是想改变你的心，当他发现自己对此无能为力的时候，会走得比谁都干脆利索。

放过爱情这道枷锁吧，想用它套牢男人的女人是不明智的。

天底下没有绝对可靠的男人，只有对你忠心的男人

请不要再问“到底什么样的男人才是可靠的”之类的问题，即使上帝就站在你面前，恐怕也无法正确回答这个问题。就像服饰因人而异，男人的可靠程度也会因女人而异，想要用正确的手段控制男人，就要学会找到他的软肋，然后对症下药，才会有明显的效果。比如，对一个看重女人贞洁的男人来说，水性杨花的女人再怎么好，也只能让他倒胃。而对于一个看重女人容貌的男人来说，长相不够标准的女人再怎么温柔体贴，也不会入他的眼。所以，了解自己想要的控制的男人，并且投其所好，方能达到目的。

许多女人信奉“要控制男人，就要先控制他的胃”，这句话颇有道理，但对于“胃”的理解却不能狭隘地局限于“美食”，它应该泛指男人所有类型的喜好。自古至今，有多少并不擅长做菜的女人用她们的贤德、勤快或博学多才打动了身边的男人，所谓“给渴者饮，给饥者食”，说的就是这个

道理。

在这里不能不再提一下“小三”这个角色。细心的女人或许会发现，做“小三”的女人未必是漂亮的，如果你单纯地以为小三是色诱男人的女人，那就大错特错了。对于“小三”来说，漂亮最多是引路的名片，被男人笑纳之后就不再成为她们的资本。因为男人都明白，漂亮女人是危险的，不管是男人还是女人，都对漂亮女人心存偏见和敌意，所以她们一旦被男人接纳，就会采取进一步的手段和方法。她们会留心观察男人的喜好，并极力迎合。这也是很多正牌女友或妻子所不具备或者不屑使用的功夫。如此一来，男人会觉得身边的女人处处都合自己的心意，从而产生相见恨晚的感觉，觉得这个女人简直就是为自己而生的。想要得到她，就得乖乖听话。在这种情况下，多数男人都会甘心情愿地选择听话。

亲爱的姐妹们，当你们埋怨男人不可靠的时候，是否想过自己究竟有没有抓住他的软肋？男人是喜欢比较的动物，只有针对他的弱点下药，才能让你的好处在他的眼中被无限放大，于是你就成了他眼中的无价之宝，任凭别人怎么看，就是认定你。

我朋友的一位兄弟是个好面子、爱玩、喜欢漂亮女人的帅男人，他的未婚妻自私、无知、幼稚，还喜欢发脾气，可他就是喜欢她，也愿意听她的话。因为她够漂亮，工作又好，也特别爱玩。两人无需为了上哪儿吃饭或者玩什么而争执，往往能够一拍即合。后来他们结了婚，我才从那个女人口中得知，当初她其实是处处让着他的。他提出的建议她很少反对，总是高高兴兴地答应。这才让他觉得这个女人与自己的想法总是不谋而合。她说：“我知道自己的弱点，但我还不笨，我知道怎么抓住他。”

不管男人对别人来说是怎样的，对你来说他是可靠的，这就够了。天底下没有绝对可靠的男人，只有对你忠心的男人。想要他可靠，就想办法好好控制他吧。

女人的婚姻优势

爱情是享受，婚姻不是忍受

婚姻是人类永远也解不开的谜。我们究竟为什么要走入婚姻？又为何会对婚姻产生厌倦的情绪？婚姻究竟是不是恋爱中的男女唯一的归宿？到底该如何保持婚姻生活的乐趣？尽管目前很多“80后”的小夫妻过上了家家酒一样的生活，还过得乐此不疲，但人们关于这些问题的思考却从来都没有停止过。不过，有一点可以肯定，那就是：婚姻是一种生活选择和生活态度。

所以，只要我们还在婚姻的围城中待一天，就要牢记这一点：不管对于男人还是女人来说，婚姻都绝不是忍受。

牺牲是一种选择，不是幸福的筹码

结婚并不只是两个人住进了同一所房子，而家庭的经营也并非是每天决定谁来做饭、谁来洗碗。新婚的小夫妻很快就会发现，生活中只不过多了个人，就多了很多琐事，而这些琐事总要有人来承担，而且，承担家中的琐事不仅会平添许多辛苦的工作，还会减少自己的休息或娱乐的时间，这就是所谓的牺牲。

一个能够长久经营下去的家庭需要有人做出牺牲。两个人都强势或者两个人都弱势，只能让生活变得极端，只有适当的分工才能保持生活的平稳。面临如此选择的时候，多数女人承担起处理家庭琐事的任务。因为，相比男人来说，女人的细致、认真与精打细算的本事更适合处理家务。这原本应该是一副“男主外，女主内”的其乐融融的画面，然而有些女人在选择牺牲之后便生出更多的想法。她们觉得自己为家庭付出了巨大的辛劳，就应该获得与之对等的幸福。比如，物质上的收获或者爱情上的收获。如果男人没有能够带来更多她们自己想要的，她们就会觉得委屈，盲目地认为自己的付出不值。这类女人俨然已经将自己的“牺牲”当做幸福的筹码，将所有自己想要的都押在“牺牲”上。难怪有些男人会觉得自己的老婆怎么要求越来越高，不满越来越多，还总拿自己的辛苦说事儿。久而久之，两个人之间的摩擦越来越多，婚姻很可能就会出现不和谐的征兆。

曾在一篇博客日记中看到过类似的自述。女人说自己在结婚之后主动承担起大部分家务事，每天忙得天昏地暗，十分辛苦，只盼望能因此换

来幸福的婚姻生活。可是，长久以来，她并没有得到自己想要的。老公的薪水没有涨多少，她看上的很多漂亮服饰还是不能统统买回来。并且她觉得老公也不像婚前那样对自己宠爱有加，生活渐渐没了情趣，变得越来越平淡。“我的付出究竟换来什么？”她写道，“本以为承担更多家务能让老公有足够的时间打拼自己的事业，他会赚更多的钱来养我。每天那么辛苦地操持家务，总该让我买点自己喜欢的东西吧。而现在，不仅家庭的经济状况没有明显的提升，他还一点也不心疼我，也不知道说几句好听的话，多关心关心我。”

后来有路人留言问：“你老公平日都做些什么啊？出去玩吗？”“其实也没有。”她回答，“他不是那种喜欢在外面玩的人，也不会做什么出格的事情。没事就在家看看书，看看电视，或者在附近散散步什么的，偶尔陪我逛逛超市。”

如此回答或许让很多人都觉得不可思议，于是陆续有人留言，表示这样的老公已经算是中规中矩，况且也并非是不懂生活的人。看到博主一副愤怒加痛苦的样子，还以为此老公是个玩世不恭的坏男人呢。“可我还是觉得不值。”女人任性地说，“做了这么多牺牲也没能幸福，真倒霉……”

很多女人在付出辛苦之后首先就会觉得委屈，她们将家务事也当做工作来看待和衡量，不能容忍自己的工作得不到回报。可家庭不是公司，老公也不是老板，处理家务事更不是在打工，怎么可能用工作换到幸福呢？假如你一定要换来回报才安心，那么当老公将一月的薪水交到你手上的时候，他是否也要求过什么回报？如果他也曾为此而喋喋不休，那你的做法倒是可以理解。如果没有，那么同样是付出，为什么你偏要执著于回报？你是否想过，也许点点滴滴的幸福就是在这种念头中消失殆尽的，因为心存怨念的人是感受不到身边的幸福的。

究竟要不要为婚姻做出牺牲，这只是一种选择，选择不牺牲的人自有他们的生活方式，而选择了牺牲的人就要勇于承担，但不要期望这种牺牲一定会带来幸福。无论是想用牺牲换回更多的钱，还是留住更多的爱，都是行不通的。如果从一开始就抱着拿“牺牲”赢“幸福”的想法，反而会忽略自己已经得到的，比如家庭的安宁、生活的温暖，也许它们与你心目中的幸福有些出入，但你不能否认，它们的确是一种更加真实的小幸福。

做什么都别做怨妇

“朝喜花艳春，暮悲花委尘。不悲花落早，悲妾似花身。”寥寥几笔就勾勒出一个孤单、悲戚的女人形象。像这样的诗词还有很多，不管是什么类型的诗人，都不会忘记描写闺怨，可见古代女子的闺怨就像路边疯长的野草，真是“野火烧不尽，春风吹又生”。

生活在现代的我们，对于这些长吁短叹自然不屑一顾。都什么时代了，女人怎么还会在这样的小情绪中纠缠不清呢？我们有独立的经济能力，有自己的朋友圈子，爱怎么生活是自己的自由，与其他人无关。所以无论怎么看，这个世界上的女人都应该与怨妇无关。可前两年“寡妇年”，结婚的人格外多。不管是有了心理准备的，还是干脆连婚姻是怎么回事都没明白过来的，只要男朋友肯结婚的女人，基本上都把自己嫁掉了。结婚的时候是喜气洋洋、兴高采烈的，婚后就难免矛盾重重，生活一团乱麻了。渐渐地，由女孩变成主妇的年轻女孩们开始萌生怨气。主要表现为，看周围的什么事情都不顺眼：在家看老公和公婆不顺眼，上班看同事和老板不顺

眼，出门看马路上比自己漂亮和幸福的同性不顺眼。人生糟糕的一面仿佛都被她们看到了，想问题永远都喜欢钻牛角尖。别人忍一忍就能过去的事情，在她们眼中就成了过不去的坎儿。如此一来，生活的乐趣被磨没了，男人的耳朵也磨出了茧子，婚姻也就岌岌可危了。

也许怨妇真的是受过伤的，还可以谅解，比如老公的冷漠或者出轨，比如婆婆的白眼和脸色，比如永无止境的孤独和寂寞。但一百个女人中也难找到几个没有受过伤的，为什么人家就不怨？用一副妩媚的面孔示人，总好过顶着一张哀怨的脸。说几句好听的场面话，也好过没完没了的抱怨，抱怨多了还容易被人当做矫情处理。假如你在一个老公常常不回家的女人面前抱怨自己的老公回家太迟，很可能就会换来比平日多几倍的白眼。所以怨妇既不讨男人喜欢，也很难得到女人的同情，就连同是怨妇的女人之间也未必会有共同语言。这实在是一个没有任何前途的“职业”。

不过，情绪化的缺点使得多数女人天生就具备做怨妇的潜质。就像水遇到泥沙就变浑浊，女人遇到男人就容易显露无知的一面。想知道自己能不能摆脱怨妇的帽子，先看看自己是否拥有做怨妇的“资本”。

追求浪漫的女人、多愁善感的女人、胡乱吃醋的女人、不够自信的女人和过于挑剔的女人都是成为怨妇的好材料。

对于追求浪漫的女人来说，婚姻无疑是让梦想破灭的杀手，面对生活中的琐事，浪漫也渐渐变成了偶尔一次的奢侈品。柴米油盐的日子不适合她们，实际生活与想象中的差距太远，只能积聚越来越多的负面情绪，成为怨妇是指日可待的事情。

多愁善感的女人心思过于敏感，就算是一片秋天的落叶也能让她们伤怀好半天，更何况是男人的疏忽大意。她们希望男人能多花一些时间在自己身上，还要善解人意地及时看出她们内心的想法并加以迎合。这种让男人身累心也累的女人，着实不适合生活在现代社会。

吃醋是女人表达在乎对方的一种方式，而将此发挥到极致的女人就成了胡乱吃醋的怨妇。老公与身边的女同事说几句话她要管，在大街上眼神没有按照她给的方向看也要管，老公的同事或同学聚会更是不能积极参与，否则就会被指与之前的初恋情人感情尤在。如此女人，想不让男人心惊胆寒都不行。

自信的女人凡事都会往好的方面想，不够自信的女人刚好相反，她们总是怀疑自己的命运多难，不管是男人、家庭还是生活，统统都亏待了自己。其实，不过是她们太小看自己而已。所以，怨谁都不如怨一怨自己。连自己都不相信自己能获得幸福的女人，别人凭什么要给你幸福呢？

世上恐怕没有多少女人是不挑剔的，但挑剔也要有个限度。喜欢挑剔的女人往往是只对别人挑剔，对自己从不苛刻，于是就成了别人眼中看什么都不顺眼的怨妇。她们不是喜欢数落家人的不是，就是硬将自己的要求强加在别人头上，如果家人不能按照她的要求来做，就横挑鼻子竖挑眼，家人的大好心情就在她们的挑剔中逐渐溜走了。既然她们不让家人痛快，家人自然也不会让她们痛快，到头来弄得家里火药味十足，鸡犬不宁。

如果你不属于以上几种女人中的某一种，那么恭喜你，怨妇的帽子似乎并不适合你。只要你能保持良好的心态，凡事看开一些，多多培养自己的爱好，丰富自己的生活内容，就能在未来的生活中与怨妇说再见。而如果你刚好拥有做怨妇的基本素质，那也没关系，怨妇的帽子可以戴一时，却不能戴一世。学会扬长避短，将自己的缺点收起来压箱底儿，偶尔还可以学学阿Q的精神胜利法。让自己多一些阳光，少一些怨气，未来的生活会慢慢变好。

怨气是拿别人的错误折磨自己，也是拿自己的错误折磨别人。抱怨得

多了，生命的光芒便暗淡了，还平白无故地将快乐拒之门外，错过了身边的小幸福。生活中有那么多事情可以做，就算安安静静地睡个午觉也好过花那么多时间去抱怨。家庭需要喜气、朝气，可以有火气、怒气，但就是不需要怨气。所以，女人可以做贵妇、悍妇，甚至是毒妇，但就是别做怨妇。不值！

别让“妻管严”成为男人的“紧箍咒”

在影院看《叶问》，当“这世界上没有怕老婆的男人，只有尊重老婆的男人”这句台词一出口，观众一片喝彩之声。男人们似乎可以借此为“妻管严”套上一件华丽的外衣。而女人们更多的是希望自己身边的男人也能好好“尊重”自己。事实上，电影中的叶问实在算不得是“妻管严”的典型代表，他有自己的尊严和地位，也有自己的主导权。而那些在婚姻生活中处处受制于老婆，唯老婆之命是从的男人，才算是响当当的传统“妻管严”。

自古至今，“妻管严”的男人在外面总是抬不起头，而女人却觉得自己能管住男人是一件很有面子的事情。所以，“妻管严”就成了女人们热衷的家庭政策，也成了令男人头痛和反感的做法。假如某天，你在大街上遇到一对夫妻，女人在前面昂首挺胸地摆架子，男人在后面小心翼翼地跟着，稍有不慎就会惹来一通教训。这样的情景是不是很难看？你会觉得那女人很威风、很令人羡慕吗？我想，凡是知书达理的女人都不会认同这样的做法吧。当然，这只是一部分稍显极端的女人才会做出来的事情。但不可否认的是，有很多女人正在通过各种各样的方式对自己的老公严加管教。

男人是要管的，这本没有什么争议。可问题在于究竟应该怎样管，管到什么样的程度才不至于令他生厌，又能维护他的面子，而不是简单地给他扣上一顶“妻管严”的帽子。真正有手段、有能力的女人，只需一个眼神就能让老公乖乖听话。如果定要给男人套上个紧箍咒，让他出尽洋相，那真是有百害而无一利的方法。所以，女人们应当摒弃那种盲目、任性甚至是暴力的“妻管严”。婚姻不仅对于女人来说不是忍受，对于男人也是同样。毫无道理、只顾发威的“妻管严”可是危害无穷的。

首先，“妻管严”容易使男人的自尊心与信心受挫。男人都爱面子，如果无缘无故地剥夺了他的那颗爱面子的进取心，那么后果就可想而知了。在自己的女人面前抬不起头的男人，也别指望他能在别人面前有信心。要知道，男人在外面打拼，靠的就是这样一口气，气没了，雄心也就没了。事业没有成果，升不了职，加不了薪，回家还得挨老婆骂，这样的日子哪个男人都过不下去。他彻底破罐子破摔，变得麻木了，那女人往后也就没多少指望了。还有的男人索性弱势到底，既然老婆愿意管，那么我就什么责任都不承担，统统交给老婆来管。恐怕这样的生活并不是多数女人想要的吧。

其次，“妻管严”会让男人变得更加油滑。人们常说，上有政策，下有对策。有心与老婆周旋的“妻管严”男人绝对是策略中的行家里手。堂堂一个大男人怎么能让老婆看死？于是他们想尽各种方法欺瞒老婆。起初或许是为了一些老婆不让做，但又不能不做的事情，甚至还会为了一时的谎话而感到对不起自己的老婆。可他们一旦发现这个方法屡试不爽，就会豁然开朗，想方设法让这顶“妻管严”的帽子变成虚空。如果真的成功，那么这类男人在外面往往更加肆无忌惮。把自家男人逼到这个份上，女人们又是何苦？

再次，“妻管严”也是诸多家庭不稳定的因素之一，或者说此类男人更容易出轨，并且出得很彻底。“有我管着他还敢做什么？”这是很多女人的

想法吧，可你能时时刻刻跟在他身边吗？别以为他没钱没地位就没其他女人喜欢，找不上美女富婆，还找不上街边的野花吗？何况，就算他不去招惹别的女人，别的女人也未必不会招惹他。这类男人相对来说更容易勾引，只要给他一些温柔似水的缠绵和做男主人的地位，他就能下定决心脱离旧生活，还会自认为这个翻身仗打得漂亮。这不是拱手将自家男人让给别的女人吗？

身为女人，时刻都不要忘记，男人之所以甘愿被“管”，并不是你有多么威严、多么可怕、多么聪明，而是因为他真的爱你，并且想要与你过安安稳稳的和谐生活。很多时候他选择退让是一种大智慧的表现，是宽容、善良的表现。如果你因此得意忘形，以为自己已经成为无所不能的家庭主宰，并且将“妻管严”当成紧箍咒一样套在男人的脑袋上，还不忘处处显示自己的本事，有理没理都要强制一番，那么婚姻中的幸福也就与你无缘了。没有男人愿意容忍不解风情、不懂事的女人，如果他的让步换来的只是一个人的威风，而不是家庭的成熟与温暖，那么他今天的失望也许就是你明天的悲伤。

洞悉男人那些“不能说的秘密”

婚姻中的女人可以容忍生活的单调与忙碌，但不能容忍自己的无知与无奈。尽管付出并不求回报，但至少我们要知道自己的付出值不值或该不该。别等到自己的付出都打了水漂，才恍然大悟。男人说女人的心深似海，可男人的心又何尝不深呢？他们容纳百川、包容万象，并且还喜欢将自己的心绪隐藏起来。女人自以为能掌握男人的动向，事实上有很多事情女人仍然被蒙在鼓里。模范老公宁愿独自扛起生活的重担，还懂得用沉默保全家庭的和睦，可偶尔会被女人当做"不诚实的人"处理掉。油腔滑调、左右逢源的男人懂得如何讨女人喜欢，但他们除了会讨自己的老婆喜欢，也会讨别的女人喜欢。碰上这样的老公，多数女人只能吃闷亏。所以，懂得算好婚姻这笔账的女人都要明白男人那些"不能说的秘密"。

秘密一：男人是喜欢说谎的动物吗？

女人们常说："宁愿相信这世上有鬼，也不要相信男人那张破嘴。"其实，除了那些随意撒谎的坏男人之外，男人的谎话通常都是有目的的。比如，在一些无伤大雅的问题上，男人不想与女人争论，他们通常会随着女人的喜好说"这件衣服挺漂亮"、"这双鞋子很适合你"之类的谎话。再比如，当他们遇到挫折、受到伤害或者诸事不顺的时候，不愿暴露自己的缺点，不愿让身边的女人担心，也不愿引发女人的胡乱猜测，就会用"我很好"、"没事"之类的谎话搪塞。这些时候，就算你一眼就能看出男人的谎话，也千万不要当场道破，甚至教训一通，这会让男人觉得自己的好心好意没有被谅解。不妨用他想要的方式来对待，这样对双方都有好处。当然，我们也不能姑息男人恶意的谎话。如果一旦发现男人隐瞒了自己的恶行，就一定要坚决地追究到底，绝不给他任何喘息的机会。

赏罚分明的女人才是真正有心计的女人，试想，女人们不也常常说点小谎吗？将心比心，就能恰当地处理男人的谎话了。

秘密二：男人的爱情也要折旧吗？

女人时常埋怨男人婚后就会一改往日的态度，失去了对自己的关心，彼此间的爱情也失去了浪漫色彩。于是便后悔自己当初没能再坚持两年，轻易就答应结婚。其实，不管两个人认识多久之后结婚，都无法改变这种

现象。不过，在埋怨男人之前，还是先听听男人是怎么解释的吧。

“结婚后，两人相处的形式和关系都发生了质的变化……而且心态也在发生变化……你们已经合而为一，成为一家人，这样的两个人在一起，关心和呵护同样存在，只是表达的方式发生了变化。再说，男人有时候也很脆弱，同样需要关心和呵护，结婚以后，男人对家庭的依赖要超过女性……结婚后的女人与年轻女孩不同，应该更加成熟，更有内涵，不要追求表面形式，更不要因为一些幼稚的想法毁了一个平稳的家。”瞧瞧，男人的说明还是挺有道理的吧。只要男人不做那些原则上的错事，女人们还是应该宽容对待，不要对细节斤斤计较。有时候，男人表现出的懒惰与不耐烦或许并不是他们已经不爱你，而是你的要求实在令他们力不从心。婚后的幸福与恋爱中的幸福到底还是有些差别的，能够及时令心智成熟起来的女人才更容易幸福。

秘密三：男人喜新却不厌旧吗？

“家中红旗不倒，外面彩旗飘飘”是许多男人的梦想。有了彩旗还要担心家中的红旗倒下，可见男人果真是喜新但不厌旧的，当然那些不讲感情的风流男人除外。在多数男人心中，结发妻子都是无可替代的存在。不要被流行的“没有拆不散的夫妻，只有不努力的小三”之类的话吓倒，就算男人身边真的有个“小三”，也是东躲西藏地掖着，生怕被人知晓。

对于男人来说，家中的红旗不倒，外面的彩旗飘得才有意义，才能证明他的本事。如果连家中的红旗都倒了，那么这个男人就会立刻沦为失败者。因而，结发妻子永远都能掌握足够的主动权，不要因为男人“喜新”就对自己失去信心，要相信自己的地位是无可取代的，这在某些情况下是非常重要的。

秘密四:男人为什么要藏私房钱?

男人藏私房钱的习惯是让众多姐妹们逼出来的，这说法可一点儿也不过分。女人打翻身仗之前,财政大权都掌握在男人手里,所以藏私房钱的是女人。可现在时代不同了,财政大权多数都给了主妇,男人的口袋里穷得叮当响,不藏私房钱,怎么活啊?

女人们秉承“男人有钱就变坏”的道理,处处防着男人手里有太多钱,可男人天生爱面子,穷极了也是会造反的。总是吃别人的,喝别人的,看似是占便宜,但日子久了就难免成了小气鬼。所以,男人该有的钱还是要有的,比如买酒的、买烟的、交际的、应酬的……区区那点小钱也成不了大气候,女人们不妨睁一只眼闭一只眼。保证了家庭积蓄,又能让男人在外面有面子,一家人高高兴兴地过,不是挺好吗?

秘密五:男人为什么喜欢外遇?

自古,男人就是一种多情而不定性的动物。现如今,外遇似乎成了一种挺时髦的做法,哪个男人在外面钓不到别的女人,还会被同性看不起。归根结底还是因为男人在爱情方面的复数倾向，他可以在爱着一个女人的同时将目光转向其他女性,并做出比较,这是天性使然。有的人懂得自控,就不会犯外遇的错误。而有的人控制不了自己,就会掉进别的女人的温柔乡。不过外遇的男人大多没有什么常性,过一段时间自己就会厌倦,而正是因为这样的不定性,使得男人们的外遇也充满了变数。

作为女人，要知道男人在情与性方面的特点，就完全不必谈外遇色变,甚至未雨绸缪,将自己搞得神经兮兮。只要留心观察、聪明应付,就完全能够杜绝或挽救,绝不会闹到不可收拾的地步。如果反应太过激烈、处理不当，弄不好还会将自己的老公拱手让人，到那时候可就真的亡羊补牢,为时已晚。

秘密六：男人也有脆弱的时候？

男人也是人，再怎么“顶天立地”也同样拥有普通的感情，也会遇到不顺心的事，也会失败。比起女人的娇滴滴，男人的脆弱有时更加不堪一击。向老婆和盘托出，怕受到责备唠叨、甚至看不起，也怕给家人带来烦恼，于是只好自己解决。解决的方式嘛，当然是轻则抽烟、喝酒、打牌，重则花钱买风情。所以，亲爱的女人们，想要看好自己的男人，不仅仅是管教那么简单，还要关心人家的情绪。如果你能在他脆弱的时候给予更多的鼓励、关心和支持，实实在在地令他感动一次，往后他会对你刮目相看的。

但是有一点很重要：因为出轨失败而失意的男人无需可怜，失意时看自己女人不顺眼的男人也无需可怜。这些尾巴没收好被门夹到的男人和一定要另找个女人才能开心的男人，还好意思失意？一脚踢出门去，一了百了。

“婆婆来了”的烦恼

“婆媳关系”绝对称得上一个千古不变的难题。几天前，在开心网看到一个投票，题目是：“如果老公家有一套复式的房子，给你和老公一层，有独立的洗手间和浴室，你愿不愿意和公公婆婆住在一起？”参与调查的几万人中，有90%以上都选择了“不愿意”。可见，婆媳关系有多么令女人头痛。多数女人对待婆婆的态度都是敬而远之，偶尔回家看看还算一团和气，愿意尝试住在一起的可谓少之又少。面对此种态度，婆婆埋怨媳妇毛病多：“当年我就是这么熬过来的，她怎么就不行？”可媳妇也有媳妇的理由:“这都什么时代了,还得像过去那样唯命是从?得了吧,惹不起,我还躲不起吗?”而男人对此也是一副无可奈何的态度:“一边是我妈,一边是我老婆,让我怎么办?”两个不肯让步的,外加一个无能的,这样的日子当然过得别扭。

然而,就算能暂时采取躲避的态度,躲得了一时也躲不了一世。再说,“80后”女人所面对的婆婆大多已经不是因循守旧的老顽固,只要处理得当,媳妇与婆婆之间的关系也能像母女那般和谐。不要总是埋怨对方,遇不到聪明的婆婆,我们不妨做个聪明的媳妇。想知道自己会不会,或者能不能成为一个聪明的好媳妇?就来看看你是否能遵守以下“戒条”。

第一条:不要和婆婆吵架,不管遇到什么事

只要不红脸,凡事好商量,而一旦红了脸吵了架,事情可就不是那么简单了。就算婆婆有诸多缺点和错处,可她毕竟是长辈。想想小时候你妈妈是不是也常常有错处?难道你还会和妈妈脸红脖子粗吗?好吧,就算你真的和妈妈吵过架,可妈妈绝不会怀恨在心,也不会鄙视你没有家教。你终究是她亲生的女儿,她舍不得埋怨你。不过婆婆就不同了,没有血缘关系又有年龄差距的两个人原本就很难互相理解,如果作为晚辈的我们再不让着点儿,于情于理都有些说不过去。家和万事兴,和长辈吵架的事儿可不是新时代的淑女们该做的啊。

第二条:不要在老公面前说婆婆的坏话

如果老公总是在你面前说你妈妈的坏话,你会不会暴跳如雷、火冒三丈?将心比心,你在老公面前说婆婆的坏话,根本得不到一点儿好处,弄不好还会落得个拨弄是非的罪名。如果婆婆真的处处刁难与刻薄,不妨让老公亲眼见识一下。如果他对你的遭遇置若罔闻,那甭客气,有什么怨气尽管撒在他身上,这样的老公不给他气受实在是太便宜他了。

第三条：别在外人面前说婆婆的坏话，尤其是既认识你也认识婆婆的人

你可以在网络上发泄，也可以和闺密抱怨，但就是别像祥林嫂那样见人就说。要明白“坏事传千里”的道理，还要知道天底下就有那么些人喜欢看别人家的笑话。所以如果你的话说给那些不该说的人，也许转天就会添油加醋地传进婆婆的耳朵里。然后你就成了背后说长辈坏话的不孝媳妇，人人皆可鄙视。仅为了一时的牢骚，换来这样的结果，可真是不值。聪明的女人只会在外人面前说婆婆的好，如果刚好碰到婆婆在人家面前说了你的坏话，那效果可真是太好了。婆婆对你不满，你却以德报怨，谁对谁错还不是一目了然？从此之后人家就会看轻婆婆，并且不会再相信她的话了。

第四条：如果与婆婆同住，不要动不动就“离家出走”

打包回娘家或者去朋友家，就像战场上逃离的士兵，后果可并不像你想象中那样解气。如果婆婆一气之下“命”你别再回来了，或者老公想显示自己的大男人气概，对你说下如此重话，那你是走还是不走呢？不走无疑等于认输，以后的日子恐怕就会不好过。而不管不顾地走掉，后面的事情也很难处理，弄不好还会走向极端。要知道，你离开之后，什么都是婆婆说了算，即使老公不是耳根软的人，也很难禁得起婆婆的撺掇。所以不能轻易放弃坚守的阵地，实在不行拖着行李出去旅行，还能潇洒走一回呢。

第五条：不要染上“迫害妄想症”

如果你属于心思过于敏感的女人，那就千万要注意了，不要太在意生活中一些关于自己的事情，也不要将鸡毛蒜皮的小矛盾扩大化。有的女人在紧张的环境下生活，内心会生出本能的防御意识。如此一来，有些正常的小摩擦也被当成有意针对她的举动，于是自己越想越生气，越想越委屈，就成了旁人眼中的“小心眼儿”。这种想法绝对是有百害而无一利的，既加剧了矛盾,又让自己心情抑郁。不如学会大方、潇洒地处理问题,面对那些对自己不利的事情,一笑而过就可以了。除非是正面的人身攻击或人格侮辱,其他时候装装傻倒也不错。人们不是常说"傻人有傻福"吗?

第六条:适当地展示一下自己的火暴脾气

老虎不发威,当我是病猫?!不行,这怎么可以?谁没有气得忍无可忍的时候,谁没有发脾气的时候?抓一个家人之外的倒霉鬼狠狠地发一通火,让婆婆知道你也不是没脾气的人,平日里只是出于对她老人家的尊重忍之又忍,可一旦忍无可忍的时候就会爆发。当然,如果婆婆并不是那种不讲理的老太太,你就没必要故意显示自己的脾气。

第七条:学会无视婆婆的唠叨

上了年纪的人难免会有唠叨的习惯,不只是婆婆,自己的妈妈也会唠叨。但很多时候,婆婆的唠叨在媳妇的耳朵里就变了味道。因为媳妇们听到婆婆唠叨的时候总觉得她是针对自己,殊不知她或许是在唠叨自己的老头子或者小姑子或者其他什么老对头。只要她没有一定要你认真听着的意思,你就完全可以当做什么也没听见,就当她在与身边的另一个人说话。不要觉得这样做会显得不尊重对方,很多时候唠叨只是一种发泄,对方不会在乎倾听对象是你还是一张桌子。如果婆婆的唠叨是源于你的习惯或某种做法,你也只要静静地做出听着的姿态就可以。"左耳朵进,右耳朵出"的功夫每个人多少都会一点儿,这时候就该施展一下。听完之后去做点儿自己喜欢的事情,心情一会儿就会好起来了。

第八条:对婆婆不要太过吝啬

不管你看婆婆多么不顺眼,她都是你老公生命中最重要的人,多年来把儿子养大的辛苦相信你也能够理解。现在她升级做了婆婆,也应该享受一下生活。自己买东西的时候顺便给婆婆捎上点什么,她就会很开心、很满意了。尽管嘴上免不了说你多花钱，但心情绝对是不同的。很多时候，长辈们等待的就是儿女的一份心意，至于东西的贵贱根本就不在考虑范围之内。而作为儿女的我们，难道连一点小礼物都不愿付出吗？

第九条：不要算计婆家的财产

不管你老公是不是独生子，婆家的财产都不用你操心。公婆自有公婆的想法，他们愿意出钱帮助儿子，是你沾了老公的光。如果不愿意，也无可厚非。自家有自家的收入，安安稳稳地过好自己的日子就行了。说白了，是你的怎么也跑不了，不是你的再争也是徒劳。不如给公婆留下几分好印象，往后没准儿还能有点惊喜。

第十条：假使老公条件不如你，不要摆出高人一等的模样

也许你在嫁人之前是不计较老公的家庭条件的，那么在嫁人之后就更没必要因自己的条件比对方好一些，就显出高人一等的样子。进了这个家的门，你也就是这个家的人了，在你鄙视其他家庭成员的时候，是不是连自己也一块儿鄙视了？此类媳妇可以说是最没有头脑的女人，既然你认为自己很高贵，怎么不找个高贵的人嫁？既然你没能找个高贵的人嫁，就说明你还知道自己并没有优秀到那种程度。看低别人的人，自己也好不到哪儿去。不是一家人，不进一家门；进了一家门，就要一视同仁。

总之，婆媳关系是一门学问，但并不深奥。对于多数媳妇来说，它不过是面前的一个纸老虎而已。她既然愿意把儿子给了你，就说明她对你是初步认可的。只要在婚姻生活中把握好一些生活中的小事，就完全可以与婆婆和平共处，甚至还能亲密无间。而对于少部分尖酸刻薄的婆婆也不必害怕，多动动脑筋，就能以智取胜。

当出轨成为一种时尚

据说每九个家庭中，就会有一个家庭正在遭遇第三者，而还有越来越多的女人以做“小三”为傲。这的确是个疯狂的时代，疯狂到出轨已经成了一种时尚，以致很多女人都对此采取默认的态度。虽然这样做能暂时保全彼此的面子，可眼看自己的地位一点点地被别的女人蚕食，当然不能无动于衷。所以，默认不等于默许，随时做好反击的准备才是上策。

男人们通常会将出轨的类型分为：肉体出轨、感情出轨、肉体和感情一并出轨。不过，聪明的女人是不会相信这些文字游戏的。不管是肉体出轨还是感情出轨，不过是先迈哪只脚的无聊问题，结果都是大同小异。所以我们无需理会男人的辩解，先要明白“婚外情”的几种类型：风流成性、露水情缘、感情投入和长期关系。

前两种基本属于“风流韵事”之类的破事儿，男人们不断地变换风流对象，只是为了满足某时某刻的激情或者在同性面前显示一下自己的魅力。他们将情与性分得很清楚，不会与外面的女人讲情分。这种不涉及感情投入的激情总会随着时间的流逝慢慢消失，但这种男人往往死皮赖脸地认为偶尔的出轨不是什么大事。后两种显然就比较麻烦，他们对第二个女人的投入既有金钱又有感情，而且不会比第一个少，甚至有过之而无不及。这种出轨行为多半会影响到家庭的和睦，所以主妇们绝不能坐视不理。不过，再怎么怒火中烧，也不要乱了方寸。疯狂吵闹、砸烂东西、破口大骂等举动还是要好好控制，不然不仅会做出不冷静的事，还容易在相当长

的一段时间里产生变态心理。

控制情绪的方法可以有很多种，诸如：音乐、运动、思考、分散注意力等等，只要是能够让自己平静下来的方法都可以尝试。只有让心绪平静下来，才能充分运用自己的头脑，才有可能在未来用恰当的方式击败潜在的对手。但同时需要注意，不要在平静中渐渐陷入沉郁。如果整日浑浑噩噩地过日子，丧失了对生活的兴趣和激情，那只是用别人的错误来惩罚自己的愚蠢举动。

调整好心态之后，就可以准备打响反击战了。但是在筹备之前，我们先要了解哪种战斗方式是不可取的，免得让别人看轻你。

1. 不要诋毁对方

也许有人会说，我都被他欺负到这份儿上，还不能说他的坏话吗？简直是没有天理了。可你要知道，诋毁是最没有本事的泼妇才会选择的手段。就算他周围的人都知道受害者是你，你的泼妇行径还是很容易就会让别人对你的同情心荡然无存。试想一下，如果我们身边常常出现一个到处谩骂、撒泼的神经质女人，你对她的可怜之情是不是会大打折扣呢？戴了绿头巾的女人也得有自己的范儿，你越是显得高贵，别人就会越尊重你，同时狠狠地鄙视那个没有眼光的男人。

2. 不要一哭二闹三上吊

这都已经是什么时代了，还会有如此女人吗？答案绝对是肯定的。新闻八卦里几乎每天都有某某女人为情自杀之类的消息，当然哭闹更是不在话下。于是，好好的一个优雅女人成了别人茶余饭后的谈资与嘲笑的对象。多划不来啊！犯得着吗？耗费了宝贵的体力和精力，到头来还落个怨妇的恶名。男人岂不是更有理由出轨吗？

3. 不要与他的新恋人面对面

变心的是自己的老公，与别人无关。就算是那个“小三”勾引了你老公，你也没必要出现在她面前。这样做只会让“小三”觉得你抓不住自己老公，反倒想来说服她。于是她越发起劲儿，想要和你拼一拼。这种情况下你胜算不大倒还是次要，万一被老公或熟人看到“小三”在你面前耀武扬威，那面子可就丢大了。“小三”可以不要脸，你总不能不要吧。

4. 不要干涉他的私生活

跟踪、打骚扰电话，甚至突然出现，破坏他的工作或生活，这种鬼魅般的报复手段千万不要施展。这与恶意的诋毁没什么两样，到头来吃亏的都是你自己。

5. 不要采用暴力

现如今女人也不再是弱不禁风的了，暴力也成了女人的报复手段之一。你可以狠狠地给他几个大嘴巴，但太过分的事儿还是免了吧。心智正常的人是不会做那种出格的事的，比如同归于尽。

6. 不要吃回头草

这是最重要的一点，不然前面的诸多功夫就白费了，而且还会让你陷入更深的痛苦。不要相信男人的鬼话，没有哪个惯犯会突然变成正人君子，别侮辱了自己那颗善良的心。

冷静与睿智帮你打赢“老公保卫战”

既然遇到“小三”，反击当然是必要的。不要以为男人会感激你的沉默与宽容，置之不理只是放纵那两个人的胡作非为。也不要担心最终会失败，虽然决定权在男人手里，但不反击就失去了女人应有的尊严，也失去了正牌夫人的主动权。不必将胜败看得太重，气节与精神才是万万不可丢的。不过，反击并不是盲目的战斗，而是需要冷静与睿智的头脑，匹夫之勇派不上任何用场，以智取胜才是上策。

古人说：“知己知彼，百战不殆。”想要切实打击“小三”，就要事先侦查好敌情，要先清楚那张脸，继而搞清楚那张脸背后的想法。茫茫“小三”海，充斥着各种各样的“小三”，有的恶毒，有的轻贱，有的隐匿，开战之前我们要先来看看到底都有哪些类型的“小三”。

从动机方面来看，“小三”可以分为：横抢型与消费型。前者明抢豪夺，毫不含糊，即使抢不着人，抢点儿财也不错。这样的“小三”可谓穷凶极恶，所以你难免要吃点儿亏，想要全身而退实在不是件容易的事。后者大多只是在寂寞的时候用一下你家男人，没有要据为己有的意思。她们不求财，也不要名分，也就更容易与男人长久地保持这种地下关系。

从功能方面来看，“小三”可以分为商务型与知己型。前者通常是因工作关系而产生的，所以多出在商务男士的身上。她可能就在你家男人周围，也可能是在他常常出差的某个城市。这类“小三”通常有独立的生活，对家庭的杀伤力并不大，但也难根除。后者就比较讨厌了，她们披着所谓“知心”

的外衣，迷得男人神魂颠倒，总觉得这辈子相见恨晚，错过了一段大好姻缘。这类“小三”即使失败了，也会在男人心里留下一段尴尬的伤疤。

从下手方式来看，小三儿可以分为主动型、被动型、倾情型、倒贴型。第一种与第四种倒还算比较容易处理，送上门的女人，男人多半都不会珍惜，只要策略得当，想赢也不是什么难事。而第二种和第三种就比较麻烦，你家男人对人家动了心，那结果可就不怎么乐观了。

从级别来看，“小三”分为青春型、成熟型和精英型。青春型的“小三”有年轻的资本，当然也没定性，要么是男人往她们身上贴，要么是她们想傍个钱包满足自己的虚荣心。这类“小三”看上的大多不是男人，而是激情和金钱，只要男人肯罢手，她们多半不会纠缠。相反，成熟型的“小三”有丰富的感情经历，知道自己想要什么，也知道男人想要什么。她们有与男人过下半辈子的资本，如果她们愿意并且努力，成功的几率还是比较高的。最后一种可谓“小三”中的“佼佼者”，她们孤高、清高，却有吸引男人的魅力。表面上她们从不抢人家的老公，但有送上门的男人，她们也是来者不拒。所以她们抢不走你的男人，却能把你的生活搅和得一团糟。

面对这些形形色色的“小三”，亲爱的姐妹们要如何应对呢？胡打胡闹绝对是行不通的，以毒攻毒式的报复只会让他更加心安理得，只有正确的方法才能让你在激烈的战事中掌握先机。

首先，你可以打一打亲情牌。如果你与老公的家人相处特别融洽且十分讨喜，那么这种方式更是最佳选择。但即使你手中有充足的证据，也不要直接跑去宣扬或痛骂，这样也许会让他受到长辈们的责骂，却会丢了他的面子。不到万不得已的时候还是不要撕破脸皮，可以在他出去约会的时候想办法找出各种紧急理由，显出慌乱的样子给他打电话。如果他回家，你要让他看到一幅惨不忍睹的画面，或许他就会良心发现。如果你的男人

已经到了出门不接电话，甚至是关机的地步，那就不需要再费脑筋了。

其次，适当地毁一毁“小三”的形象。情人眼里出西施，出轨的老公眼中大多是“小三”的好处和老婆的缺点。要让他知道“小三”也是缺点多多，与你相比有过之而无不及，这样不仅打击了“小三”的气焰，也会消耗男人的热情。比如，找朋友帮帮忙，引诱一下“小三”。或者拍一些不太雅观的画面，让老公在“无意间”看到。假如“小三”嚣张地找上门，或者在路边遇到并起冲突，那么一定要作为弱势的一方“败下阵来”，最好还是伤痕累累，之后来个“恶人先告状”。当然，这些毁人的理由可以夸大，但绝不能无中生有。

再次，好好对待你的男人。就算你已经对这个男人没有信心，反击期间也要像春风般温柔地对待他。给他足够的时间和空间，不要惹他生气，让他丢面子，一切都等到他回心转意之后再算账。不要做那种把男人推给“小三”的便宜事，天下没有免费的午餐，想做“小三”就要让她付出更大的代价。

战斗是轰轰烈烈地打起来了，但是有一点千万别忘了，那就是防守。一路打打杀杀向前冲的人通常很快就会倒下，我们不能在没有冲垮敌营之前先做了亡魂。先守后攻，边攻边守才是聪明女人的选择。每天该工作就工作，该休息就休息，该娱乐就娱乐，切不可苦了自己。不要将“小三”当成天大的事儿，你越拿她当回事，她越拿自己当回事儿，反而会斗志昂扬地和你争。聪明的女人懂得在保住男人之前，先保住自己。

挽不回的心不值得留恋

胜败乃兵家常事，尽管我们都想在这场与“小三”的战争中获得胜利，但失败也不是一种不能接受的结果，这只能说明你当初的确看错了这个男人。错买了一件衣服注定要压箱底，嫁错了男人也早晚都要离开。要知道，离开并不代表你的后半生没有依靠，相反，这对你来说是实实在在的解脱。人非圣贤，孰能无过？虽然纠正这个错误的代价大了点儿，但有生之年尽早纠正也是件好事情。所以，如果你确定自己已经无法挽回那个男人的心，没关系，做好撤退的准备，不值得留恋的感情还是潇洒地结束吧。

“三十六计走为上计”，但“走”也有“走”的门道和方法，并不是一味败退或逃跑。我们在准备撤退的时候也要做好充分的准备，要走得有尊严、有面子。要让别人认为是你已经不稀罕这个花心、不负责任的男人，而不是这个男人和“小三”赢得胜利。

分手第一步：放弃感情，不要再对这个让你身心疲惫的男人抱有任何幻想

在你为他吃了那么多苦，受了那么多伤害的时候，他还不肯回头，这样的男人已经不值得去爱。不管你过去怎样爱他，那都已经是完完全全的过去式。不要对他还抱有任何幻想，哪怕他说了很多甜言蜜语，都可以把它们当成是他对客户或别的什么人说的“场面话”，相信我，他绝不会有半点真心。假如他有真心，也不会把你逼到这个份儿上。如果他摆出一副高高在上的蔑视姿态，那你更无须表露感情。给他一张冷脸，让他明白，没有

他你会过得更好、更精彩。

分手第二步：尽量多为自己争取补偿，争取不到的时候也不能便宜了后来人

有的男人心存愧疚，会尽可能用财产弥补你的损失和伤害。这时候，不要不好意思，能要多少就要多少吧。要相信，你过去多年的青春加上这次的宽容让步是无价之宝，决不能便宜了别人。

有的男人不仅不会因此而愧疚，甚至还会在“小三”的鼓动下，什么都不留给你，或者与你争一争财产。遇到这种男人，你首先要感谢“小三”让你彻底看清自己当初的错误。然后，好好地计划一下自己手中的财富，该转移的时候转移，该出招的时候出招，该阴险的时候阴险，不要有任何宽容之心。最好能收集一些对方出轨的有力证据，以备不时之需。

分手第三步：学会祝福才能战胜自己。

当你狠狠地打击报复别人的时候，自己的内心也会产生黑暗面。既然决定离开，又怎么能让自己面目狰狞呢？学会祝福对方，也是为自己迎来阳光。因为在祝福别人的时候，自己心里的结已经解开，过去的那些不愉快都安然释怀，这样不是很好吗？分手真的没什么大不了。

有头脑的女人懂得如何在婚姻中为自己赢得尊重，并时刻保持自己的优雅与魅力。幸福有很多种，离别也是其中的一种。只要你还是你，只要你的脸上仍然有温暖的笑容，那么你就是幸福的。凡事心存几分豁达，不管遇到什么事都能迎刃而解，也就够了。

女人的理财优势

可以不赚钱，不能不理财

金融危机爆发之后，很多人的钱包缩水，钱"也就再次成为了人们关注的话题。而对于作为消费主体的女人，如何管好自己及家庭的"钱包"是至关重要的。不懂理财的女人可以在一夜之间花光家庭半个月的收入，而懂得理财的女人却能在个人和家庭收入减少的时期维持原有的生活质量。所以，想过上好日子的女人可以不赚钱，但是要拥有一手家庭理财的绝活。

女人们都该有自己的“金算盘”

记得小时候我们常做一类数学题，即一个容器中有一个进水管、一个排水管，题目给出进水的数据和排水的数据，让我们计算多长时间之后容器会装满，或者多长时间之后容器中的水会全部流掉。于是，我们明白了一个最简单的道理：如果进水的速度大于排水的速度，那么容器终将会被装满。而如果排水的速度大于进水的速度，那么容器中的水终将会全部流失。亲爱的姐妹们，你们是否运用同样的道理计算过自己每日、每月、每年的收入和支出呢？在学会家庭理财之前，这是我们首先需要想到的事情。而接下来，我们就需要考虑如何能够让“进”远远大于“出”。

别以为记账是一件很老土的事情，别在意那些埋怨你精于算计的人，谁不想拥有更多的财富和更好的生活呢？没准儿你还在为自己是“月光”感到骄傲的时候，别人早就开始研究如何节约、如何理财了。而某天，当你忽然发现房贷又涨了，爸妈的医疗费还在逐渐增加，老公又要添一部新车子……这些花费是不是令人很头痛？如果没有足够的积蓄，如果没有恰当的理财方法，哪来这么多钱供我们随心所欲地生活？所以，乖乖地拿起“金算盘”吧，看看我们能为自己的未来“算计”些什么。

1. 学习投资知识

不要以为投资知识只是专业人士用来混饭吃的工具，普通人要想在投资中赢得可观的利润，也需要具备大量的投资知识。多读一些书，了解基本的投资渠道与方法，还可以通过诸多模拟投资网站锻炼一下实际操

作经验和能力。不管目前你是否有足够的闲散资金用来投资，适当的学习和练习总是必要的。

2. 养成积累的好习惯

不要小看金钱的储备，它是完成资本的原始积累中最直接的方式。手中最少要留出三至四个月的家庭收入，一部分作为随手使用的现金，另一部分可以进行小额的投资或者储蓄，但周期不要太长。尽管此时你通过投资赚到的钱可能十分有限，但这些积蓄会使你在失业、生病、修理房子、购买电器等需要大笔日常支出的时候，做到心定神闲。

3. 果断地选择高收益投资项目

尽管现在的女人已经不会像老太太那样只相信银行的储蓄业务，可风险还是常常会阻碍女人们的投资选择。“万一赔钱怎么办?”这样的想法在脑海中挥之不去，也就迟迟不能做出有效的决断。可是，没有风险哪来收益呢? 既然天上不会掉馅饼，我们就该明白风险与收益并存的道理。当然，我们要在可承受的范围之内选择高回报的项目，而不是盲目地背上风险的包袱。

4. 必要的时候，选择专业的投资顾问公司

市面上充斥着形形色色的投资顾问公司，其中不乏冒牌货。于是，有些女人便患上了恐惧症，觉得专业投资顾问就像保险公司的业务员一样不可靠。其实，我们不能因为某些冒牌货，就一概否定所有的顾问公司。如果你觉得自己的操作能力还不够，不妨选择合适的投资公司，请专业人士帮帮忙，这样总比凭借自己的想象投资，一赔再赔要好一些。

5. 寻找合适的第二职业

在这个白领都会去摆地摊的时代，第二职业实在不是一件新鲜事。网店、业余写手、家庭教师、手工制作等等，都是女人们开辟第二职业的不错选择。八小时工作之外，抽出一些散步、逛街、吃喝玩乐的时间做一些能赚钱的买卖，对每个月的家庭开销是很不错的补充。

6. 不要盲目地跟风和投机

如果你不是专业人士，又没有内幕消息，还是老老实实地随大流，安安稳稳地赚自己应得的钱。投机可不是一件轻松愉快的事儿，更不是寻找紧张刺激的好游戏。不想品尝一夜之间血本无归的痛苦，就不要自作聪明地选择投机。投机是富豪才玩得起的游戏，因为人家赚得起，也赔得起。

“金算盘”是每个懂生活的女人都少不了的看家本事，不要以为自己还年轻，可以潇洒地赚了钱就花，花光了再赚。甚至有人信奉“会花钱的人才会赚钱”的说法，只要手里有钱，一定要花个痛快。可一旦遇到需要用钱的紧急事件，只好厚着脸皮东凑西借，好不尴尬。“天有不测风云，人有旦夕祸福。”人生之路多坎坷，没有人能走得一帆风顺。不如早早地拿起“金算盘”，为自己与家人的未来做好长远的打算。日子久了你就会发现，打算盘有打算盘的乐趣，并且这样的乐趣还能保持得更长久。相比那些昙花一现的挥霍之乐，打算盘则是细水长流之乐，究竟哪个划算？不难判断吧。

改掉“冲动消费”的习惯，不做擅长“血拼”的冤大头

女人可以擅长装扮，可以擅长沟通，也可以擅长打理家务，但就是别擅长“血拼”。很多人从学创业的第一天起，就开始学习如何赚女人的钱。可见，女人口袋里的钱在商家的眼中是多么大的一块肥肉。心情好了要败，心情不好也要败，女人们总是能为自己找到一大堆败家的理由。任凭

自己手中的钱像沙子一样无声无息地流走，还为此而沾沾自喜。今天和同事说说自己买了些什么，明天又和朋友讲讲前几天玩了些什么，好像败家也是一件很有面子的事。可是女人们要知道，尽管别人喜欢看你华丽的穿着打扮，喜欢和你一起吃喝玩乐，但精明的男人不会愿意与一个败家女一起生活，精明的朋友也不会愿意和你一起无休止地“血拼”。到头来，你只能成为别人眼中的冤大头。

中国人的传统是“男主外，女主内”，家庭理财往往以女人为主。如果主妇们连自己的钱包都无法掌控，又怎么能管理好家庭财富呢？更有甚者，花光自己的钱不算，还要搭上老公的薪水或父母的积蓄，当真是一副“血拼有理，败家无敌”的架势。

还有一种女人，表面上喜欢精打细算地过日子，一分一毫都计算得很清楚、很明白。可一遇到某些诱惑，就按捺不住购买的欲望，逛一趟街下来，钱包就被众多吸引人的折扣、积分、礼券等促销形式掏空，还觉得自己占了莫大的便宜。我的一位朋友就是如此，天天喊着要节约，买东西也学会货比三家，懂得算计品质与价格，然而每个月她的消费还是居高不下。按照她自己的话说，我也不知道那些钱究竟都花到哪儿去了。其实，她只要留心一下家里的储藏室就明白了。结婚还不到两年，原本空空的储藏室里就堆满了各式各样没有用的东西。某天，她先生无意间打开储藏室，大吃一惊，简直不敢相信自己的眼睛。面对先生的质问，她也自知理亏，只得推说自己往后会改掉这样的习惯。

无论怎样精明的理财，在血拼面前都会显得无力，即使你每个月的投资都在赚钱，很可能几笔开销就让投资收入消耗殆尽。想想自己辛辛苦苦赚来的钱就这样被随手花掉，你会甘心吗？要想使自己的劳动更有价值，要想成为会理财的女人，首先就要管好自己的钱袋子。为此，我们要时刻留意，避免成为以下几项理财大忌的牺牲品。

第一，要改掉爱买打折货的习惯，不要轻易掉进商家的陷阱。

“原价×××，现价×××”、“现购买×××产品赠×倍积分”、“×周年店庆，所有商品一律五折”，诸如此类的促销广告铺天盖地。遥想多年前，所谓反季节销售、断码销售、赠送购物券等促销活动十分流行，也被认做女人节约的好办法。而今，这些活动又有多少是真实的呢？我们留意一下就不难发现，各种各样的促销活动几乎每月、每天都在进行，商家总能找到各种理由进行促销。其实，多数情况下他们不过是更换了销售的方式而已，商品的价格没有根本的改变。比如，一件衣服标价一千块，而后以半价的折扣卖给消费者。事实上并不是商家打了对折，而是把衣服的标价从五百元提高到一千元而已。反正商品的定价是厂家说了算，他们在吊牌上标价多少本就是自由的。正因如此，当季的正价商品没有人问津，商家从不担心，过几天换一换销售方式就能在过季前卖个精光，利润一点也不少赚。可怜那些小女人们疯狂地一件一件买回家，自以为占了大便宜。

所以，对于女人们来说，在买东西之前一定要清楚自己是不是真的需要，以及商品是不是真的物有所值。比如，某家专卖店的衣服是你很早就看好的，一直因价格过高没有出手，等到换季折扣的时候，如果它还在，就可以考虑把它买回来。但是在购买之前你要想好，自己是不是真的会穿着它去上班，有没有合适的鞋子或者包包与之搭配，如果为了一件打折的衣服，再买鞋子和包包，那就太不划算了。再比如，一双原本标价八百元的鞋子，现在只要四百元，很诱人对吧？可它不过是一双普通的帆布麻底凉鞋，小店里同款的价格不会超过一百元。你是要花四百元买个向别人显摆的机会，还是花一百元买个开心、买个实惠呢？我想，聪明的女人是不会做那种赔钱赚吆喝的买卖的。

第二，不要无端地与人攀比

虚荣心是每个女人都会有的，比不上其他人，也一定要与自己圈子里的人攀比一番。穿的要比人家前卫，吃的要比人家讲究，用的要比人家高档。这种不服输的性格如果用在工作上，倒还能升升职、加加薪，用来与人攀比，就只能让自己平白无故多撒钱而已。怪不得许多商家的广告都说自己的产品是“最流行、最时尚、最前卫、最能体现女人品位”的，好像只要你买了他的产品，就成了世界上最光彩照人的女人。其实，消费者自己也明白，这些都只是无稽之谈。可偏偏还是有那么多女人愿意自欺欺人，在追逐潮流方面绝不落后。

某些白领之间会形成一个关注时尚的小圈子，尽管大家一起逛街购物，却还是会在暗中攀比竞争。今天谁穿了法国品牌的服饰，拎了法国品牌的皮包，明天肯定有其他人穿意大利品牌的服饰，拎意大利品牌的皮包，等到第三天再有其他人加入，那些法国和意大利的产品就要面临被压箱底的命运。如此一来，就算拥有再高的薪水，也难免会被掏空钱包。偷笑的不过是众多品牌专卖店的老板而已。然而，这样的攀比究竟有什么意义呢？就算你赢得了身边的几个女人，又能怎样？假如你明知道“天外有天，人外有人”，还是管不住自己那颗爱慕虚荣的心，那只能说你在与自己的较量中败给了自己。

第三，不要轻易相信朋友的推荐和介绍

女人在花钱的时候有个习惯，不仅要自己花得痛快，还要将自己喜欢的东西与姐妹们分享。所以，女人们在逛街购物或者吃喝玩乐的时候，常常在身边朋友的劝说下多花钱。比如，你在精品店看上一款发卡，但并非是自己需要的，只是觉得喜欢。这时，旁边的小姐妹们便说些好听的话，劝你将它买下来。也许别人只是投其所好，不想你因错过它而失望，可如果你买下了它，很可能也是放进首饰盒里当摆设。再比如，同事在办公室里介绍一家新开的健身房，可其他人都已经有健身卡，只有你没有。于是，她就将目标转向了你，其他同事也来帮忙，也许坚持不了多久，那位同事就会成为你进入那家健身房的介绍人，可能还会有折扣。但你实在抽不出太多时间去运动，又或者它距离你家也比较远，那么这张卡的未来就只能是躺在你的钱包里睡大觉。

可花可不花的钱，在很多情况下就是这样花出去的。还有的女人由于家庭条件优越，身边更是聚集了不少喜欢“帮忙”的小姐妹，名牌服装、化妆品、珠宝、首饰、古董，见什么劝什么，她也就欣然接受，见什么买什么，还觉得自己很有品位。可背地里，别人只会评价说她没有眼光、没有头脑，只懂做冤大头。

朋友之间互相介绍或交流购物方面的心得体会是一件很平常的事，适当参考朋友们的意见无可厚非，但不要跟着别人的意见走，这只能证明你没有主见。懂得理财的女人是绝不会犯下这种错误的。

女人进行财富积累，从懂得生活开始

我们运用自己的头脑和能力，通过工作或其他方式赚钱。同时，我们用这些钱来维持自己想要的生活。但如果赚到的钱与维持生活所用的钱对等，那么我们便会成为传说中的“月光族”。几天前，我还看到有位小姐在网络中大谈“绝不理财”。她说：“我即使成了房奴，也没觉得自己欠了多少债，尽管收入有所减少，但依然买名牌衣服，去健身房锻炼，去美容院美

容，上班懒得等车就坐出租车。反正我不理财，消费都要那么理性就降低了生活质量，失去了消费的快感，花光了大不了就不花呗，别透支就行了。”那么，我想问的是，如果花光了又遇到非花不可的情况呢？不透支，你拿什么去花？谁敢保证你在花光了所有的钱之后，就一定能顺利地等到发薪水的那天？

其实，拥有这样想法的女人并不少见，因为有很多人支持这位小姐的说法。但女人们是否想过，如果一味地乱花钱才能让你觉得有生活质量，才能享受消费的快感，只能说明你不懂生活，并且对于财富的认识还停留在十分肤浅的阶段。你手中的钱就像小孩子口袋里的零花钱，如果不花掉总觉得亏欠自己点什么。而真正懂得生活、懂得财富意义的女人不会有这样的想法，她们明白，适当的节约并不是亏欠自己，而是更加尊重自己的劳动，为自己今后的幸福着想。而那些所谓的快感不过是虚幻的快乐，很快就会消失殆尽。

积累财富与享受生活并不冲突，只要我们对生活的方方面面做好恰当的安排，就能在不降低生活品质的前提下积累更多的财富。一起来看看哪些生活细节会影响你的财富指数吧。

1. 家居

浪漫而温馨的家居装饰是许多女人的向往，因而女人们会不断地添置新的家具或装饰品，来装点自己的房子。不过，“只进不出”可不是个好选择，与其让房子显得越来越拥挤，不如适当地更换一些家具或者装饰品，果断地将老旧的东西转移到旧货市场。要知道，适时地更换一张床或掉了颜色的橱柜，要比购买那些零零碎碎的小东西更重要。而且，在更新换代的同时，也会让你对钱包有某种危机感，可以在短期内遏制某些其他的消费欲望。挥霍和讲求生活品质并不是一回事，我们要在学会讲求品质的同时摒弃挥霍的习惯。

2. 购物

就算你不是个爱好“血拼”的女人，也要学会一些购物技巧。该节约的时候节约，该花钱的时候花钱，不要走向“血拼”的另一个极端——吝啬。我们不能被那些可能一辈子也用不到一两次的东西诱惑，也不能为了几毛钱与菜贩子或小店主争论不休。学会有计划、有节制地购物，而不是为了高级品牌店的VIP卡和别人羡慕的眼光而购买，否则就会被品牌商的花招击中。

3. 学业

据说，文科生永远不如理科生会赚钱，她们的时间都耗费在风花雪月的浪漫中，而理科生则早早地就在考虑个人生计，更愿意脚踏实地为自己工作。这种说法也许挺有道理，如果你以前刚好是文科生，并且喜欢轻信小说中的某些说法，那么最好还是尽早抽离非现实的状态。我们不能按照那些偶像剧的模式过日子，因为我们既没有显赫的家世，也没有遇到王子。不如适当地做出改变，凡事无绝对，谁说文科生就不会赚钱？

4. 工作习惯

听说过工作习惯也可以帮你节约大量时间和金钱吗？这种理论听上去有点不可思议，但它确实很有道理。如果我们可以将工作打理得井井有条，给老板留下细心、能干的好印象，那么下次的加薪名单上很可能就会有你的名字。而且，忙碌的工作使得你无暇与同事们闲聊，也就不会被她们推荐的各式消费方式所吸引。除此之外，切记不要轻易向周围的人炫耀你的客户，不然你的客户很可能就会在某天被别人挖走。良好的工作习惯是赚钱的有效保障，当然也是财富积累过程中的重要一环。

5. 交通工具

或许你早已经对拥挤不堪的公共汽车感到厌倦，可出租车与私家车遭遇的塞车状况也日益严重。根据自己的情况做出适当的选择和安排是非常必要的。选择地铁或多条线路的公共汽车未必会比出租车和私家车慢，怎样节省上班路上的时间，又不承担迟到的风险才是关键。另外，在出差时要学会选择航空公司和机票，选择同一家航空公司不仅有可观的折扣，还会积累机票或住宿等赠品。而在低于四小时的飞行中，商务舱与经济舱的差别其实并不大，适当选择便宜的舱位不失为一种明智之举。

6. 社交场合

你是否会为晚礼服、珠宝首饰、高级皮包等服饰用品花费大量的金钱？既需要经常更新换代，又要为大笔的费用而头痛，那就考虑一下经营此类商品的出租小店吧。不要顾及面子的问题，你不是明星，也不是富豪的千金小姐，没有人会在意你的礼服或珠宝是不是世界顶级的名品，因为其他人也同样不具备拥有豪华晚装的实力。而由于你装扮的多变，没准儿其他人还会用羡慕的眼光看你。当然，一两双高级的晚装鞋子还是必须购买的。

7. 娱乐休闲

辛苦工作之余，我们需要花一些时间来放松心情或发泄情绪，但花钱绝对不是好途径。因为用钱买来的快乐不仅很快就会烟消云散，还会让你在过后摸着干瘪的钱包后悔，从而增添新的烦恼。偶尔去电影院浪漫一下是不错的选择，你可以使用购物券、会员卡之类的优惠方式降低成本，但逢片必看的习惯也会耗费不少零花钱。在网络如此发达的时代，还是多多利用网络的优势吧。至于 KTV、聚餐等形式的活动，人越多越划算，当然前提是 AA 制，否则还是多选择几次 Home party，做个热情好客的女主人。

8. 美容

有句广告语告诉我们："人靠衣装，美靠靓妆。"爱美的女人永远都是最大方的女人，可以毫不犹豫地为了一套化妆品花光半个月的薪水，尽管它们很可能并不那么有效。事实上，化妆品并不是越贵越好，它们的包装和广告不该成为吸引你的唯一理由。并且，"月销万片"、"狂销××瓶"之类的词句也不该成为你跟风购买的动力。因为即使一万个人用得好的产品也未必是适合你的，通过试用装找到适合自己的产品才是关键。我们的目的是美容、护肤，而不是比拼谁收藏的化妆品种类更多。多数情况下，女人们购买的化妆品中，有三分之一都在静待变质。

9. 数码产品

手机、MP4、PSP、数码相机、笔记本电脑等数码产品都有女人专用的款式，而且销量往往特别好，不管如何更新换代，不管价格有多高，总是不停地受到追捧。而女人们在选择一款数码产品的时候，大多看中的只是漂亮的外表和最新潮的功能。至于它是不是徒有其表，那些功能是不是真的对自己有用，则完全不在考虑范围之内。所以，商家不费吹灰之力就能掏走女人们口袋里的钱。可是女人们不要忘记，即使这些东西再漂亮，多数情况下也只是躺在包包里而已。现如今，还有谁会土到将手机挂在脖子上，或者为了显示自己的新款手机而不停地打电话、发短信？所以，这些可要可不要的虚荣还是果断地放弃吧。

10. 人脉关系

良好的人脉关系不仅能省力，还能省钱。通常，在医院、车行、金融、电器等行业，如果在关键时刻有相熟的朋友帮忙，就能为你省掉不少"小钱"。当然，平日里你也要与这些朋友们常常联络，不要等到真的有事才打电话，不然你的势利表现很可能会让朋友们敬而远之。

毫无疑问，懂得理财的女人才是懂得生活的女人。只要学会从细节着手，养成良好的习惯，理财不仅不会降低生活品质，还会令你的生活变得活色生香起来。

巧用信用卡，不做“卡奴”做“卡主”

信用卡作为一种便捷的支付工具，曾是许多年轻时尚人士的潮流标志。而今，多数人的钱包里都至少会有一张信用卡。这既体现了各大银行营销部门的努力，也说明了越来越多的人逐渐意识到信用卡的作用。多年前，朋友们在谈起信用卡的时候，还认为那只是有钱人的游戏。那时候，“先消费再付款”的理念让很多人感到不安。随着时代的变迁，越来越多的人接受了这种消费方式，也从中体会到某些好处。事实证明，持卡者究竟会不会成为“卡奴”，完全在于自身的消费习惯和用卡技巧。只要能娴熟地掌握信用卡的使用方法，并抵制那些不必要的诱惑，我们就能翻身做“卡主”。

假如你还在为究竟要不要办一张信用卡感到为难，假如你还在为毫无节制的刷卡消费感到头痛，那就来看一看玩转信用卡的“卡主”们是怎样灵活用卡的吧。

1. 工薪一族的“卡主”生活

小婷是某家公司的行政文秘，薪水基本相当于普通的工薪族，为了保证自己手中的现金流，以便多留点钱用于投资，她办了两张信用卡。一张与自己的工资卡在同一家银行，一张在离家不远的另一家银行，且两张卡的还款日刚好相隔半个月。于是，上半月她使用月底还款的卡，下半月使用月初还款的卡，这样可以使她享受到最长时间的免息期。另外，超过五千元的大额支出，她通常都采取分期付款的方式，尽管需要缴纳一点手续费，但将手中的现金用于投资，可以让她赚到更多钱，细算下来比直接支付给商家要划算得多。

对于普通的工薪族来说，合理地利用信用卡会为自己和家庭赢得不少现金流，也就赢得了更多短期投资的机会。只要能掌控自己的消费力度，就无须担心遇到将卡刷爆的窘迫，更不必在乎少量的手续费。当然，前提是你必须懂得如何投资，并能够从中赚到钱。

2. 房奴们的“卡主”生活

自从签了那一纸购房合同，每月要还几千块的房贷，生活质量直线下降。怎么办?刚刚成为房奴的晓静却没有这样的烦恼，在同事的指导下，她利用手中的几张信用卡成功摆脱了房奴的尴尬。

她和老公两人共办了四张不同信用额度的信用卡，A 卡账单日是每月 5 日，B 卡和 C 卡在每月 11 日，D 卡在月底。刷卡的顺序则按照 A（5~12 日）、B 和 C(12~30 日)、D(1~5 日)来安排。这样可以让每张卡都充分享受最长时间的免息期，相当于每个月可以不必花费任何利息，就能够从银行得到小额的免息贷款，大大缓解了房贷带来的生活压力。

各家银行的免息还款期各有不同，如果能将这些信息巧妙利用，就能让“房奴”们重新过上好日子，还能利用少部分余钱进行短期投资。为房贷所累的姐妹们不妨勇敢地尝试一下吧。

3. “月光族”的“卡主”生活

避免“月光”的最好办法是找出自己消费中的非理性部分，从而加以控制。但是，女人们常常不知道那些钱都花到哪儿去了，也懒得每天记账。那么，一张信用卡的消费记录就是很好的账单。

莫莫曾是个名副其实的“月光族”，每月发下的薪水必定全部用来偿还信用卡的欠款。可是结婚后，莫莫感到自己这样的消费方式不利于维持家庭生活，想要改掉“月光”的习惯，可又不知道从何做起。后来，她在老公的建议下开始核对信用卡的账单，仔细查看自己的消费明细，找出不该花的部分和可花可不花的部分，争取下个月减少在此方面的支出。短短三个月，莫莫就成功摘掉了“月光族”的帽子，但生活质量却没有因此而降低。她不禁感叹：“原来信用卡还可以这样用。”

只要有心去做，没有什么习惯是改变不了的。对于那些购物狂来说，信用卡只能让她们花得更多。可只要有能力适当地克制自己的购物欲望，信用卡还可以帮你找出消费的不合理之处，进而改变乱刷卡的习惯。

其实，想要变身“卡主”一点儿也不难。谁说信用卡只能促进消费，不能省钱呢？关键还是在于自己的主观想法，良好的心态是成功的一半。不过不要着急，在放心地用卡之前，我们还需要了解一些常规的注意事项，避免掉进银行设下的小“陷阱”。

首先要恰当地选择开卡银行。不少人在选择银行时都没有经过谨慎考虑，要么是银行业务员直接到公司推销时，随大流一起办；要么是禁不住路边业务员的诱惑，草率地做出决定，等到还款时才发现有诸多不便。所以，当你决定办一张信用卡时，最好选择距离家或单位比较近的银行。这样在邻近还款日的时候，万一有什么事不能走远，只要抽出一小部分时间就能及时还款，必要时还可以请同事或家人帮忙，避免因延误而受到罚息。之后，在符合条件的银行中再进行筛选也是十分必要的，不同的银行有不同的规定和服务，你不妨详细了解各个银行的服务条款后再做决定。我在某家银行遇到过一位前去办理信用卡业务的小姐，她打算在收到账单前提前还款，但柜台的服务员却告诉她无法查到还款金额，只能通过电话查询或等收到账单时再还。双方争执了很久，最终以这位小姐失望地离开而告终。可见，选择服务到位的银行也会为自己省掉不少麻烦。

其次要学会抵御各种诱惑，包括开卡赠礼、消费积分和台阶赠礼。我们要坚持的原则就是：不是必须买的东西尽量选择不买，以及不要为了积分换礼，而不在小店买相对便宜的东西偏要到更贵的商场或超市去刷卡。为了某件礼物牺牲更多的银子，这看上去是多么不划算的买卖啊。也许等你真的如愿拿到了那份礼品，却发现不是自己想象中的样子，或者已经不那么喜欢，就只能对着长长的账单叹息了。很多时候，狂刷几千元甚至上万元换回的东西，也不过就是普通超市的便宜货，何必如此执著？要知道，银行是不会让你占便宜的，亏钱的永远是自己。

最后，还要注意溢出款、逾期利息和取现的问题。改掉马马虎虎的习惯，不要留下溢出款，否则这部分钱不但没有利息，取现还要缴纳手续费。也不要用信用卡取现，繁多的手续费同样不划算。最重要的是改掉健忘的坏毛病，欠什么都别欠信用卡的透支钱，否则利息会让你心痛不已。

信用卡的使用并不难，只要多一分认真细致，少一点粗枝大叶；多一分自控，少一点盲目，就能轻松地利用手中的小小卡片，换回自己想要的生活。

家庭理财，不要忽略另一半的支持

作为家庭的“账房先生”，女人们肩膀上的担子也不比在外面打拼的男人轻多少。能在投资中赚钱的，是受人称赞的“巧妇”。可一旦操作失误，

赔了钱，就成了众人埋怨的对象。如果再碰巧为自己多买了点东西，就很容易被扣上“败家女”的帽子。为了避免糟糕的情况出现，女人们除了需要大量积累理财知识和经验之外，不妨多与老公沟通、商量，尤其牵涉大笔金额的操作，尽量争取与老公共同做出决断。不要担心自己的“掌柜”地位会受到挑战，家庭原本就需要夫妻双方同心协力才能经营得当。在你一时冲动的时候，或者不知道该怎么办的时候，听听另一半的意见，也许会令你豁然开朗。

结婚前，莉莉就一直通过炒股赚点儿零花钱，两年做下来还算小有成果。结婚后，她成了家里的掌柜，每月给老公发点零花钱，其余的钱都由她来安排，或储蓄，或投资，忙得不亦乐乎。由于具备操作股票的经验，莉莉尝试着在股市中投入更多的钱，三个月之后就赚到了一笔可观的利润。这一下，莉莉信心爆棚，打算把家里的钱都用来炒股。不过，她并没有瞒着老公操作，而是耐心地与老公商量。老公在得知莉莉的想法后吃了一惊，但没有立即反驳，而是平静地问她：“你不考虑为自己留点余地么？不怕一万，就怕万一，这个世界上可没有常胜将军。”

老公说得委婉，莉莉听得真切。她冷静下来思考了一番，觉得老公说得很有道理，便果断地放弃了激进的想法。结果第二个月，股市行情急转直下，莉莉的股票大多成了死水一潭。这时，她想起自己当初的想法，才感到后怕，又为自己听老公的劝而感到庆幸。从那以后，凡是金额较大的投资项目，莉莉都会事先和老公商量一下。

女人们在理财过程中往往会产生急功近利的想法，觉得自己在某个项目中赚到了钱，就想投入更多，赚更多的钱，甚至做起了发财梦。可实际上谁都不能成为投资领域的“常胜将军”，失败在所难免。对于家庭投资来说，重要的是“理财”而不是“发财”，保本是第一位的。一旦女人们产生了发财的想法，就需要有人来泼泼冷水，而最好的人选当然是自己的老公。不要以为老公不了解你的投资情况和能力，更不要太过自以为是，“旁观者清”的道理永远都可以让你少走弯路。

不过，在理财过程中，由于夫妻两人的理财观和财富认识的不同，也会造成一些分歧。比如，女人喜欢炒股票，认为这样赚钱比较快，而男人的眼光更远，喜欢投资房产。可家里的钱就那么多，实在难以分配。再比如，女人习惯通过购买理财产品赚钱，而男人却认为这样的投资方式太过保守。在处理这类分歧的时候，包容、理解与沟通是最好的方法。不要固执地让对方认同自己的意见，或强迫对方按照自己的规划来做，与其各执一词、争执不下，不如坐下来好好讨论一下彼此的方案，找到一个折中的方法。还可以尝试分开理财，在保证家庭公共开销的基础上各自为政，过一段时间后，根据两人的操作情况来判断究竟谁的想法更好。此外，适当的换位思考也可以帮助两人体会到对方的艰辛。

真正懂得理财的女人不仅是擅长投资的，她还应该懂得听取对方的意见和建议，懂得包容与大度。既然双方的目标都是为了家庭财富的积累，还有什么问题是不能解决的呢？

人民美术出版社
成立70年
优秀作者名单

特别致敬

杰出作者（10人）

优秀作者（70人）

特别致敬（以姓氏笔画排列）

人民美术出版社在很多美术爱好者和美术工作者心中留下了不可磨灭的记忆。从1951年建社以来，人美社推出了许多深受广大人民群众欢迎的连环画、年画、宣传画以及有分量的美术图书、学术图书。这其中，一代又一代杰出的作者功不可没。正是因为他们的笔耕不辍和不懈的艺术追求，绘画、书法、学术著作不断涌现，造就了一部部划时代的经典。这些经典成就了他们，也给人美社带来了极大的声誉，人美社被誉为美术新思潮的发源地之一。在70年社庆之际，我们要向人美社老一辈的作者、艺术家们致敬。虽然这些前辈已离开了我们，但经典并不因时间的流逝而褪去颜色，反而是历久弥新。让我们带着前辈的馈赠，再出发，成为新美育时代的开拓者。

丁　午
丁　聪
卜孝怀
于希宁
丰子恺
王　里
王弘力
王式廓
王叔晖
王雪涛
王朝闻
方　成
方　菁
邓散木
古　元
石　鲁
卢光照
叶　洛
叶浅予
白　宇
白雪石
亚　明
朱　丹
朱屺瞻
任率英
华三川
华君武
刘文西
刘永凯
刘松岩
刘海粟
刘继卣
齐白石
关山月
江　丰
江　荧
安　靖
许麟庐
孙滋溪
李可染
李平凡
李苦禅
吴作人
吴冠中
何海霞
汪慎生
宋文治
宋雨桂
启　功
张　仃
张乐平
张光宇
陆俨少
陈少梅
陈兴华
陈叔亮
邵　宇
林　锴
林风眠
欧阳中石
罗　盘
罗工柳
罗尔纯
郑振铎
赵朴初
赵宏本
赵望云
贲庆余
段伟君
彦　涵
姜维朴
娄师白
费声福
贺友直
秦岭云
夏　风
钱笑呆
徐　希
徐　淦
徐邦达
徐悲鸿
徐燕孙
郭味蕖
黄　胄
黄苗子
黄秋园
黄洛峰
黄宾虹
曹　洁
曹作锐
曹辛之
盛此君
崔子范
阎大方
梁树年
董寿平
董洪元
蒋兆和
程十发
傅抱石
鲁少飞
温泉源
蔡若虹
墨　浪
潘天寿
薄松年

杰出作者（10人）（以姓氏笔画排列）

1. **王靖宪** 人民美术出版社编审，《中国美术全集总目录》主编，主编《中国碑刻全集》（6册）获得第四届中华优秀出版物奖图书奖，编著有《东汉碑刻的隶书》等。

2. **长北** 原名张燕，东南大学艺术学院教授，《中国工艺美术全集》分册主编，专著《〈髹饰录〉与东亚漆艺——传统髹饰工艺体系研究》获第四届中国出版政府奖图书奖、第五届中华优秀出版物优秀图书提名奖。

3. **孙韬** 中央美术学院教务处处长、教授、博士研究生导师，与中央美术学院教授叶南合著《解构人体——艺术人体解剖》，另著有《从〈圆明园劫难〉谈历史画创作》等。

4. **杨力** 教育部首届全国中小学美育教学指导专业委员会主任委员、艺术教育委员会副主任，曾任中央美术学院党委书记，2013年任人美版《义务教科书·美术》（北京版）主编。

5. **吴兆修** 人民美术出版社、中国连环画出版社编审，曾任《中国连环画》副主编，连环画脚本作品有《无产阶级的歌》《风暴》《草原上的小路》《伤逝》等。

6. **沈鹏** 第八至十二届全国政协委员、中国书法家协会名誉主席、第四届中国书法家协会主席，曾任人民美术出版社副总编辑，2014年主编《义务教育三至六年级·书法练习指导（实验）》，著有《沈鹏书法选》《美术论集》《沈鹏谈书法》《沈鹏书画谈》《三馀笺韵——沈鹏自书诗词辑》等。

7. **沈尧伊** 中国人民大学艺术学院教授、中国美术家协会连环画艺术委员会名誉主任，其连环画作品《地球的红飘带》先后获得第一届国家图书奖提名奖、第七届全国美术作品展览金奖、庆祝建党70周年全国美展金奖、第四届全国连环画评奖绘画创作一等奖等，连环画作品有《长征·1936三部曲》《一条毛毯》《草原红花》《白马》《战地日记》等。

8. **奚传绩** 南京艺术学院教授，2009年编著全国本专科、高职高专公共课系列系教材《美术鉴赏》，另编著有《中国古代画家》《中外美术史大事对照年表》及十卷本《世界美术史》等。

9. **黄宗贤** 四川大学艺术学院教授，主编的人美版普通高中教科书美术《美术鉴赏》入选教育部首届全国教材建设奖“全国优秀教材”（基础教育类），专著《中国美术史纲》入选教育部首届全国教材建设奖“全国优秀教材”（高等教育类）。

10. **潘鲁生** 第十二、十三届全国政协委员，中国文联副主席，中国民间文艺家协会主席，山东工艺美术学院院长、博士研究生导师，2019年任人美版普通高中教科书美术《设计》《工艺》《现代媒体艺术》分册主编，著有《民艺学论纲》。

优秀作者（70人）（以姓氏笔画排列）

1. **丁观加** 国家一级美术师，曾任镇江中国画院院长，作品有画集《中国当代名家画集·丁观加》。

2. **王子武** 中国美术家协会会员、广东省美术家协会常务理事，曾任中国画研究院院委、深圳市文联副主席，作品有画集《中国近现代名家画集·王子武》。

3. **王胜利** 中国美术家协会理事、中国油画学会名誉理事，作品有画集《中国当代油画名家画集·王胜利》。

4. **王家春** 陕西开放大学党委书记、教授，曾任西安美术学院党委书记，编绘作品有《画说〈菜根谭〉》《画说〈道德经〉》。

5. **尤劲东** 中央美术学院版画系教授，连环画作品有《法尼娜·法尼尼》《人到中年》《黑黑的沃土》《母亲的回忆》。

6. **牛玉生** 敦煌研究院文博馆员，著有《敦煌人物线描集》。

7. **尹少淳** 首都师范大学美术学院教授、博士研究生导师，教育部艺术教育委员会委员、国家基础教育课程教材专家工作委员会委员、国家美术课程标准研制（修订）课题组组长，中国美术家协会少儿美术艺术委员会主任，著有《尹少淳谈美术教育》。

8. **尹定邦** 教授，曾任广州美术学院副院长、设计分院院长，与邵宏合著《“十二五”普通高等教育本科国家级规划教材·设计学概论》。

9. **甘中流** 首都师范大学中国书法文化研究院教授、博士研究生导师，中国书法家协会草书委员会委员，著有《中国书法批评史》。

10. **卢延光** 中国画画家，曾任广东省美术家协会副主席、广州美术馆馆长，曾在《连环画报》发表多部作品，连环画作品有《周穆王时代的第四代机器人》《破镜重圆》等。

11. **叶雄** 曾任中国美术家协会连环画艺术委员会副主任、上海市美术家协会连环画少儿艺术委员会主任，连环画作品有《子夜》《评剧皇后》《黄金案》《我的父亲邓小平》《民族脊梁》等。

12. **代大权** 清华大学长聘教授、博士研究生导师，2019年任人美版普通高中教科书美术《绘画》分册主编。

13. **白谦慎** 浙江大学艺术与考古学院院长，著有《武氏祠真伪之辩：黄易及其友人的知识遗产》等。

14. **冯远** 第十一、十二、十三届全国政协委员，中国文联副主席，担任《百年中国画集 1901～2000》主编、《中国工艺美术全集》执行总主编等。

15. **邢少臣** 中国国家画院研究员、中国美术家协会会员，国家一级美术师，作品有画集《中国当代名家画集·邢少臣》。

16. 巩平　教授，北京市教育学会美术教育专业委员会副理事、秘书长，北京市美术家协会美术教育专业委员会副主任，曾任北京教育学院体育与艺术学院副院长，2001年任人美版《义务教育教科书·美术》（全国版）副主编。

17. 扬之水　原名赵丽雅，中国社会科学院文学所研究员，著有《棔柿楼集》系列，其中《棔柿楼集·唐宋家具寻微》入选2015年“中国好书”。

18. 庄寿红　清华大学美术学院教授、中国美术家协会会员、北京市文史研究馆馆员，作品有画集《中国近现代名家画集·庄寿红》。

19. 刘涛　中央美术学院教授，专著《极简中国书法史》入选2014年度“中国好书”、国家新闻出版广电总局“首届向全国推荐中华优秀传统文化普及图书”。

20. 刘守安　中国传媒大学书写文化研究中心主任，2014年任人美版《义务教育三至六年级·书法练习指导（实验）》（五年级上册）执行主编，该教材入选教育部首届全国教材建设奖“全国优秀教材”（基础教育类）。

21. 刘建平　编审，曾任天津人民美术出版社社长、总编辑，连环画作品有《武松打虎》《烈火金刚》等。

22. 江锦世　陕西师范大学美术学院美术系主任、副教授，著有《中国历代书法名家作品集字》系列。

23. 许平　教授，曾任中央美术学院研究生院院长，2013年任人美版《义务教育教科书·美术》（北京版）副主编。

24. 许勇　鲁迅美术学院教授、研究生导师，中国美术家协会会员，作品有画集《中国近现代名家画集·许勇》。

25. 杜哲森　中央美术学院教授，专著《中国传统绘画史纲——画脉文心两征录》入选2015“中国好书”月度榜，另著有《元代绘画史》等。

26. 李晨　鲁迅美术学院教授、中国美术家协会连环画艺术委员会主任，国家一级美术师，连环画作品有《红嫂》《你永远是最可爱的人》《边城》等。

27. 李力加　浙江师范大学美术学院基础美术教育研究中心主任、教授、硕士研究生导师，中央教育科学研究所艺术教育研究中心专家组成员，2019年任人美版普通高中教科书美术《美术鉴赏》分册副主编，该教材入选教育部首届全国教材建设奖“全国优秀教材”（基础教育类）。

28. 杨广馨　北京教育学院客座教授，曾任北京教育科学研究院艺术教研室主任，2014年任人美版《义务教育三至六年级·书法练习指导》副主编，该教材入选教育部首届全国教材建设奖“全国优秀教材”（基础教育类）。2015年任人美北京版《书法练习指导》（一至二年级，七至九年级）主编。

29. 杨东藩　北京教育学院宣武分院特级教师，

1991年任人美版《义务教育教科书·美术》编委会副主任。

30. 杨逸麟　中央美术学院教授、资深连环画画家，连环画作品有《青春之歌》《刘少奇的故事》《在海上》《老人与海》《虎皮勇士》等。

31. 杨景芝　首都师范大学美术学院教授，任《美的启蒙》主编，编绘作品有《中国动物故事小折叠（第三辑）·狐狸的礼品》《儿童线描写生》，著有《美术教育与人的发展——儿童美术教学法研究》。1991年任人美版《义务教育教科书·美术》编委会副主任。

32. 吴为山　第十一、十二届全国政协委员，第十三届全国政协常委，中国美术馆馆长，中国美术家协会副主席，著有《吴为山雕塑》《大美丛书——吴为山雕塑集》等。

33. 余辉　故宫博物院研究馆员，《中国美术》专栏作者，著有《百问千里——王希孟〈千里江山图〉卷问答录》等。

34. 汗国新　第十一届全国政协委员、农工民主党中央文委会委员，曾任中国美术家协会连环画艺术委员会委员，连环画作品有《长江三部曲》《天府战神刘伯承》等。

35. 汪晓曙　教授，广州市美术家协会主席，曾任广州大学美术学院院长，连环画作品有《林肯》《欧也妮·葛朗台》《古堡》《共产党员先进性三字歌》《没有硝烟的战争》《红手印》等。

36. 宋明远　中国美术家协会会员、中国版画家协会会员，作品有画集《中国近现代名家画集·宋明远》。

37. 张道兴　当代著名画家、书法金石家，一级美术师，作品有画集《中国近现代名家画集·张道兴》。

38. 陈允鹤　编审，曾任人民美术出版社社长，主编《外国素描选集》（1—3）、《齐白石画选》等。

39. 陈玉先　中国美术家协会连环画艺术委员会副主任，国家一级美术师，享受国务院政府特殊津贴，作品有《中国近现代名家画集·陈玉先》《毛泽东青少年时代》。

40. 陈玉圃　南开大学东方艺术系教授、硕士研究生导师，中国美术家协会会员，作品有画集《中国近现代名家画集·陈玉圃》。

41. 陈惠冠　编审，中国出版协会连环画艺术委员会副主任，曾任中国连环画出版社副总编辑，连环画作品有《牛头山》《黄河飞渡》《雷锋》《焦裕禄》等。

42. 邵宏　广州美术学院教授，与尹定邦合著《“十二五”普通高等教育本科国家级规划教材·设计学概论》。

43. 林木　四川大学教授、美术评论家，主编《“十二五”高等教育全国规划教材·中外美术史》《最美山水画100幅》等。

44. 尚刚　清华大学美术学院教授，著有《极简中国工艺美术史》《隋唐五代工艺美术史》等，担任《中国工艺美术全集》编撰委员会副总主编。

45. 尚荣　南京大学哲学系副教授、硕士研究生导师，南京大学国家双创示范基地美术产研中心主任，2019年任人美版普通高中教科书美术《雕塑》分册主编。

46. 周申　山东美术出版社副编审，连环画作品有《晴雯之死》《成语故事》等。

47. 赵奇　中国美术家协会理事、中国国家画院研究员、鲁迅美术学院教授，曾在《连环画报》发表多部作品。连环画《啊，长城》曾获庆祝建军60周年全国美术作品展览金奖，《靖宇不死》获第四届全国连环画评奖绘画创作一等奖。连环画作品另有《爬满青藤的木屋》《党费》等。

48. 赵一唐　中国美术教育研究会副秘书长、北京美术教育研究会常务理事长、中国教育学会书法教育专业委员会理事，1991年任人美版《义务教育教科书·美术》编委会副主任。

49. 赵华胜　曾任辽宁画院院长，连环画作品有《赵一曼》《海瑞罢官》《飞将军》《伟大的历程》《大渡河之战》《杨靖宇》等。

50. 赵希岗　北京建筑大学建筑学院学术委员会委员、设计学学科负责人、教授、硕士研究生导师，其《剪纸的故事》获2011年"中国最美图书奖"、莱比锡国际书籍艺术博览会"世界最美的书"银奖，剪纸作品另有《非遗文化系列绘本·那条打喷嚏的龙》。

51. 胡博综　编审，曾任江苏美术出版社副总编辑，连环画作品有《家》《东进东进》《寻找回来的世界》等。

52. 侯令　教育部艺术教育委员会委员、中国艺术教育促进会副秘书长，2002年任人美版《义务教育教科书·美术》（全国版）副主编。

53. 钱初熹　华东师范大学教授，教育部艺术教育委员会委员、中小学教材审查委员会委员、全国教育科学规划重点课题审查委员会委员、全国课程教材研究所兼职研究员，2007年编著全国本专科、高职高专公共课系列系教材《美术鉴赏及其教学》（人美版）。

54. 钱金泉　中国画画家，作品有画集《中国当代名家画集·钱金泉》。

55. 钱贵荪　浙江人民美术出版社副编审，连环画作品有《雷锋的少年时代》《湘江侦察》《渔岛之子》《沈括》等。

56. 高云　编审，中国美术家协会中国画艺术委员会副主任，曾任江苏美术出版社社长、总编辑，连环画作品有《罗伦赶考》《牡丹亭》等。

57. 陶涛　北京教育科学研究院基础教育研究中心美术教研室主任、北京市特级教师、人民美术出版社中小学美术课程主讲专家，2019年任人美版普通高中教科书美术《中国书画》分册副主编，该教材入选教育部首届全国教材建设奖"全国优秀教材"（基础教育类）。

58. 黄永玉　中央美术学院教授，曾任中国美术家协会副主席，作品有画集《中国近现代名家画集·黄永玉》。

59. 常锐伦　首都师范大学美术系教授，2000年主编的《义务教育教科书·美术（一年级下册）》（全国版）入选教育部首届全国教材建设奖"全国优秀教材"（基础教育类），主编《中等师范学校美术教科书》。

60. 董占军　山东工艺美术学院副院长、博士研究生导师，享受国务院特殊津贴专家，2019年任人美版普通高中教科书美术《工艺》《现代媒体艺术》《设计》分册副主编。

61. 韩书力　曾任西藏文联主席、西藏美术家协会主席，连环画作品有《邦锦美朵》《猎人占布》《洪湖赤卫队》《会说话的琴轴》等。

62. 喻继高　江苏省国画院副院长、江苏省美术家协会副主席，曾任中国画研究院院委，作品有画集《中国近现代名家画集·喻继高》。

63. 程大利　编审，曾任人民美术出版社总编辑，著有《极简中国古代绘画史》《程大利谈山水画》等，主编《中国民间美术全集·雕塑卷》等。

64. 童介眉　编审，中国出版协会连环画艺术委员会副秘书长，曾任人民美术出版社《连环画报》主编，连环画作品有《红珊瑚》《邱少云》《深山火种》《芝麻官审诰命》等。

65. 靳尚谊　第八至十二届全国政协委员，中国美术家协会名誉主席，中央美术学院教授、博士研究生导师，作品有画集《中国当代油画名家画集·靳尚谊》。

66.**蒲慧华**　山东工艺美术学院副教授，连环画作品有《三顾茅庐》《王选》《许振超》等。

67.**楼庆西**　清华大学建筑学院教授、清华大学古建筑研究所所长，著有《极简中国古代建筑史》。

68.**廖文胜**　特级教师，中国教育学会常务理事、中国教育学会小学教育专业委员会副理事长，享受国务院政府特殊津贴，2002年任人美版《义务教育教科书·美术》（全国版）副主编。

69.**潘健华**　上海戏剧学院教授、中国舞台美术学会副会长、全国戏剧期刊联盟理事长，专著《女红——中国女性闺房艺术》获第二届中国出版政府奖装帧设计提名奖，另著有《荷衣蕙带——中西方内衣文化》。

70.**戴敦邦**　上海交通大学教授、中国画画家，曾任中国美术家协会连环画艺术委员会副主任，作品有《戴敦邦新绘全本红楼梦》《戴敦邦新绘全本水浒传》《资本论》等大型画册，连环画作品有《红楼梦故事》《狮子楼》《三国故事》等。

参考资料及附录

参考资料
附录1　七十华诞　历史回顾——大事年表
附录2　琳琅满目　美不胜收——70年获奖图书目录
附录3　蓬勃向上　追求至美——工作团队
附录4　披荆斩棘　担当创新——历任社领导

参考资料

图书

1.《中国出版史话新编》，方厚枢，郑州：河南大学出版社，2010年

2.《中国出版通史·中华人民共和国卷》，方厚枢、魏玉山，北京：中国书籍出版社，2008年

3.《中华人民共和国出版史料》（1－15），中国出版科学研究所、中央档案馆，北京：中国书籍出版社，2009年

4.《中国编辑出版史（下）》，肖东发、方厚枢，沈阳：辽海出版社，2006年

5.《中国当代出版史料文丛》，方厚枢，北京：中国书籍出版社，2007年

6.《亲历新中国出版六十年》，宋应离、刘小敏，郑州：河南大学出版社，2009年

7.《亲历出版三十年——新时期出版纪事与思考（下卷）》，宋木文，北京：商务印书馆，2007年

8.《新中国对外文化交流史略》，孙维学、林地，北京：中国友谊出版公司，1999年

9.《周恩来刘少奇朱德陈云与新闻出版》，袁亮，北京：中国书籍出版社，2003年

10.《周恩来年谱（1949－1976）》，中共中央文献研究室，北京：中央文献出版社，1997年

11.《新中国美术图史1966－1976》，王明贤、严善錞，北京：中国青年出版社，2000年

12.《武器与工具——中国革命美术研究》，李蒲星，长沙：湖南人民出版社，2008年

13.《新中国连环画艺术简史》，魏华，北京：中国传媒大学出版社，2008年

14.《滋兰树惠——人民美术出版社》，人民美术出版社，北京：人民美术出版社，2008年

15.《中国出版品牌研究》，张曼玲，博士学位论文，北京：北京大学，2004年

期刊

1.《战士画家邵宇（连载四）》，姜海波、汤洪年，《党史纵横》，2006年，第11期

2.《新中国美术进程中的出版队伍》，刘新，《美术之友》，2004年，第5期

3.《新年画运动在50年代的两次高潮》，廖国柱，《收藏》，2009年，第3期

4.《关于〈苏加诺藏画集〉》，田郁文，《美术之友》，2003年，第1期

5.《中国近现代美术期刊的历史贡献及研究价值》，卢培钊，《中国编辑》，2010年，第3期

6.《“阅”然纸上（1951－2011）：〈连环画报〉60年印象》，佚名，连趣论坛

7.《〈连环画报〉创刊时间之谜》，佚名，连趣论坛

8.《惊回首，离天三尺三——纪念〈中国摄影〉杂志创刊五十周年》，闻丹青，《中国摄影》，2007年，第12期

9.《〈苏加诺总统藏画集〉在印度尼西亚》，司马文森，《文艺报》，1958年，第16期

10.《〈苏加诺总统藏画集〉的故事》，司马小莘，《中华读书报》，2010年10月27日

11.《荣宝斋：三百年老店的前世今生》，胡金兆，《民主与法制时报》，2006年9月24日

12.《连环画艺术的四次大检阅——中国连环画四届全国评奖概述》，姜维朴，《全国一～四届连环画评奖获奖作品图录（1963－1991）》，哈尔滨：黑龙江美术出版社，2003年

13.《回忆新中国珂罗版印刷的前前后后》，胡永秀，《出版史料》，2009年，第4期

14.《中国出版史上一次拨乱反正的重要会议——记1978年庐山“全国少年儿童读物出版座谈会”》，喻建章，《中国出版》，2006年，第4期

15.《当代中国美术出版报告（三）——赢在似与不似之间》，刘新，《出版广角》，2001年，第10期

16.《对“现代性”的追问——90年代文学的一个趋向》，张颐武，《天津社会科学》，1993年，第4期

17.《把连环画打造成中国特色文化品牌》，柳斌杰，《光明日报》，2010年1月30日

18.《人民美术出版社创作室简介》，姚奎、张广，《美术之友》，2004年，第5期

19.《我与人美创作室——赵晓沫采访录》，成佩，《美术之友》，2004年，第5期

20.《我国美术期刊发展概况》，刘淑贤，《图书馆论坛》，1996年，第3期

21.《何溶与他所领导的〈美术〉杂志》，王小箭，雅昌艺术网，2007年

22.《创作创作再创作——石虎访谈录》，成佩，《美术之友》，2004年，第5期

23.《新中国美术进程中的出版队伍》，刘新，《美术之友》，2004年，第5期

24.《历史不会忘却的〈美术之友〉——纪念〈美术书刊介绍〉创刊50周年》，吕文喆，《美术之友》，2003年，第5期

25.《介绍〈连环画论丛〉创刊号》，姜红伟，《清远日报》，2007年1月7日

26.《“东方飞来了一只燕子，春天已经不远了”——第四、第五两届莫斯科国际书展纪实》，游琪，《苏联东欧问题》，1986年，第5期

27.《国外书展两题——回忆1956年法兰克福书展与1983年莫斯科书展》，曹健飞，《出版史料》，2008年，第1期

28.《“美联”架起社店互动的桥梁》，张友元，《美术之友》，2001年，第5期

29.《改革开放30年中国美术创作：自由自主自觉》，徐红梅，《人民日报》，2008年10月27日

30.《刘玉山与〈中国古代木刻画选集〉》，蒋德钊，《瞭望周刊》，1988年，第14期

31.《追随巨人的足迹——〈李可染论艺术〉编写纪实》，李宝林、阮宗华，《美术》，1991年，第3期

32.《从128万份到1万份，中国〈连环画报〉的前世今生》，罗利娜，《环球》，2009年，第11期

33.《从〈漫画大王〉的发展看优秀期刊的必备品质》，黄薇，《优秀出版物价值论——中国编辑学会第十三届年会优秀文集》，2008年

34.《中国书展将在香港隆重举行》，舒童，《出版工作》，1985年，第12期

35.《版协派观察员参加“国际美术设计大会”》，阿云，《出版工作》，1985年，第12期

36.《艺术之子曹辛之》，鹿耀世，《博览群书》，2008年，第11期

37.《我国电子出版物的发展现状与展望》，李海丽，《高校图书情报论坛》，2005年9月，第4卷，第3期

38.《弘扬中华民族传统文化，发展国内电子出版事业——访北京银冠电子科技公司总经理朱一兵先生》，房美丽，《中国电子出版》，1998年，第1期

39.《“莫必斯”获奖光盘〈故宫〉编创始末》，吴本华，《多媒体世界》，1998年，第1期

40.《从美术出版史出发——首届中国美术出版界美术家作品展学术研讨会》，程翼、李果，《美术之友》，2004年，第5期

41.《中国出版集团在京成立》，《新闻实践》，2002年，第5期

42.《披荆斩棘顺势而为》，徐声、林阳，《美术之友》，2009年，第2期

（按首次引用顺序）

附录 1　七十华诞　历史回顾——大事年表

1950 年

10 月，中央人民政府出版总署根据全国第一届出版会议关于出版专业化的精神，决定成立人民美术出版社。11 月开始筹备工作。负责人有萨空了、朱丹、邵宇、邹雅、刘北方、安靖等。

编辑部（筹备处）设在建国门内大牌坊胡同，经理部（筹备处）设在王府井大街，两处工作人员共计三十多人。同时筹建美术印刷厂。

秋，由新华书店总店管理处木印科即原石家庄大众美术社与原私营“北京荣宝斋”实行公私合营。合营后称“北京荣宝斋新记”，由郭沫若同志题写斋名。洽谈工作和接管事宜由邹雅、侯恺具体负责。合营后由侯恺（公方代表）任经理，王仁山（私方）任副经理，隶属人民美术出版社。后来业务领导分工由邵宇负责。

成立人民画报社，萨空了任社长，朱丹任总编辑，胡考、丁聪任副总编辑。毛泽东主席为画报题名。

1951 年

4 月，中央人民政府出版总署决定，摹绘、复制《毛主席像》及其他中外领袖像应以人民美术出版社印行的图像为标准。

根据 1949 年文化部、中央人民政府出版总署颁发的经毛主席亲自批阅的《关于开展新年画工作的指示》《关于加强年画工作的指示》的精神，组织美术家创作出版了一大批新年画和普及读物。同时配合党和国家的政治运动和时事政策宣传，出版了大量宣传画。这些新年画、新连环画的印发，对改造旧年画、取缔内容不健康的旧小人书、占领图书市场发挥了较大的作用。如刘继卣绘的连环画《鸡毛信》《东郭先生》等在连环画界影响很大。

5 月，《连环画报》（半月刊）正式创刊，邹雅任主编。文化部部长沈雁冰（茅盾）题写刊名。

夏，从中央人民政府新闻总署新闻摄影局、人民画报社、出版总署出版局美术室及文化部艺术局领导的大众图画社抽调部分人员，合并组成了人民美术出版社的基本队伍。社址迁入灯市口北辰宫。

9 月 14 日，人民美术出版社正式成立，在中山公园举行成立大会。萨空了任社长，朱丹任副社长兼总编辑。中央人民政府出版总署署长胡愈之、副署长叶圣陶、文化部副部长周扬出席大会并讲话。

周恩来总理为人民美术出版社题写社名。

9 月，制定了《人民美术出版社暂行组织条例》，经中共中央宣传部、中央文化部、中央人民政府出版总署修正，批准试行。条例中规定：人民美术出版社为国营企业机构，受中央人民政府文化部、中央人民政府出版总署共同领导。业务范围为：1. 出版各种美术出版物，以通俗的美术出版物为主。2. 领导管理北京美术印刷厂、北京荣宝斋新记。由政务院批准成立社务委员会，委员 7 人，有郑振铎、黄洛峰、江丰、严文井、蔡若虹、萨空了、朱丹，正副主任由正副社长兼任。由中央人民政府出版总署批准委任的编审委员会委员有徐悲鸿、王冶秋、张仲实、江丰、胡蛮、王朝闻、蔡若虹、蔡仪、张仃、华君武、叶浅予、古元、彦涵、王式廓、邵宇、陈叔亮、萨空了、朱丹、胡考、邹雅、石少华。（以上两个委员会中大部分委员由有关领导机关的负责人及有关的社会知名人士和专家担任）。制定的方针是：通过形象与艺术形

1952 年

式宣传马克思列宁主义、毛泽东思想，进行爱国主义及国际主义的教育；适应国家经济建设与文化建设的需要，提高人民群众思想文化、科学知识水平；以出版通俗的工农美术读物为主，有重点地编选介绍有代表性的艺术作品、民间艺术、历史文化遗产。

人民美术出版社组织机构，下设编审部、美术研究室、经理部，另辖人民画报社、北京美术印刷厂及公私合营的北京荣宝斋新记。工作人员由最初的 30 多人发展到 158 人（不包括美术印刷厂和荣宝斋）。

同时，建立了党、团组织，成立了党支部和团支部。

自本年起，本社编辑出版工作实行计划化。各编辑部门都制订了编辑方针、任务及选题计划，确定本社出版物以普及读物为主。

根据中央人民政府出版总署指示，明确了人美社与地方美术出版机构的分工。领袖像及专门进行国际宣传的期刊与画册，由人美社出版。上海华东人民美术出版社以出版连环画为主。

为了加强年画的出版工作，成立了“年画工作委员会”。

为了解决连环画脚本不足问题，进一步占领旧小人书市场，人美社成立了“连环画脚本研究会”，吸引有关人员参加脚本创作及改编工作，并向文学界呼吁编写连环画脚本。

调整了组织机构：经理部由张朝同任经理；将原期刊编辑室改为《连环画报》编辑室，刘迅任主任；原图书编辑室改为图片画册编辑室，邹雅任主任，安靖任副主任；原美术工作室改为创作室，邵宇任主任，古元任副主任；另外增设了总编办公室。全社工作人员增加到 260 人。

为了进一步满足人民不断增长的文化需要，适当地增加美术出版物的品种，也为了给美术工作者提供更多的发表作品的机会，经上级批准，10 月，开始以“朝花美术出版社”（为本社副牌）名义出版一些出版物。

邵宇调任人民日报社美术组组长赴朝，成为抗美援朝记者。

朱丹调离本社，邵宇接任副社长兼总编辑职务。

选编了《古元木刻集》，首次介绍古元在革命圣地延安所创作的木刻。出版了邵宇、古元、罗工柳、西野等画家创作的《朝鲜战场速写集》及邵宇作品《首都速写集》，重版邵宇作品《上饶集中营》画册。

1953年

本社进入了调整、提高及发展时期。编辑出版工作贯彻“普及与提高并重”的方针。扩大了题材范围，形式也更多样化，克服了某些作品中概念化、公式化的倾向。在民族遗产、民间美术、艺术论著的整理与介绍工作上，有了一个良好的开端。装帧设计和印刷质量普遍有所提高。

力群调本社任副总编辑。王舒冰任专职党支部书记。

在组织机构上，原编审部撤销，专门成立了连环画册编辑室，由姜绯朴先后任副主任、主任，武耀强任副主任。郑洵调任《连环画报》编辑室副主任。增设了摄影组。成立了人民美术出版社上海办事处，贺礼逊任主任。

《人民画报》于本年6月脱离人民美术出版社，划归外文局领导。

制定了《人民美术出版社人事工作暂行条例》及《人民美术出版社劳动保险暂行办法》。

1954年

为了进一步贯彻发稿与出版计划化，制定了《制订、检查发稿计划与出版计划试行办法》。

年初成立连环画脚本创作研究组，由孟超任组长。

春，由中国美术家协会与人美社联合召开会议，决定编辑出版“中国画家丛书”，参加会议者有江丰、蔡若虹、王朝闻、华君武、萨空了、邵宇、邹雅等，之后陆续出版了李可染、叶浅予、石鲁、李少言等十余册画家专集。

建立了工会组织（本社工会直属北京市总工会出版印刷工会领导）。工会在组织职工开展政治、文化、业务学习，活跃职工文化生活及提高职工生活福利方面发挥了积极作用。在工会组织领导下，召开了本社职工运动会，成立了业余京剧团、乐队及其他文体组织。

为了加强领导与职工群众的联系，反映各方面的意见，建立了党、政、工、团联席会议制度。

中国幻灯公司划归人民美术出版社领导，改为人美社幻灯编绘室，孟超任主任。脚本创作研究组撤销，人员并入连环画册编辑室。

10月，中央人民政府出版总署与文化部合并，人民美术出版社隶属文化部出版局领导。

出版《华君武漫画选集》，编选华君武在中华人民共和国成立前后创作的政治讽刺画。叶浅予编写的《怎样画速写》，归纳整理了速写技法，是一本美术基础知识的入门书。此书的编写与出版，成为人美社此后多种美术知识和技法工具书的先例。

由中国美术家协会编辑的《美术》创刊，由人民美术出版社出版。

本年还出版了刘继卣绘制的《武松打虎》，王叔晖绘制的《西厢记》条屏年画和《孔雀东南飞》连环画。

胡乔木同志写信给人民美术出版社，指出连环画的编辑出版应开拓选题，可以根据古典文学改编，如“南北东西四游记”、《济公传》等都可以有计划地改编，以满足群众多方面的需要，从而占领思想文化阵地。

1955 年

副总编辑力群调离，牛犇来社任副总编辑兼做党的工作。

出版画册《中国建筑彩画图案（清式彩画）》《全国基本建设工程中出土文物展览图录》《印度阿旃陀石窟绘画》等。

7月，《漫画》（月刊）由上海转到人民美术出版社出版。

荣宝斋木版水印徐悲鸿《奔马》、齐白石《花卉》出版后，在国际国内产生影响。“木版水印”亦由此定名。

由姜维朴、徐淦、武耀强等改编，卜孝怀、任率英、墨浪等绘画的长篇连环画库《水浒》（共26册）开始出版发行，这是新中国成立以来第一部根据古典文学编绘的连环画库。

1956 年

制订了本社“12 年编辑出版规划”，开始有计划地、系统地出版我国及外国的美术作品。其中包括《中国美术全集》《民间美术选集》《少数民族艺术选集》《世界美术选集》《中国美术史》《中国历代画论》和“五四”以来有代表性的美术作品及现代古典等文学名著改编的连环画的规划。

邵宇、安靖、姜信之等去印度尼西亚选拍、编辑苏加诺总统藏画。《苏加诺工学士、博士藏画集》组织动员了本社得力的编辑设计人员和全国最好的印刷、装订等力量，使彩色印刷达到了世界先进水平，总投资72万元。第一册、第二册发稿后4个月，在苏加诺总统访问中国的前夕印刷出版，作为礼品，由周恩来总理亲手赠给苏加诺总统。此书在1959年莱比锡国际书籍艺术博览会获金奖，并受到文化部奖励。

经理部撤销，改为出版部及行政处。幻灯编绘室（原中国幻灯公司）由人民美术出版社划出，归文化部直接领导。本社增设美术部（在东四四条办公），创作人员直接为人民美术出版社出版服务（主要创作连环画、年画、宣传画）。

9月，人民美术出版社派邹雅参加中国出版界参观访问团，赴苏联参观访问。

10月，人民美术出版社社址由灯市口迁至北总布胡同32号（原中央人民政府出版总署署址）。

出版画册《伟大的艺术传统图录》、《苏加诺工学士、博士藏画集》（一、二集）、《八十七神仙卷》、《伦勃朗》、《雪舟》及文金扬编著的《艺用人体解剖学》等。

增设副牌“中国古典艺术出版社”，出版古典美术作品。

由邵宇、邹雅与故宫博物院院长吴仲超制订出版故宫藏画计划，由荣宝斋派人临摹《清明上河图》、木版印制《簪花仕女图》。

1957 年

4 月，文化部派出以王益、邵宇为正副团长的代表团，参加莱比锡社会主义国家出版会议，讨论国际书籍艺术博览会筹备事项。

马肃任党支部书记。

人民美术出版社与苏联国家艺术出版社及美术家出版社建立样书（部分）直接交换关系。

出版画册《中国戏曲服装图案》《中国古代石刻画选集》《中国美术作品选集》《宋人画册》《古铜鼓图录》等。《中国摄影》（双月刊）4 月创刊，由人民美术出版社出版。

根据古典名著改编、王叔晖绘画的连环画《西厢记》出版。该画册 7 次再版，总印数达 40 万册，在国内外有广泛影响。连环画册《我要读书》（根据高玉宝原作，徐光玉改编，王绪阳、贲庆余等绘）出版，这也是具有影响的一部力作。

系列连环画库《志愿军英雄传画库》开始出版。

系列连环画库《戏曲画库》出版《劈山救母》（任率英绘）等 10 种。

1958 年

一批干部分别下放河北遵化、江苏高邮劳动及参加文化工作队。

邹雅任副总编辑。

社党委会正式成立，党委成员有邵宇、牛犇、邹雅、张朝同、姜维朴、沃渣、侯恺。邵宇任党委书记，牛犇任副书记。

在组织机构上，先后撤销创作室和美术部，部分人员并入连环画册编辑室及图片画册编辑室图片组。由原北京美术印刷厂、工人书厂、印刷技术研究所合并组建人民美术出版社印刷厂，加强了彩色印刷技术，如中国国产凹印机的制造成功，为美术出版物提高质量奠定了基础。

成立王府井和平画店（归荣宝斋领导）。

制定了一系列规章制度。其中有《人民美术出版社方针任务及五年基本任务》（1958—1962）、《人民美术出版社 1958 年增产节约方案》、《人民美术出版社革新工作面貌的措施》、《人民美术出版社计划工作管理办法》、《人民美术出版社人事工作条例》等。

编辑出版了《群众诗画》（周刊，1959 年停刊）。

出版画册《中国丝绸图案》《唐一禾画集》《徐悲鸿素描》《清明上河图》《长征路上写生集》《中国摄影年鉴》《中国建筑彩画图案（明式）》《杜米埃》《印度尼西亚华侨美工团美术作品选集》等。

黄镇绘《长征画集》系作者参加二万五千里长征时做政治宣传工作，在艰难困苦缺乏纸张的条件下，用粗纸绘制的速写画中仅存下来的 25 幅，亦是稀有珍贵的革命史资料。肖华作序，记述此书当时曾在国民党统治区的上海秘密出版发行过，因印数不多而鲜为人知。

长篇连环画库《岳飞传》（赵宏本等绘，共 15 册）开始出版。

《戏曲连环画库》共出版《昭君出塞》（康殷绘）等 20 种。

《志愿军英雄传画库》共出版《杨根思》（贺友直绘）等 11 种。

《青年近卫军》长篇连环画（王素改编，华三川绘）开始出版。

荣宝斋继续临摹《清明上河图》，并先后摹刻《韩熙载夜宴图》《簪花仕女图》。此时为木版水印之历史高峰期。之后，由出版社会同荣宝斋召开编辑会，编选古代木刻插图、百花谱，郭沫若亲书万字的配诗，陈毅为画谱写了序言。

1959 年

第二批干部下放四川广汉劳动。

4 月，文化部和中国美术家协会在北京联合举办全国书籍装帧、插图展览会，人民美术出版社参展图书 36 种。

8 月，文化部派出代表团参加莱比锡国际书籍艺术博览会。本社邹雅参加，并有荣宝斋孙日晓、田永庆在博览会现场表演木版水印工艺。我国选送的展品获得 10 枚金质奖章、9 枚银质奖章。其中《苏加诺工学士、博士藏画集》（曹辛之等设计）获书籍装帧金奖，《杨柳青年画资料集》（邵景濂等设计）获银奖。连环画展览及荣宝斋木版水印画展览获特殊奖。另有获铜奖。

周总理参观了齐白石画展后，指示出版齐白石作品。由卢光照责编的《齐白石作品集》（1—3 卷）开始选编。

出版画册《傅抱石画集》、《中国妇女美术作品选集》、《云锦图案》、《吴昌硕画集》、《杨柳青年画资料集》、《齐白石作品选集》、《于非闇工笔花鸟选集》、《陈半丁画册》、《李可染水墨山水画集》、《徐悲鸿彩墨画》、《中国历代名画集》（上下）、《北京法海寺明代壁画》、《西游漫记》等。

历史名人连环画库开始出版《杜甫》（康殷绘）、《关汉卿》（王靖洲绘）等 7 种。

重点连环画册《钢铁是怎样炼成的》（王素等改编、毅进绘）出版。

1960 年

第三批干部下放陕西劳动，并抽调干部五人参加“万人下放干部”大军，去苏北农村做基层工作。

出版画册《清明上河图》（长卷）、《中华人民共和国十周年纪念画册》、《藏族木刻佛画艺术》、《敦煌彩塑》、《米谷漫画》、《1949—1959 年年画作品选》等。

7 月，邵宇出国访问阿尔巴尼亚。

11 月，文化部决定，人民美术出版社由企业单位改为事业单位。改制之后，仍执行经济核算制。

《连环画报》（12 月号出版后）及《漫画》停刊。

邹雅任副社长。

文化部召开表彰全国文化先进工作者大会，姜维朴、王叔晖、赵筠及人美印刷厂杨耆寿、徐锦荣、胡永秀、杨润华被授予先进工作者称号。

1961 年

上海办事处撤销。建立书稿档案室。出版部与印刷厂合并，迁厂内办公，安靖任厂长。

响应中央提出的支援农业的号召，根据文化部的指示，遴选重印第一批优秀连环画作品 12 种，向全国农村发行。计有《为了六十一个阶级弟兄》《童工》《东郭先生》《向秀丽》《铁道游击队》《黎明的河边》《渡江侦察记》《齐心斗天》《英雄少年刘文学》《鸡毛信》《王孝和》《钢铁运输兵》等。

出版画册《十年中国绘画选集》、《中国人民解放军第二届美术展览会选集》、《任伯年画集》、《中国画选编》、《苏加诺工学士、博士藏画集》（三、四集）、《印度尼西亚民间雕刻》、《日本浮世绘木刻》等。

刘近村调入人美社任党委副书记。

1962 年

出版画册《革命历史画选》《中国摄影作品选》《解放区木刻》《王式廓素描集》《石涛山水册页》《新版画选》《吴作人画集》《黄宾虹山水册》等。王叔晖绘连环画《生死牌》（武耀强改编）出版。

人美社与捷克合作，出版《中国古文物》画册。

1963 年

3 月，文化部发出通知，人民美术出版社和上海人民美术出版社从 1963 年起出版少数民族文字版年画，并要求最好能出版一些反映少数民族人民生活的作品，加印少数民族文字。

经中央宣传部、文化部党组批准，出版刘文西创作的《毛主席和农民谈话》木炭画的单幅画。

出版画册《鲁迅收藏中国现代木刻选集》、《齐白石作品集》（1—3 集）、《司徒乔画集》、《姜燕画集》、《唐永泰公主墓壁画集》、《中国古代绘画选集》、《道子墨宝》等。重点连环画《胆剑篇》（程十发绘，邱杨、陈长明编）出版。

人美社和中国美术家协会与廖承志共同选编的《何香凝诗画集》（是年何香凝 90 岁，任中国美术家协会主席）出版，在华侨界影响很大。

第一届全国连环画评奖，邵宇、姜维朴参加评委会。任率英、阎大方、蒋淑均获连环画工作劳动奖。

刘近村任副社长。

1964年

2月，人美社一批干部下放山东沂源县农村参加劳动一年，后又继续参加农村“四清”工作。

人美社派出干部参加文化部组织的“四清工作队”，分赴北京郊区、山东、吉林、贵州、河南等地农村工作。

3月，文化部、外文局发出通知，要求有计划地出版美术明信片，加强对外宣传和对内进行爱国主义及社会主义教育，列为常年出版任务之一，并确定分工：1. 人民美术出版社和上海人民美术出版社着重出版美术作品（两社选题应相互协调），也可以出版各地的风景片。2. 文物出版社着重出版文物方面的作品。3. 人民教育出版社着重出版体育方面的作品。

8月，邵宇、安靖等同志为出版《苏加诺工学士、博士藏画集》（五、六集）赴印度尼西亚。

人美社与故宫博物院合作，在院长吴仲超主持下，编辑出版了《故宫博物院藏画》（隋唐部分）大型画册。此画册由陈允鹤、陈鹂责编，人民美术出版社印刷厂用故宫博物院原稿直接分色制版。

出版部由工厂迁回社内办公。印刷技术研究所脱离本社印刷厂。

1965年

12月，文化部召开年画、连环画出版工作座谈会。邵宇、姜维朴等参加。周恩来、朱德、邓小平等党和国家领导人于12月25日和与会代表合影。

出版画册《中国人民解放军第三届美术展览会选集》、《中国历代名画集》（1—5卷）等。

1966年

经过历次调整精简，全社人员减少到120多人。

1月，《美术》停刊。

4月，《中国摄影》停刊。

5月，“文革”开始。

出版画册《苏加诺工学士、博士藏画集》（五、六集）等。

萨空了离社，任国家民委副主任。

1967－1969年

“文革”期间，正常编辑出版工作处于停顿状态，仅出版毛主席像（包括摄影像）和《毛主席语录》及少数连环画、挂图等。

1967年，荣宝斋改名为“人民美术出版社第一门市部”。王府井和平画店改名为“人民美术出版社第二门市部”。

1970年

5月18日，三分之二以上的人员下放湖北咸宁文化部“五七”干校。所余39人留守本社。

人美社划归“出版口”领导。

文物出版社留守人员10多人合并于本社。

人民音乐出版社排版工人8人并入本社印刷厂。

根据周恩来总理指示，拍摄出版“文革”期间新出土文物的画册《马王堆西汉帛画》等，并随文物展览在法国、日本、美国发行。

1971年

经军宣队决定，成立本社领导小组，成员有徐占和、刘近村、姜维朴、苏庆恒、肖顺权等。

原由文物出版社出版的刊物《文物》《考古》《革命文物》在人美社复刊出版。

部分留守人员去唐山“五七”干校劳动。

2月11日，周恩来总理指示当时出版部门负责人要恢复连环画的出版工作，要努力解决青少年缺乏精神食粮的问题。

3月，周恩来总理主持召开了出版工作座谈会。姜维朴同志参加会议。

4月12日，周恩来总理接见了部分出版界负责人，又一次强调要解决青少年迫切需要图书的问题。人美社向会议提出恢复《连环画报》出版的报告，并开始恢复连环画和年画编辑出版工作。

国务院根据周恩来总理指示组织文化代表团访问加拿大，进行文化交流，邵宇任团长。

1972 年

下放湖北咸宁干校人员开始陆续回社工作。同时，在职人员开始第二次轮流去河北石家庄干校劳动。

1973 年

9 月，国家出版局正式成立，人美社直属出版局领导。

领导小组成员有邵宇、徐德双、刘近村、姜维朴等。邵宇任组长。

《连环画报》于 10 月复刊，姜维朴分工主持编辑部工作。

编绘、出版了一批以现代京剧为题材内容的连环画、年画，有《红灯记》《智取威虎山》《海港》《平原游击队》《龙江颂》等，以及彩色连环画《杨根思》等。

1974 年

洪藏调任副总编辑。

荣宝斋由人美社划出，直属国家出版局领导。

《中国摄影》于 9 月复刊。人美社增加副牌“中国摄影出版社”。

12 月，文化部湖北咸宁干校结束，干校人员除调出者外全部回社工作。邹雅调北京画院任院长。

连环画《无产阶级的歌》（汤小铭、陈衍宁绘）出版。该画册的绘画水平在当时连环画界引起了反响。

1975 年

人美社根据“开门办社”的要求设立“大庆编辑组”和“大寨编辑组”，先后派遣多人驻大庆、大寨工作。编辑出版了《大庆》摄影画册（与黑龙江美术出版社、黑龙江画报社合作）、《大庆版画作品选》（1—3），以及《大庆红旗》《大庆在前进》《周总理在大庆》《大庆速写》《大寨速写》等年画、宣传画、小画册。同期，图片画册编辑室部分人员在大连红旗造船厂和新金县举办宣传画学习班，培养了一批宣传画作者，成为人美社出版宣传画供稿基地。后来有相当一部分作者同时还创作了年画。

在邵宇主持下，人美社在北京手扶拖拉机厂举办工人美术学习班，并派创作人员驻厂辅导、培养工人业余作者。

连环画册编辑室在郊区顺义设点，培养了一批农村美术作者。

安靖到原成都军区炮团辅导战士创作，并经军委批准组织画家高虹、何孔德等沿着红军长征的路线写生，反映长征新貌，出版了《长征路上写生集》。

1976 年

图片画册编辑室与山东人民出版社在山东石岛联合举办年画创作班，培养作者，解决稿源。

部分编辑、创作人员深入厂矿，在山西阳泉文化馆设立工人美术培训班，培养了一批业余美术作者。

编绘出版了一批歌颂少年英雄的系列彩色连环画册，如《刘胡兰》《刘文学》《张高谦》《草原英雄小姐妹》等。

1977 年

制定了《1978—1985 年选题规划》，加强出书的计划化、规范化和系列化，着重规划了当代画家作品的专集、专辑，中国古代美术与外国美术普及性读物，部分爱国主义题材的连环画册和低幼读物。

相继出版了歌颂革命领袖、反映各革命时期活动的摄影画册《毛泽东主席照片选集》（6 开）、《周恩来同志为共产主义事业光辉战斗的一生》、《朱德同志光辉战斗的一生》，以及连环画册《毛主席的故事》《周总理的故事》《朱德总司令的故事》等。

中组部下达通知，任命邵宇为社长兼总编辑，刘近村为副社长，燕生为副社长兼副总编辑，姜维朴为副总编辑。

1978 年

在国家出版局领导组织下，本社与文物出版社、上海人民美术出版社在和平宾馆召开座谈会，讨论《中国美术全集》和《外国美术选集》编辑规划，并确定了分工。

《中国历代绘画——故宫博物院藏画集》(1—8)，开始编辑工作。

为丰富人民文化艺术生活，有系统地介绍世界各国从古代到现代有代表性的著名画家的美术作品，计划编印的一套《外国美术作品选》(12 开)开始陆续出版，有《素描》(1—3)、《十九世纪法国绘画》、《文艺复兴欧洲美术》等多种。

为纪念毛泽东同志《在延安文艺座谈会上的讲话》发表 35 周年，编辑出版了大型画册《美术作品展览会选集》。

第二次全国出版工作会议后，制定了长远规划，有计划地编辑出版画家个人专集。出版了《新波版画集》及古代、现代画家活页画辑，有吴昌硕、任伯年、徐悲鸿、齐白石、黄宾虹、何香凝、傅抱石、吴作人、李可染、李苦禅等十余种。

同时，还编辑出版了“百图”丛书。当年出版了《中国古代绘画百图》，后陆续出版《中国古代雕塑百图》《中国古代版画百图》《西洋绘画百图》《西洋雕塑百图》《外国素描百图》《西洋肖像画百图》《印象派绘画百图》《外国版画百图》等。

著名女画家王叔晖绘制的连环画《杨门女将》(24 开)出版。

在期刊丛刊方面，设立《中国书画》编辑组，出版了《中国书画》丛刊(8 开)，由沈鹏主编。该刊选编以现代题材为主的中国画及书法篆刻作品，以少量篇幅介绍我国古代优秀书画遗产，并刊登一些画论及评论文章。

出版的专业美术刊物有《连环画报》《中国美术》《美术研究》《世界美术》《装饰》《中国工艺美术》《漫画》《版画》《中国摄影》等。

从各编辑室抽调部分美术编辑人员组成创作室，同时在连环画册编辑室设立创作组。

1979 年

3 月，为适应我国改革开放的新形势，设立外事办公室，开展对外合作出版工作。

3 月 11 日，经国务院批准，社长邵宇与日本讲谈社签订合作出版大型摄影旅游画册《中国的旅行》(1—5 卷)的协议。此为我国首次开辟对外合作出版项目。本书着重介绍我国对外开放旅游地区的风光胜景、文物古迹、文化艺术、风土人情、革命纪念地和社会主义建设成就等，为准备来华者提供了参观旅游向导。这套书于 1980 年正式出版，1985 年又修订再版。为出版《中国的旅行》，人美社应讲谈社邀请组团赴日本工作访问。

6 月 1 日至 14 日，与日本日中友协、中日友好画廊、日本版画协会、日本美术家同盟举办“中国现代版画展”。李平凡出席开幕活动。

6 月，成立摄影旅游编辑室，确定编辑方针为：立足本国，面向世界，积极开展对外合作出版。

出版摄影画册《中国摄影艺术作品选(1949—1979)》，编辑系列普及画册有《中国古代美术作品介绍》与《外国美术介绍》两套，介绍中外优秀作品的丛书各数十种。

1980 年

连环画册编辑室为加强青少年科学知识教育，1979 年至 1981 年编绘出版了一套《科学家故事连环画》丛书，有中外科学家的故事 20 种。

9 月，中国美术家协会组织连环画画家赴“丝绸之路”参观考察团，邵宇为团长。之后编绘、出版了《西行画记》。

12 月 21 日，中国出版工作者协会在湖南长沙举行成立大会，邵宇、赵筠被选为第一届理事会理事。

田郁文、沈鹏任副总编辑。

与日本美乃美出版社签订协议，合作出版《漫游中国》《中国少数民族服饰》《西藏》《西藏佛本生壁画选》等摄影画册。次年，又签订了两项合作出版协议，编辑出版《中国工艺美术丛书》（计划 40 卷）、《中国彩色文库》（计划 100 卷），至 1988 年先后出版《贵州苗族刺绣》等 11 种、《新疆之旅》等 20 种。本社摄影工作者肖顺权、徐震时等首次进藏实地拍摄，创作室人员进藏写生。

为适应广大读者的需求，一套小开本、多篇幅的《美术家丛书》(32 开) 首批出版，有《徐悲鸿素描》《徐悲鸿彩墨画》《齐白石作品选》《黄宾虹山水册》《傅抱石画选》 等。

顾同奋应邀赴日参加亚洲文化中心举办的野间儿童插图比赛的评委工作。

5 月 20 日至 26 日，在东京举办“人民美术出版社画家作品展”。以邵宇为首的代表团出席开幕式，中国驻日大使符浩剪彩，并由形成社出版画册。

《儿童漫画》创刊。该刊是全国唯一的儿童漫画刊物。后改为月刊，每期发表小朋友自己创作的漫画，并每年与中国儿童活动中心联合举办一次“小小漫画家漫画大赛”有奖活动。

出版系列连环画《杨家将》（1—5），修订再版《岳飞传》（1—15）。

连环画理论刊物《连环画论丛》创刊，姜维朴任主编。第一期于 8 月出版。

人民美术出版社和上海人民美术出版社、辽宁美术出版社、天津人民美术出版社、河北美术出版社、天津杨柳青画社等出版社与北京市新华书店崇文区店在花市新华书店联合举办“年画展销”，受到广大读者欢迎。

珂罗版印刷厂由人美厂迁入社内，直属出版部管理，于 6 月正式开工。印制有《清明上河图》《八十七神仙卷》等。

1981 年

5月，经教育部发文通知，由本社出版《全日制小学美术试用课本》《全日制中学美术试用课本》，这是新中国成立以来首次出版全国统编美术教材，是我国美术教材方面的一项开创性工作。

“六一”儿童节，人美社和少年儿童出版社及北京市新华书店合办儿童书市，展销图书。

9月，为庆祝人民美术出版社成立30周年，举办了30年图书展览。茅盾、周建人、叶圣陶、萨空了题字祝贺。

9月，为纪念鲁迅先生诞辰100周年，出版了《鲁迅画传》（中、日、英三种文版），其序言为宋庆龄所写，各大报纸载文广为介绍。这一时期还先后出版了《鲁迅论美术》（增订本）及《回忆鲁迅美术活动》《鲁迅美术系年》等研究资料。

10月，与沪、津、辽、粤、湘等地兄弟美术出版社共同发起创办一个评价和交流美术出版物信息的刊物《美术之友》。该刊于次年3月创刊，印数20万册，由沈鹏任主编，各社供稿。

10月，田郁文参加德国法兰克福国际书展。参展的图书有《中国历代绘画——故宫博物院藏画集》（1、2卷）、《宋元明清缂丝》等80余种，反应良好。

姜维朴赴日本参加“中国少数民族服饰展”开幕式。

谭云森随中国出版代表团访问澳大利亚。

王丕来、陈惠冠赴意大利举办中国连环画展。

加强了中外美术史论著作的编写，《中国绘画美学史稿》《中国美术史论集》《中国工艺美术简史》《阿英美术论文集》《潘天寿美术论文集》《西洋绘画史话》及《西欧近代画派画论选》等陆续出版。

出版了香港摄影家作品《陈复礼摄影集》。

根据国家档案局、国家出版局颁发的关于《出版社书稿档案工作暂行规定》的通知，重新设立了书稿档案室，建立书稿档案管理制度。

新绘古典连环画《水浒传》（1—30）开始陆续出版，于1984年出齐。

在全国第二届连环画创作评奖中，人美社王里、王叔晖、阎大方、刘继卣、任率英、郑洵、徐兢辞、曹作锐获连环画工作荣誉奖。

1982 年

为纪念何香凝逝世10周年、廖仲恺诞辰105周年，出版《双清诗画集》。

制订了“1983—1990年规划初步设想”，根据“十二大”的精神，要以继续宣传马列主义、毛泽东思想，推动美术创作、理论研究，积累文化艺术知识，普及美育，丰富人民的精神文化生活为基本任务。

5月23日至6月3日，人美社和京、津、沪、川的少儿出版社及北京市新华书店、北京少年儿童文化艺术科技委员会、市妇联、市团委、市教育局、市园林局等单位联合在劳动人民文化宫、北海公园、北京动物园三处举办“六一”儿童节书市。

与香港三联书店合作，在港举办了两个展览：4月举办连环画展览，7月举办“人民美术出版社30年出版物展览”。

8月，沈鹏为出版《西藏佛本生壁画选》赴日本。

王里随文化部少儿工作代表团访问菲律宾。

11月，赵筠随中国出版工作者协会代表团访问英国。

国务院委托人民美术出版社出版《全国第三次人口普查》宣传画。

配合学校教育出版一套《中小学学生守则》宣传画。

古典连环画《封神演义》（1—15）于 1982 年至 1983 年编绘出版。

低幼读物《开花爷爷》等几十种“小折叠”编绘出版，这种形式深受小读者欢迎。

1983 年

5 月，出版《中等师范学校美术课本》。

为纪念卡尔·马克思逝世 100 周年，出版了《卡尔·马克思画传》（中共中央马恩列斯著作编译局编，胡乔木撰写前言）。

在毛泽东同志诞辰 90 周年之际，由刘玉山责编、设计的《毛泽东故居藏书画家赠品集》出版。该书于 1986 年获莱比锡国际书籍艺术博览会“世界最美的书”铜奖。

6 月，田郁文随中国出版工作者协会代表团访问南斯拉夫。

10 月，田郁文参加法兰克福国际书展。

12 月，与日本每日新闻社签署协议，在日本东京举办大型“中国现代画展”，并于 1984 年 1 月正式展出。邵宇等 6 人应邀赴日参加开幕式和交流活动。

12 月 17 日，以国家出版局名义，由本社主办，邀请李可染、蔡若虹、古元、张仃、金维诺、启功、宿白、王世襄、冯先铭、史树青、安志敏、陈明达、马克、王代文、杨涵、邵宇、沈鹏等 30 余位美术家、考古学家、书法家及出版家于民族文化宫召开座谈会，讨论《中国美术全集》编辑规划。

为贯彻《全国评定编辑业务职称工作座谈会纪要》精神，成立社编辑业务职称评委会，邵宇任评委会主任，委员共 13 人，进行首次编辑职称评定，评出编审 7 名、副编审 26 名、编辑 35 名、助理编辑 15 名。其中高级职称报送国家出版局高级业务职称评委会评定。

为繁荣出版事业，满足多层次读者群的需要，于 1983 年恢复了朝花美术出版业务。它以普及性读物为主，出版美术画册、美术技法图书、连环画册、美术参考资料、美术辅导丛书、年画、年月历等。

再次出版了党和国家领导人为学习雷锋的题字。中国连环画研究会成立，姜维朴当选会长，顾同奋、阎大方、王里、费声福、吴兆修、曹作锐、徐淦为理事。

50 多种各类画册参加苏联莫斯科书展。

组织国内一些知名画家，绘制彩色系列连环画《中国动物故事》（1—15），于 1983 年至 1984 年出版。

连环画册《邦锦美朵》（韩书力绘，刘千编）出版。此作品获全国第三届连环画评奖金奖。

经国务院批准，任命田郁文为社长。

陈允鹤任副总编辑。

1984 年

邵宇主持上海人民美术出版社、文物出版社、中国建筑工业出版社社长、总编辑联席会议，讨论落实《中国美术全集》规划分工、联合出版事宜。

2 月，陈允鹤访问南斯拉夫，商谈合作出版事宜。

4 月，文化部出版局召开表彰先进集体、先进工作者大会，王里、赵筠被授予 1983 年先进工作者称号。

6 月，中宣部批准《中国美术全集》领导小组和编辑出版委员会正式成立。邵宇为领导小组成员兼编委会主任，田郁文、陈允鹤、王靖宪为委员。编委会的办公室设在人民美术出版社。首卷《中国美术全集·隋唐五代绘画》，于中华人民共和国成立 35 周年前夕按期出版。

《影画合璧》是绘画艺术和摄影艺术融为一体的产物，由香港摄影家陈复礼先生摄影，与著名画家合作，于是年出版。

为促进国际文化交流，出版了中国人民的朋友、保卫世界和平的国际社会活动家、智利著名画家何塞·万徒勒里先生的画册《万徒勒里》。

《春天的消息》是人美社出版的儿童画专集，由著名诗人柯岩题诗、卜镝作画。

著名漫画家张乐平的《三毛流浪记》全集出版。

《连环画艺术研究》丛书在姜维朴主持下出版《铁佛寺》（莫朴、吕蒙等作）、《翻身》（任迁乔绘）、《狼牙山五壮士》（彦涵作）、《三国演义》（朱润斋绘）等。

9 月 3 日，和深圳市罗湖区合作经营的“深圳朝花书画社”正式开业。

9 月 28 日，人民美术出版社门市部——朝花书画社，在西琉璃厂 4 号正式开业。

珂罗版印制《王翚山水卷》（清）、《清湘书画稿》（石涛作）等长卷陆续出版。

11 月，深圳博雅艺术公司、中华书局香港分局联合主办“深圳艺术书市”和“日本艺术书展”，本社参展图书近百种。

第三届全国年画展评奖，本社王叔晖、方菁、盛此君、王角、徐震时、谭云森、王渤涛、陈振新分别获作者、编辑、出版工作荣誉奖。

田郁文当选中国出版工作者协会第二届理事。

1985 年

2 月 9 日至 24 日，邵宇捐赠给钓鱼台国宾馆一批珍贵的古代、民间艺术品，并由文化部艺术局等单位联合举办了“邵宇捐赠文物展览”，在中国美术馆展出。

3 月，中国出版工作者协会和中国美术家协会联合举办“书籍装帧艺术家十人联展”，本社参展的有陈允鹤、王荣宪、李文昭、曹洁、温泉源的作品。

中国出版工作者协会年画研究会于 5 月 14 日在天津成立。邵宇任顾问，田郁文任副会长，徐震时任副秘书长。

在萨空了主持下，郑振铎生前编著的，由李平凡、朱章超、邵景濂责编设计的书稿《中国古代木刻画选集》，由责编刘玉山、李平凡重新整理出版，珂罗版印刷，线装本全函 10 册，共收入唐五代至清末的中国古代木刻画 584 幅，是研究中国古代版画的珍贵资料。此书在 1988 年、1989 年先后荣获莱比锡“世界最美的书”金奖和莱比锡国际书籍艺术博览会银奖。

《故宫博物院藏明清扇面书画集》共 5 册，每册百幅，包括画扇和书扇。由王靖宪、章东磐责编，刘玉山设计。本年出版的第一集，于 1987 年获莱比锡国际书籍艺术博览会“世界最美的书”铜奖。

为纪念弗里德里希·恩格斯逝世 90 周年，出版了由中共中央马恩列斯著作编译局编的《弗·恩格斯画传》，以丰富的图片资料形象地展现了恩格斯从事革命活动的一生。王震为画传写了前言。

邵宇主编的精印画刊《中国艺术》创刊。其内容包括古典艺术和现代艺术两大部分，栏目设有绘画、雕塑、艺术摄影、理论知识等各个方面。

出版物还有《中国美术全集》（部分卷册）、《日本版画藏书票》等画册。为配合全国妇联和民政部门工作，编辑出版了《创造祖国美好的明天》《联合国国际妇女十年——平等发展和平》《全国工业普查》《为了残疾人》等宣传画。

文化部出版局发出《关于实行〈美术出版物稿酬试行办法〉的通知》，自 1984 年 12 月 1 日起实施新稿酬标准。人美社修订了《赠发样书办法》。

8 月，曹辛之随中国出版代表团去法国参加国际装帧设计会议。

9 月 20 日，党委扩大会研究决定，为加强编辑出版专业分工领导，调整机构，分设现代美术、古典美术、图片、摄影艺术编辑室和摄影部、发行部，任命了一批业务骨干为室主任、副主任。

12 月 12 日至 22 日，香港展览中心举办首届“中国书展”，人美社参展图书有 300 种，并提供了一批画家签名的特印本、珍藏本画册。

沈鹏随我国出版代表团去香港参加“中国书展”。

30 日，增设期刊丛刊编辑室。

经文化部批准，姜维朴和部分编辑调出，另成立中国连环画出版社。《连环画丛刊》划归该社出版。本社出版连环画册任务不变。《连环画报》由孟庆江任主编，并主持编辑室工作。

文化部聘任邵宇为文化部文化艺术委员会委员，任社编审委员会主任。沈鹏当选中国书法家协会副主席。

刘玉山任总编辑。

曹辛之当选中国装帧设计研究会会长。

陈允鹤被聘为中国美术家协会插图装帧艺术委员会委员。

1986 年

1 月，人美社和日本每日新闻社在东京等地合作举办“中国画、版画展”，邵宇率团参加开幕式活动。

联合国教科文组织亚洲文化中心、日本野间国际图书基金会，每两年在东京举办一次野间儿童图书插图作品大赛，有亚洲、非洲和拉丁美洲等地区 30 多个国家参赛。从本年第五届开始，原国家出版局正式行文委托人美社办理野间儿童图书比赛组稿工作。

与英国牛津大学出版社合作出版《穿过月洞门看中国》一书，同期与法国纳坦出版社合作出版《中国》摄影画册。

为满足海外同胞和国际友人的需要，人美社与香港中华出版有限公司、中国广告有限公司联合出版中英文对照的《连环画报》国际版。

6 月，《连环画报》创刊 35 周年，全国 21 家连环画刊在京召开第一届工作年会，决定设立“金环奖”。

为贯彻《图书期刊版权保护试行条例》，社内先后举办两期学习班，对全体编辑人员进行了培训，普及版权知识，并开始实行与作者签订约稿合同制度。

中华全国总工会、共青团中央、

中国妇联联合编辑《中华腾飞》（10幅）系列宣传画，由人美社出版。

7月，《连环画报》第一届作者培训班开办。新闻出版署期刊司充分肯定这项工作的现实意义和长远意义。至1986年，已举办了4期，共培养作者、学员108人。

由中央档案馆编辑的《毛泽东题词墨迹选》出版。

中宣部批转编辑出版《中国美术分类全集》规划报告，文中确定：本社承担《中国碑帖全集》《中国民间美术全集》等30余册。

顾同奋当选中国连环画研究会副会长、中国幼儿读物研究会副秘书长。

8月13日，改选党委，为适应改革开放的新形势，人美社建立机关性质的党委会，探索党政分工，发挥党组织作用。顾同奋任党委书记。

9月，沈鹏赴瑞典参加中国书法艺术展开幕式。

为庆祝建社35周年，举办了图书成就展览，并为从事出版工作25年、30年以上的同志颁发了荣誉证书。其中获25年荣誉证书者33人，获30年以上荣誉证书者60人。

编辑白宇、吴兆修、张平良、童介眉、赵隆义获第三届全国连环画工作荣誉奖。

成立社务委员会，成员有田郁文、刘玉山、沈鹏、陈允鹤、顾同奋。

经社委会研究决定，先后成立儿童美术编辑室、财务处及调研室，并将社办公室工作暂并总编室，深圳、海南朝花书画社并入发行部，改为发行经营部。

1987年

1月27日，召开全社职工大会，表彰1986年度本社先进工作者（23人）和宣布“1986年十种最佳图书”获奖书目，并颁发了证书和奖金。

3月，刘玉山为合作出版《苏联藏中国民间年画珍品集》访问苏联。

4月20日，与苏联阿芙乐尔出版社签署协议，合作出版《苏联藏中国民间年画珍品集》，这是首次与苏联出版社开展文化出版领域的合作和交流。

5月，本社、文物出版社和日本讲谈社在中国美术馆联合主办“中日合作出版摄影展”。

6月，新闻出版署召开先进工作者表彰大会，授予1986年先进工作单位和先进工作者称号。李文昭、杨纯如、奚雷、胡智等四位同志被授予1986年先进工作者称号。

新闻出版署机关党委召开优秀党员表彰大会，授予杨纯茹优秀共产党员称号。

7月，与新加坡胜利私人出版有限公司合作出版连环画《民间神话故事》10册，出版后该套连环画被新加坡教育部指定为华语教材。

8月，与外文出版社签订合作出版《中国六大古都》（全6卷）

协议书，中、日、英三种文版，于1991年9月前陆续出版。

9月28日，新闻出版署向老出版工作者颁发荣誉证书。本社从事出版工作30年以上获荣誉证书者88人。

10月，刘玉山为合作出版《中国美术全集》法文版组团访问比利时。

为提高书稿质量，制定了《关于实行稿件齐、清、定的具体规定》。社务委员会做出《关于实行定编定员管理的决定》。

出版系统实行职称改革工作，本社先后完成编辑、编务、校对、技术编辑、图书资料、会计、经济等系列专业职务的评审工作。参加评审的共196人，聘任高级专业职务39人（其中正高8人、副高31人），中级专业职务62人，初级专业职务57人，已退离的编审10人、副编审28人。

11月26日，与苏联行星出版社签署协议，以交换出版对等方式合作出版《中国》（行星版）、《苏联》（人美版）摄影画册。内容由各自在对方国家中10个城市拍摄的资料编成。两本画册已于1989年、1991年先后出版。

邵宇接待台湾第一位来大陆探访的出版界同人——锦绣出版社有限公司总经理吕石明先生，共商合作出版《中国美术全集》繁体中文版的意向。

出版了一批中青年摄影家个人专集，其中《中国摄影家朱宪民作品集》（责编杨恩、设计邹新），于1989年获莱比锡国际书籍艺术博览会铜奖。

编绘出版了古典连环画《儒林外史》和《儿童知识画库》。

为繁荣美术教育，促进美术教材建设，组织有关专家编写出版《小学美术课本（普及版）试用本》。

新闻出版署批准《中国艺术》《儿童漫画》由丛刊改为期刊。

全国第一届幼儿图书评奖，本社裘兆明获编辑工作奖，顾朴获荣誉奖。

1988 年

1月14日，社长田郁文代表《中国美术全集》编委会与比利时范登梅伦出版公司签署协议，规划以10年期限合作出版《中国美术全集》60卷法文版，并与中华商务联合印刷（香港）有限公司签订了分批印刷协议，到1989年已出版7册。

3月，为出版《中国美术全集》法文版，陈允鹤与文物出版社等四社人员组团访问比利时。

5月，为出版《苏联》摄影画册，沈鹏率团赴苏联。

6月，总编辑刘玉山随国家新闻出版代表团访问英国，进行文化交流。

中国出版工作者协会于1988年6月在北京国际饭店召开记者招待会，庆贺本社连续三年（1986年、1987年、1988年）在莱比锡国际书籍艺术博览会中获奖。

9月5日，社长田郁文与台湾锦绣出版社（以香港Genty名义）签署协议，合作出版《中国美术全集》60卷台湾版，以来料加工形式由中国印刷公司在北京、上海两地安排印刷，并于1990年底全部出齐。

10月，社长田郁文参加法兰克福国际书展。

为加强幼儿读物的出版，编绘

1989 年

出版了《世界童话》(幼儿版)、《西游记》(幼儿版)连环画、《识字学画》、《幼儿动物系列画页》等。

期刊丛刊编辑室与商业部、中央工艺美术学院联合举办“全国商业橱窗设计函授培训班”，全国各地500余人参加培训。

童介眉、王双贵、杨春峰获全国连环画刊“金环奖”优秀编辑奖。

王双贵、郭小凌获华北地区连环画优秀编辑奖。

新闻出版署批复同意人民美术印刷厂划归中国印刷物资公司承包经营。

与文物、摄影、音乐、电影、戏剧、旅游、北京八家出版社联合成立发行中心。

孟伟哉于11月调入本社任社长。

3月，与台湾汉光文化事业股份有限公司合作出版彩色连环画《中国古代神话故事》(1—9)和《中国童话精选》(1—6)、《世界童话精选》(1—6)。

4月，于大武去日本参加亚洲文化中心日本野间儿童文学作品领奖大会。

为繁荣中等美术教育、促进美术教材建设，组织有关专家编写出版《中学美术课本(普及版)试用本》，并于8月由国家教委正式审定通过。

5月17日，社务委员会决定，成立老干部处负责管理老干部工作。同时，决定撤销调研室，成立多种经营办公室。

国庆40周年前夕，8月18日《中国美术全集》60册全部出齐。9月20日，在人民大会堂召开《中国美术全集》出版发行大会。

9月21日至10月11日，与苏联行星出版社在莫斯科联合举办中苏合作出版摄影艺术展。应邀派人赴苏参加开幕式和交流活动。

与北京市社会科学院合作编辑的大型摄影画册《北京》出版，在北京饭店举行了新闻发布会。

与台湾光复书局以版权贸易方式，合作出版《中国民间美术大观》(10册)和彩色连环画《中国动物故事》(1—15)、《科学童话故事》(1—18)。

《宋人画册》(郑振铎、张珩、徐邦达编，卢光照、王靖宪责编，曹洁设计)再版，获莱比锡国际书籍艺术博览会金奖。

编辑出版珍贵的历史照片资料《北京旧影》(英、日文版)摄影画册。

深圳朝花书画社于1989年改称为“深圳朝花实业发展公司”(独立法人)，由郑锦甫任总经理，与社内签订承包合同。本社有部分投资的深圳朝花大厦落成。

1990年

2月，新闻出版署任命陈允鹤为社长，沈鹏为编审委员会常务副主任，孟伟哉调中国文联工作。社委会成员为陈允鹤、刘玉山、沈鹏、顾同奋、田郁文。

3月，《连环画报》编辑部和国家教委合作编辑出版《鸦片战争150周年教育丛书》24开连环画，其中《鸦片战争图画故事》印数达418700册，创本社出版连环画册从“低谷”时期走向复苏时期的最高纪录。

6月，新闻出版署直属机关党委授予李文昭、赵国瑞优秀共产党员称号。中共中央国家机关工委授予李文昭优秀共产党员称号。

7月，与台湾锦绣文化企业签订合作出版《中国佛教雕塑艺术》画册合同。

全国连环画报刊在辽宁召开会议，《连环画报》获“金环杯”奖。

8月，《第四届全国年画获奖作品选》出版。

组织职工向亚运会捐款、捐赠书画。

裘兆明随中国出版代表团去美国参加国际青年读物联盟大会。

10月，新闻出版署授予本社“精神文明单位”奖牌。

中央国家机关精神文明建设协调领导小组授予本社“中央国家机关迎亚运精神文明综合治理先进单位”奖旗。

为了进一步促进全国美术出版社的团结合作，共商在改革开放形势下美术出版社的繁荣大计，在新闻出版署的大力支持和倡导下，人民美术出版社和四川美术出版社联合发起，于10月10日至10月13日，在四川省成都市召开全国美术出版社社长研讨会。

新闻出版署转发本社社委会制定的《整改计划》和《廉政建设的十条规定》。

11月17日至20日，中宣部在杭州召开全国26家省、市和中央出版社会议，进一步落实、调整《中国美术分类全集》出版规划。本社分工出版《中国民间美术全集》《中国碑刻全集》以及《中国现代美术全集·中国画》分册，共30余册。

出版大型摄影艺术画册《中华》，收入著名摄影家的精品400多幅，并由著名作家学者张光年、玛拉沁夫等撰文，以形象生动的图文展示了中国古老的历史文化和风土民情。本画册有中、英、法、德四文版。外文版于1990年推出。

11月，新闻出版署批准实行美术出版物新稿酬标准。

由著名戏剧家曹禺作序，孟庆江、陈尔泰主编的《中国十大古典悲剧连环画集》和《中国十大古典喜剧连环画集》出版。初版印数10000套。

12月5日，在人民大会堂举行本社出版的《李可染论艺术》一书首发式。

12月8日，举行了本社出版的《中央美术学院四十年教师优秀作品选》画册首发式。

经新闻出版署决定，张友元任副社长、社委会成员。

邵宇任中国书法家协会党组书记、常务副主席。

12月20日，本社党委、纪委换届选举，顾同奋连任党委书记，张友元任纪委书记。

北京八家艺术出版社联合发行中心设立北京艺联书店。

1991 年

1 月 7 日至 10 日，在哈尔滨召开“全国美术出版社发行会议”，讨论《全国美术出版社发行联谊会章程》，张友元当选会长。

2 月 11 日，《神剑之歌——张爱萍诗词、书法、摄影选集》出版。国防科工委举行了庆贺座谈会。

4 月 22 日，与苏联阿芙乐尔出版社合作出版的《苏联藏中国民间年画珍品集》（俄、中文版）在苏联驻华使馆举行新闻发布会。

5 月 28 日，在人民大会堂举行本社出版的《苏联》摄影画册（沈鹏、林文碧主编）、《弗·伊·列宁画传》（中共中央马恩列斯著作编译局编）首发式。伍修权、刘杲等领导和苏联驻华大使索罗维约夫出席并讲话，沈鹏代表本社讲话。《苏联》摄影画册是中国新闻出版署与苏联出版委员会 1987 年达成协议，互派代表团到对方 10 个城市摄影采访，分别出版《中国》和《苏联》画册。苏联领导人 1989 年 5 月访华时，将苏联编辑出版的《中国》画册赠送给邓小平等领导同志。江泽民总书记访苏时，将人民美术出版社出版的《苏联》画册赠送给苏联领导人。

《齐白石绘画精品集》出版。

配合爱国主义教育，《连环画报》编辑室和国家教委合编出版《从小热爱共产党》《抗日战争凯歌传》《抗美援朝英雄赞》等连环画册。

《中国现代名家画谱》丛书，有王叔晖、郭味蕖、黄胄等画家的作品开始陆续出版。

受新闻出版署委托，筹备、承办了全国优秀美术图书评奖。同时组织召开颁奖大会，举办全国美术图书展和订销活动。本社在评奖中，获特别奖 3 种，金奖 4 种，银奖 9 种，铜奖 14 种。

7 月，中国出版协会出版研究会成立，陈允鹤当选为会长。

9 月，为庆祝建社 40 周年，在中国历史博物馆（现中国国家博物馆）举办“人民美术出版社成立 40 周年图书展览”，同时在全国大中城市新华书店举办“庆人民美术出版社建社 40 周年图书大联展”。

11 月，完成专业技术干部考核、设岗工作。

《中国历代绘画——故宫博物院藏画》8 卷全部问世。另有《故宫博物院藏明清扇面书画集（4）》《中华》《黄宾虹精品集》等出版发行。

1992 年

社委会任命叶水旺为社长助理兼行政处长。

2 月，本社举办为期一周的“1989—1991 年图书回顾展”。

5 月，新闻出版署任命李文昭为人民美术出版社副总编辑、社委会委员。

连环画册编辑部召开“纪念毛泽东同志《在延安文艺座谈会上的讲话》发表 50 周年座谈会”。

人美实业发展公司的前身“朝花美术服饰艺苑”成立。

6 月 4 日，我社前任社长、总编辑、编审委员会主任邵宇在深圳因病逝世，终年 73 岁。

与上海出版印刷公司联营创办“上海朝花美术图书经营部”。

与台湾锦绣出版社就合作出版《中国近现代名家画集》达成协议，并举行了签字仪式。

深圳朝花实业发展公司新一届董事会成立。

“离退休干部书画展”在本社礼堂举办。

张书林被新闻出版署评为优秀共产党员，受到新闻出版署表彰。

社委会讨论通过《人民美术出版社实行聘任、聘用制暂行办法》，并下发执行。

8 月，《人民美术出版社关于实行目标管理责任制的暂行条例》下发执行。

房改领导小组正式成立，并召开第一次会议。

10 月，刘玉山赴日本参加“东京国际图书博览会”。

现代美术编辑室被评为新闻出版署系统先进单位。李文昭、杨瑞芬被评为新闻出版署系统先进个人。

《中国美术全集》编委会办公室召开编委会，研究《中国美术全集》再版工作及《中国美术分类全集》编辑出版工作。

《中国美术五千年》（共 8 册）出版发行。该书汇集了《中国美术全集》60 卷中的全部论文，是一部研究中国美术史的学术论著。

与日本小学馆、日本旭通讯社签署购买《机器猫》系列卡通连环画版权协议书。这是国内第一次按照国际惯例通过版权贸易的形式使用外国版权作品。

与台湾永全出版社签订协议，购买连环漫画《乌龙院》版权。

本年度享受国务院颁发的政府特殊津贴的人员是田郁文、陈允鹤、刘玉山、李文昭、顾同奋、肖顺权、丁午。

经《中国美术分类全集》总编委会决定，刘玉山任《中国美术分类全集》总编委会副总编辑。

经新闻出版署批准，人民美术出版社从 8 月开始，实行处室干部聘任聘用制，完成各部门定编定员方案。

本社美术教育部邀请部分专家研究《北京市中小学书法教材》编写工作。

在第一届新闻出版署直属出版社优秀图书评奖中，本社有 6 种图书获奖：《小学美术课本》获编辑一等奖；《中国历代绘画——故宫博物院藏画集Ⅷ》获设计一等奖；《中国美术五千年》获设计一等奖。

《儿童知识画库》获第二届全国少年儿童读物评奖二等奖；《小宝贝》获第二届全国少年儿童读物评奖三等奖。

《古都北京》获第六届全国图书金钥匙奖优胜奖。

《黄宾虹精品集》获中国图书奖二等奖。

《中国中小学美术》杂志创刊。

沈鹏任中国书法家协会代主席。

1993 年

陈允鹤代表《中国美术全集》编委会和《中国民间美术全集》编委会与台湾锦绣出版事业股份有限公司董事长许钟荣正式签订再版《中国美术全集》1000 套、合作出版《中国民间美术全集》繁体版协议书。

本社被评为“1992 年度新闻出版署文明单位”。

与中央电视台首次合作录制教学节目，教学片《怎样写美术字》（作者余秉南）在中央电视台播出。

由中国出版协会美术出版研究会主办，全国美术出版社联合发行集团和重庆出版社承办，本社组织的首届全国美术图书交易会在重庆开幕。

4 月，美术教材编辑室邀请国家教委有关同志及专家审定高中美术教材。

《中国版画》举行创刊号新闻发布会。

陈允鹤赴台湾参加中国出版工作者协会组织的“海峡两岸图书出版合作研讨会”。

5 月，“平凡友好画院”落成典礼在天津举行。

6 月，根据国家计委的投资要求，出版社有关人员开会研究与国家计委联合成立光盘公司事宜。

深圳市新闻出版局主办、人民美术出版社协办的《深圳画报》创刊。

《人民美术出版社直属企业管理的暂行办法》下发执行。

重点图书《中国民间美术分类全集·山西卷》出版。

6月，通过招标，确定定州市城建一公司为新宿舍楼承建单位。

新闻出版署任命孟庆江为副总编辑，免去沈鹏副总编辑和田郁文社委会委员职务。

为表彰人民美术出版社在中国画出版工作中做出的优异成绩，经新闻出版署推荐，人民美术出版社获"崔子范艺术国际基金会优秀美术读物出版奖"，基金会向本社颁发了奖状，并赠崔子范作品一幅。

8月，全体职工分两批到怀柔双阳培训中心学习出版法规。

陈允鹤当选中国出版协会理事。

9月，《连环画报》编辑室举办"连环画创作培训班"。

11月，联合国出版商协会主席和秘书长到本社进行友好访问。

本年度享受国务院颁发的政府特殊津贴的人员有孟庆江、徐震时、刘汝阳、张俊国、王靖宪、王里、平野。

田郁文同志获第五届全国年画评奖年画工作荣誉奖。

曹辛之同志获中国出版工作者协会颁发的"韬奋出版奖"。

1994 年

1月，与上海人民美术出版社等五社联合出版的《中国美术全集》获国家图书奖荣誉奖。本社出版的《中国历代绘画——故宫博物院藏画集》获国家图书奖，《中国古代木刻画选集》获国家图书奖提名奖。

1月，孟庆江赴日本参加"东京国际图书博览会"。

召开工会会员代表大会，选举产生第四届工会委员会，叶水旺当选为工会主席。

《中国美术全集》办公室召开《中国历代艺术》编辑委员会工作会议，研究该画册的编辑出版工作。

4月，张友元赴台湾参加"大陆书展"。此次是大陆图书首次在台湾展出，引起台湾各界人士的关注。

5月，陈允鹤随中国新闻出版代表团赴瑞士，参加"日内瓦图书沙龙"。

继1990年、1992年之后，人民美术出版社第三次获得"新闻出版署文明单位"称号，受到新闻出版署的表彰。

刘玉山赴美国，参加"中国图书艺术展"。

7月，张友元、廖大健赴香港，参加"'94香港图书展"。

1995年

8月，刘玉山、李文昭、刘汝阳应邀赴台湾进行学术交流活动。

为支援边疆地区，向西藏图书馆捐赠1000册图书。

11月，社委会召开扩大会议，研究新办公楼的筹建工作。

本社计算机中心成立，对提高出版物的质量和缩短出版周期起到了促进作用。

新闻出版署于友先署长、刘杲副署长等来本社检查工作。

《连环画报》获全国第八届连环画金环奖优秀栏目奖。

由五个出版社共同编辑的《中国历代艺术》问世，并于9月3日在北京国际饭店举行了出版座谈会。该书1995年获中宣部颁发的“五个一工程”优秀图书奖。

《古元画集》出版，同时召开了专家学者座谈会。

12月，与日本见闻社商谈出版日文版《中国美术全集》事宜，并于1995年达成协议。据此，与日本见闻社共同出版了日文版《中国美术全集·工艺美术编》。

中宣部“五一五五”工程之一的漫画刊物《漫画大王》创刊。

1月，“1992－1994年人民美术出版社优秀图书评选”活动在本社展开，共评出优秀图书32种。

在新闻出版署举办的第二届直属单位优秀图书评奖中，《九年义务教育三年制初级中学美术试用课本》获编辑二等奖、设计二等奖，《发展中的书籍艺术》获选题二等奖，《欧美行——中国摄影家辛凯作品集》获设计二等奖。

2月，法国出版总署访华团来社访问，交流编辑出版工作。

英国道林特斯莱有限公司董事长等人来社，就《摄影向导》一书版税问题与有关人员交换意见。

3月，邓力群、王忍之、于友先等领导同志及启功先生听取《中国现代美术全集》编辑工作会议情况汇报。

4月，由本社和美协联合主办的“《孙其峰画册》出版座谈会”在中国人民革命军事博物馆举行。

房改小组完成向职工出售公有住宅楼房工作。职工购买了150套住房，使人民美术出版社房改工作大大向前推进一步。

人民美术出版社读者服务部正式开业，为出版社开辟了又一联系读者、宣传销售的窗口。

为纪念中国抗日战争和反法西斯战争胜利50周年，《中国版画》编辑部出版了纪念专刊，并邀请在京的版画家进行座谈。

在中国民主促进会北京市委员会庆祝会暨表彰先进大会上，民进人民美术出版社支部获得“先进集体奖”。

修订《人民美术出版社“九五”图书出版规划》。

出版图书《中国近现代名家画集》系列书简体字版；以《爸爸妈妈读过的书》为题，再版了一批内容健康、深受读者欢迎的连环画，共印制15000套。

1996 年

4 月，张友元应邀访问美国西岸摄影图片公司。

王双贵前往新加坡参加“'96 世界华文图书展览”。

参加农民日报社举办的“向希望工程小学赠书”活动，为贫困山区学校捐赠了近万元图书。

为纪念《连环画报》创刊 45 周年，在中央美术学院展览馆举办“连环画精品原作展览”。

7 月，中国书刊发行业协会美术发行专业委员会成立（同时保留美联集团），张友元当选主任委员，廖大健为副主任委员。

党委组织全社职工到京郊昌平工商干部培训中心集中学习出版政策法规。

由中国扇子艺术协会主办、本社协办的“首届中国扇子艺术大展”在中国历史博物馆（现中国国家博物馆）举行，王光英、彭冲等领导光临剪彩。展览之后，本社出版了大型画集。

9 月 16 日，召开“人民美术出版社成立 45 周年纪念大会”，新闻出版署副署长于永湛代表署党组到会祝贺并讲话。

《儿童漫画佳作选》获“全国优秀少儿读物评选”三等奖。

10 月，刘玉山赴法兰克福参加国际图书博览会。

11 月，中国出版工作者协会授予赵筠“全国首届出版工作伯乐奖”称号。

曹洁享受国务院颁发的政府特殊津贴。

为纪念孔繁森同志逝世两周年，出版了《领导干部的楷模——孔繁森》宣传画。

12 月，经社委会研究决定，出版部印制、校对人员试行分室管理，对口安排到相应的编辑室工作。

为全体职工建立了住房公积金。

再版了《宋人画册》《外国素描选集》等。

1997 年

1 月，郜宗远调入本社，经新闻出版署党组决定，任命为人民美术出版社社长。同时，署机关党委任命郜宗远为社党委委员。陈允鹤离任（2 月起离休）。

应丁绍光艺术研究会的邀请，陈允鹤等赴美国洛杉矶进行学术访问。

2 月，为悼念邓小平同志，本社在 8 天之内，完成了印制发行 340 万张《邓小平同志像》的任务。为此，本社受到新闻出版署的嘉奖。发行部被评为先进集体。徐震时、张京、祁旺、孙凯同志被评为先进个人。

为纪念《连环画报》创刊 100 期，本刊编辑部到北京郊区举行送书下乡活动。

3 月，为宣传贯彻《出版管理条例》，全社开展了知识竞赛活动。

人民美术出版社、中国连环画出版社、荣宝斋的领导开会讨论三单位重组问题。

4 月，为纪念周恩来同志诞辰 100 周年，出版了大型画册《伟人周恩来》，并在人民大会堂举行了画册出版新闻发布会。

6 月，三单位领导开会，讨论修改《重组方案》（讨论稿）。

在新闻出版署第三届直属出版社优秀图书评选中，《故宫博物院藏明清扇面书画集（5）》《风迹——中国摄影家张岚作品集》获设计二等奖。

著名画家、出版社老编辑卢光照先生画展在中国美术馆举行。

王石之当选中国民主促进会北京市第十一届委员会委员。

社委会决定，根据出版社生产任务及重组工作需要，印制、校对人员自 7 月起恢复集中办公，统一管理模式。

郜宗远赴匈牙利进行学术交流活动。

顾同奋赴瑞典进行学术访问。

7 月，为庆祝香港回归，出版了《魂系山河》长卷及大型摄影画册《邓小平与香港》。

8 月 7 日，人民美术出版社等 13 家美术出版社与新华书店总店《共同投资、联合发行〈中国现代美术全集〉协议书》签字仪式在中国出版之家举行。出版社与新华书店大规模联合出版发行图书在国内尚属首次，它解决了出版资金困难的问题，为该套重点画册的出版创造了条件。

10 月 13 日，经署党组批准，三单位重组领导小组成立，郜宗远任组长。

教材编辑室完成了陕西地方版美术教材的修改审定。《中国艺术》《中国版画》杂志在新闻出版署直属出版社首届期刊评比中获美术设计奖。

与北京市教委签订出版《北京地区民间美术中小学教科书》协议书。

与北京银冠电子科技公司联合编辑、制作、出版的《世界文化遗产系列》CD-ROM 在法国莫比斯国际多媒体大奖赛中获评委特别奖。

《龚贤精品集》《王原祁精品集》《王鉴精品集》《沈周精品集》等古典画册出版发行。制定下发了《关于加强出版物印制管理的暂行规定》《内部稿酬支付办法》《医药费报销暂行办法》《厉行节约，缩减开支暂行规定》等制度。

1998 年

程大利调入本社，4 月 17 日经署党组任命为人民美术出版社副总编辑。

新闻出版署举办印研杯“十五大”知识竞赛，本社李杨、李滢、厉亚明获优秀奖。

本社被评为 1997 年度建国门地区共建精神文明先进单位。

4 月 17 日至 19 日，新闻出版署计财司在昌平召开三单位重组工作研讨会，邀请国管局、财政部等有关部委的同志就资产重组的运作方式进行探讨。

为纪念周恩来同志诞辰 100 周年，党办组织全社干部职工到中国人民革命军事博物馆参观“人民的好总理”展览。重组工作领导小组开会研究《重组方案》。

6 日，新闻出版署下发《关于同意人民美术出版社、中国连环画出版社、荣宝斋出版社重组改革实施方案的批复》。根据新闻出版署的批复精神，三单位重组成立中国美术出版总社。署党组任命郜宗远为董事长，迟乃义、刘玉山、张均康、程大利为副董事长，张友元、徐世斌、叶水旺、马五一、王铁全为董事。

新闻出版署党组决定，郜宗远任人民美术出版社社长，刘玉山任总编辑，程大利和迟乃义任副总编辑，张友元任副社长，叶水旺任人民美术出版社工会主席。

根据新闻出版署党组决定，顾同奋、李文昭、孟庆江离任退休。

根据新出人[1998]348号文件，三单位重组后，总社所属人民美术出版社原有性质不变，具有法人资格，荣宝斋出版社、连环画出版社为人民美术出版社副牌社。

新闻出版署下发批文，同意人民美术出版社与北京银冠电子科技公司合办“北京银冠电子出版有限公司”。

6月，《中国现代美术全集·漆器》《中国现代美术全集·中国画人物卷》获《中国美术分类全集》办公室颁发的出版质量奖。

7月，总社成立的调查组赴深圳，调查人民美术出版社朝花实业发展公司产权和债务问题。

8月，《儿童漫画》《漫画大王》编辑部与中央电视台动画部联合主办“'98中国青少年漫画夏令营”。中宣部、新闻出版署领导，著名漫画家方成、王复羊、丁午及来自全国各地的营员出席了开营仪式。

郜宗远当选中国版协理事、中国版协美术出版研究委员会会长，程大利当选秘书长。

为宣传抗洪精神，支援灾区抗洪救灾，本社高质量、高效率地完成了抗洪救灾宣传画的出版发行工作，受到新闻出版署的表彰。

9月，郜宗远当选中国美术家协会理事。

在新闻出版署第四届直属单位出版社优秀图书评选中，《龚贤精品集》获优秀选题一等奖、优秀装帧设计一等奖。

《中国近现代名家画集·白雪石》获第11届中国图书奖。

9月，《中国艺术》编辑部邀请在京部分美术评论家召开座谈会。

本社召开少年儿童文学作家、评论家座谈会，邀请专家就少儿图书选题的开发进行研讨。

10月，在第14届全国连环画报刊金环奖评选中，徐永林被评为优秀编辑，张满红被评为优秀编务。

11月，沈鹏被新闻出版署、中央国家机关工委评为“抗洪救灾先进个人”。

由中国扶贫基金会及本社主办的“功在千秋——扶贫书画展”在中国历史博物馆（现中国国家博物馆）举行。

1999年

1月，《中国现代美术全集》出版发行新闻发布会在国际艺苑举行。

为揭露“法轮功”歪理邪说，本社突击绘制出版了《李洪志其人其事》《“法轮功”欺世害人》两套连环画册及宣传画。

5月，全体党员开会，学习中组部文件《关于在维护社会稳定中发挥共产党员作用的通知》。

10日，全体职工大会，传达新闻出版署“关于以美国为首的北约轰炸我驻南使馆”紧急会议精神，并宣读了总社致美国驻华使馆及美国政府的抗议书。

6月，全社党员参加新闻出版署机关纪委发起的党纪条规教育问卷测试答题活动。

为展示老干部书法班教学成果，举办“老干部书法作品观摩展”，展出书法作品30件。

8月，人民美术出版社与中央电视台联合主办“'99中国青少年漫画夏令营”。中宣部有关领导及著名漫画家方成、丁午、徐宝信等参加了开营仪式，来自全国各地的小漫画家、漫画爱好者参加丰富多彩的活动。

在新闻出版署直接领导下，本

社编辑、设计、出版人员共同努力，完成了《新中国出版 50 年》出版任务。该书总结了新中国成立 50 年来的出版成就。

部分党员干部到北京展览馆参观“五十年辉煌成就展”。

在署直机关迎国庆 50 周年文艺汇演中，由社领导和部分职工组成的合唱队获演出一等奖。在 2000 年举办的署直单位庆“七一”演出中，本社演出再获一等奖。

领导班子开会学习江泽民同志在十五届四中全会召集人会议上的讲话和四中全会《决定》。

10 月，在北京市教委组织的《北京市 21 世纪教材》招标工作中，本社中标。

《中等师范美术课本》根据教学大纲完成修订，并出版发行。

与中国美术家协会合作出版的《新中国美术五十年》《第九届全国美展中国画作品集》出版发行。与中国文史出版社合作出版了《近现代名家画集》。

第五届分房委员会完成大红门宿舍楼分配工作。

与北京制版厂签署协议，以异地安置方式交换西什库产权房。之后，发行部完成西什库书库搬迁工作。

《少年漫画》获全国连环画报刊第十四届金环奖，林阳同志获优秀主编奖，徐永林获优秀设计奖。

中国发行业协会美术发行专业委员会召开第三次全体会员代表大会，张友元被选为常务理事，廖大健被选为理事。

11 月，我社协办的“中华情书画大赛获奖作品展”在中国革命博物馆（现中国国家博物馆）开幕。

经有关人员多方努力，本社收回东四 390 号产权证，避免了国有资产流失。

2000 年

新闻出版署发行司在全国出版发行系统组织社店互评活动，经过社店投票、评委审定，本社被评为 1999 年度“讲信誉，重服务”出版发行单位。

教材部组织教材编写委员会根据新修订的教学大纲，完成了《中小学九年义务制教育美术教材》的修订工作。

为加强图书编校质量，从 5 月 1 日起，编辑发稿执行填写《书刊质量记录卡》制度。

7 月，与山东新华印刷厂签订合作办厂协议。

“任率英画展”在中国美术馆举行。

连环画编辑室编辑出版的连环画《董晓玲》（原名：《背负瘫痪母求学》）于 7 月 29 日至 31 日在深圳举行了首发式和义卖活动，在当地产生了极大影响。深圳电视台、深圳广播电台等新闻媒体纷纷进行了连续报道。《连环画报》获 2000 年度全国连环画报刊金环奖。《少年漫画》获金环奖，林阳获优秀主编奖。

本社被新闻出版署评为 1997—1998 年度全国良好出版社，并由新闻出版署颁发荣誉证书。

《世界文化遗产系列·故宫》CD-ROM获首届国家电子出版物荣誉奖。

《连环画报》编辑部召开“纪念《连环画报》创刊50周年老编辑、老作者座谈会”。

7月，北京市21世纪《中小学美术教材》和《中等师范学校美术教材》（第三册）的编写工作启动。教材编辑室多次组织教材编写委员会的专家、教师，就教材编写工作进行研究、论证。

8月，在国家义务教育课程标准美术教材招标过程中，经艰苦努力，本社中标，并启动编写工作。

由教育部艺术教育委员会主办、《中国中小学美术》编辑部承办的“21世纪美术教育创新与培养”培训班于8月13日至18日在河北廊坊举办。全国各地350多位美术教师参加了培训。

党员干部参观在中国人民革命军事博物馆举办的“北京市打击和预防经济犯罪展览”。

程大利同志当选中国编辑学会理事。

9月，全体中层干部、党员参加警示教育学习班，收看《胡长清案件警示录》电教片。

11月，受教育部的委托，教材编辑室举办中师教材培训班。

12月，新闻出版署党组决定，刘玉山离任退休，程大利为代理总编辑。

全社党员干部和离退休党员同志收看中央党校原教育长王瑞璞同志所作《江泽民同志关于“三个代表”的思想是加强党建的伟大纲领》的录像报告。

本年度张广享受国务院颁发的政府特殊津贴。

4月至8月期间，全社党员干部按照中央规定参加了“三讲”教育。

12月，进行了“三讲”教育回头看。

2001年

1月，桂晓风来社宣布，刘玉山同志离任退休，程大利为代总编辑。

2月，全体党员干部开会，传达中纪委五次会议、新闻出版署第九次反腐败工作会议文件。

石宗源署长、杨牧之副署长及署人教司李敉力司长等来社调研。

4月，本社“出版管理信息系统”“图文数字化处理系统”方案通过署科技发展司主持的专家论证。

国家实验教材美术课本（第一册—第十三册）和北京市21世纪美术课本（第一册—第十三册）审定通过，并开始在中小学试用。

为保证国家实验美术教材试验工作顺利进行，教材编辑室配合教材编委会，对全国20多个试验区的美术教师开展了培训。

5月，与山东新华印刷厂合资创办的“北京燕泰美术制版印刷有限责任公司”正式投入运营。

6月，受新闻出版署委托，承办的“首届全国优秀艺术图书奖”评奖工作在香山饭店举行。

为编辑出版《中国美术百科全书》，召开专家座谈会及第一次编委会。《中国美术百科全书》编辑工作启动。

社领导专题学习“三个代表”重要思想，结合实际进行深层次理论思考。

9月，《连环画报》成立50周年暨连环画2000年“金环杯”颁奖大会在华润大厦举行。国家重点图书《中国民间美术全集》编辑工作会在长春市举行。

由人民美术出版社与中国展览交流中心等单位联合举办的“黄河·2001中国画创作展”在中国美术馆举行。

在首届全国优秀艺术图书评奖中，《中国藏传佛教铜像》等11本图书获奖。

为配合中国美术家协会“百年中国画展”，出版了《百年中国画集》。

10月，研究审定《总社改革方案》；研究分析人民美术出版社建社50周年庆祝活动筹备工作；研究分析中国美术出版总社办公楼筹建工作。

中宣部副部长李从军、出版局局长邬书林、新闻出版总署副署长杨牧之等领导来中国美术出版总社调研。

中国美术出版总社科技项目招标会议在昌平九华山庄举行。

人民美术出版社资深编辑、中央文史馆馆员、著名中国画画家卢光照先生因心脏病医治无效，在北京去世，享年88岁。

《儿童漫画》进入中国期刊展“双百方阵”。

11月，为庆祝人民美术出版社建社50周年，中国美术出版总社在全国政协礼堂召开了座谈会。

12月，为庆祝人民美术出版社建社50周年，中国美术出版总社召开“中国连环画走过50年座谈会”。

12月25日至28日，“庆祝人民美术出版社建社50周年、荣宝斋新记50周年综合展”在中国美术馆举行。中宣部领导、新闻出版总署领导及美术界代表和观众数千人参观了展览。

2002年

1月，中国美术出版总社与北京科希盟公司签订《中国美术出版总社管理信息系统项目合同书》。

人民美术出版社与首都发行所共同主办的“中华魂”读书活动发奖会在人民大会堂举行。

2月，社领导参加“中国出版工作者协会常务理事扩大会”。林阳同志被评为第四届全国优秀中青年编辑，中国版协为其颁发了证书。

4月，召开职工代表会，讨论《总社目标管理实施方案》《总社职工上岗管理办法》《总社职工等岗管理办法》及《关于出版单位岗位津贴、效益奖金分配实施办法》等改革文件。改革小组的同志就职工有关问题进行了答疑。会议通过了上述文件。

韩国漫画协会副会长许英万先生一行来社访问。

中国出版集团成立大会在人民大会堂举行。中国美术出版总社社委会成员、中层干部参加了成立大会。

5月，在中央国家机关和新闻出版总署发起的“全面开展救助贫困母亲”捐款活动中，中国美术出版总社共126人捐款，共捐11928元。其中沈鹏同志捐款1万元。

北京国际图书博览会在北京展览馆举行，总社全体编辑前往参观。

6月，中国美术出版总社于2002年6月6日至6月8日在北京外企培训中心举办了干部培训班，学习出版管理条例等法规性文件，介绍总社改革的有关情况，举办专题业务讲座，组织座谈讨论，颁发聘书及签订2002年目标管理责任书。社委会成员、“五社一中心”负责人、编辑室主任、刊物主编、职能部门负责人等参加了会议。

吴本华任人民美术出版社图书出版中心总编辑助理；张建平任荣宝斋出版社总编辑；刘延江任连环画出版社总编辑；汤锐任朝花少年儿童出版社总编辑；林阳任中国美术出版总社报刊社总编辑；欧京海任中国美术出版总社教材中心主任。

“2002秋全国美术图书交易会”在厦门举行，编辑及出版发行人员共30多人到会。其间召开了《中国民间美术全集》工作会议。

总社220名职工分别与本部门责任人签订了上岗聘书。

7月，社领导赴西藏，参加中国出版集团向西藏地区捐赠图书仪式。总社捐赠了价值15万元的图书。

为庆祝中国人民解放军建军75周年，总社组织召开了转业、复员、退伍军人座谈会。

总社考勤打卡制度开始实行。

8月，召开北京、天津、山西、河北地区“全国美术图书百家专销店”代表调研会。

2002年度全国连环画报刊“金环奖”颁奖大会暨连环画报刊年会在湖北武汉举行。《连环画报》“人物”专栏、《儿童漫画》“游游乐乐园”、《少年漫画》封面设计获2002年度“金环奖”单项奖。

与山东新华印刷厂、燕泰公司商讨召开燕泰公司董事会筹备工作。

为顺利推广使用国家新课标美术教材，教材中心编辑人员与教材主编、编委一起在29个省市开展了36次美术教师培训。

9月，召开《中国美术百科》全书第四次编辑工作会议。该书主编李松、邵大箴及分卷主编刘曦林等10余人参加会议并发言。会议对调整编辑思路及下一步工作进行了讨论。

报刊社牵头在湖南张家界举行了“报刊发行探讨会”，邀请全国各省市报刊局发行人员参加。

总社出版单位共53名编辑业务人员首次参加新闻出版系统职称资格考试。

10月，由中国美术出版总社、中国对外艺术展览公司等5家单位联合主办的“中日青少年漫画交流展”在首都图书馆隆重开幕。《少年漫画》编辑部荣获“优秀团体奖”。

11月，召开《中国民间美术全集》通稿会。《中国美术分类全集》总编委会领导许力以参加会议并讲话。各分卷主编及浙江、吉林、江苏、岭南美术出版社的同志到会。

《美术向导》创刊100期座谈会在台湾饭店举行。在京著名画家杨力舟、史国良、郭怡孮、张道兴、龙瑞、徐希、王迎春等参加了此次座谈会。《美术向导》第一任主编沈鹏应邀出席。

12月，《美术之友》创刊20周年座谈会在台湾饭店举行。

出版的重点图书有《百年中国画集》（上下）、《吴历精品集》、《外国美术史庆》丛书、《汤加丽人体艺术写真》、《中国古代名家作品选粹》系列、《20世纪外国大师论艺》书系等。

2003 年

2 月，《儿童漫画》编辑部在天伦王朝饭店召开《儿童漫画》创刊 200 期暨“儿童漫画与素质教育”主题研讨会。缪印堂、方成等漫画家及有关领导参加了研讨会。

“中国版协第四次常务理事会”及“第四届全国百佳工作者表彰会”召开。总社王铁全被评为“新闻出版系统百佳工作者”。

《儿童漫画》在全国第二届国家期刊奖评比中获国家期刊奖百种重点期刊。

3 月，总社召开办公楼改造工作领导小组会，通报办公楼改造近期情况，布置电力增容事项。会议要求行政处基建办于 5 月 31 日前完成电力增容工作，于 6 月 15 日前完成办公室空调配备工作。

召开“中国美术出版总社艺术委员会第一次会议”。会议确定人民美术出版社出版的《中国近现代名家画集》入选标准及有关作者以预付书款形式出版作品问题。

4 月，中国出版集团召开成立一周年座谈会，总社郜宗远、叶水旺、胡建斌、姜维朴参加了会议，胡建斌代表中青年编辑做了发言。

总社召开会议，传达中国出版集团关于预防“非典”文件精神，布置预防“非典”工作。

6 月，经过行政处基建部门的艰苦工作及有关部门的积极配合，总社院内电力增容及安装空调的工作顺利完成，从而改善了办公环境。

7 月，程大利、王铁全等参加中国美术馆重新开馆仪式。

教育部教材审定委员会对我社报送的普通高中实验美术教材编写立项材料进行了审核，准予立项。

在中国出版集团优秀图书评奖中，总社共 4 种图书获奖。其中《百年中国画集》获优秀奖，《彩图唐诗三百首》获优秀编辑奖，《叶毓中国画重彩后集·唐风》获优秀设计奖，《吴历精品集》获优秀印制奖。

人民美术出版社原副社长刘近村同志因病医治无效去世。

总社图文数字化管理系统招标工作在赵家楼饭店进行。

全国优秀艺术图书评奖工作在香山饭店进行。总社送评图书共 14 种，11 种获奖，其中《中国美术分类全集·中国民间美术全集》《永远的三峡》获一等奖，并入围国家图书奖。

人民美术出版社教材中心组织的“东三省人美版教材工作座谈会”在辽宁省沈阳市召开。

9 月，总社领导召开朝花少儿社全体人员会议。郜宗远传达了集团领导关于朝花少年儿童出版社更名的有关指示精神，要求朝花少年儿童出版社全体人员从大局出发，坚决服从集团的决定，安下心来，要以正确的态度对待这次变动。

郜宗远到中国出版集团参加“新华发行集团”挂牌新闻发布会。

经总社领导研究决定，集中总社专职校对人员，成立校对部，统一管理总社校对工作。

中国出版工作者协会美术出版研究会社长年会在和平宾馆举行。会议由秘书长程大利主持。郜宗远会长讲话。会议确定了中国版协美术出版研究会 2004 年工作计划，审议通过了关于举办出版界美术家作品展方案和美联集团关于联合创办经济实体的原则意见。

12 月，郜宗远、程大利当选为中国美术家协会理事。

出版重点图书《中国民间美术全集》（共 6 卷，人民美术出版社承担 1 卷）、《永远的三峡》、《西方后现代艺术流派》书系、《外国名家作品选粹》、《中国古代书法作品选粹》、《甲申贺岁》。

2004 年

1月，“第二届全国优秀艺术图书奖颁奖大会”在皇家大酒店举行。郜宗远主持会议。新闻出版总署图书司副司长李宝中介绍评奖基本情况。程大利宣读获奖名单。沈鹏、刘杲同志到会并讲话。图书获奖单位的代表及有关专家100多人到会。

总社退休干部李平凡捐赠艺术作品仪式在中国美术馆举行，共捐赠作品1091件。

2月，召开专家会研究《20世纪中国美术理论丛书》（现丛书名为《中国现代美术理论批评文丛》）。

3月，由人民美术出版社、人民音乐出版社、地图出版社联合召开的第十二届全国教材工作会议在云南举行。会议进行了教材质量评比活动。

讨论修改《总社校对管理暂行规定》和《总社发货管理暂行规定》。

新课标高中美术教材，经教育部审定通过。

5月1日至6日，由中国动画学会主办，《少年漫画》杂志、大连亿源展览公司承办的“2004中国国际动画漫画（大连）展览会”在大连举行。

中国出版工作者协会美术出版工作委员会2004年社长年会及“2004秋季全国美术图书交易会”于6月22日至24日在古城西安举行。全国各美术出版社社长及有关同志40多人到会。

总社工会筹备组完成出席中国出版集团工会代表的选举工作。经过认真提名、推荐、投票，叶水旺等14名同志为出席中国出版集团工会联合会第一次代表大会的代表。他们于6月29日参加了大会，叶水旺被选为第一届委员会委员。

7月，为时6天的“首届全国美术出版界美术家作品展”在中国美术馆隆重开幕。画展展出了全国各美术专业出版社参展绘画作品近400件。展览期间召开“首届全国美术出版界美术家作品展”研讨会，在京的十几位专家学者参会。研讨会对画展给予充分肯定，对全国美术出版社在弘扬民族文化、促进精神文明建设工作中发挥的作用给予高度评价。

出版重点图书《乙酉贺岁》、《古风古韵——中国古代建筑艺术》书系、《中国古代玉器艺术》（上下）、《西域文明探秘》系列、《中国古代书法作品选粹》。

2005 年

1月，召开《中国美术分类全集》编辑工作会议，与辽宁美术出版社、天津人民美术出版社及全集办公室有关人员商讨合作出版《中国美术分类全集·岩画卷》事宜。

总社全体职工踊跃向印度洋海啸受灾地区捐款，共计32090元，其中出版单位22030元，荣宝斋10060元。

4月，人民美术出版社、人民音乐出版社、地图出版社联合召开的“全国教材出版工作会议”在贵阳举行，全国各省教材租型单位、出版集团和新华书店的有关领导和业务人员共100多人到会。

5月，召开社委会，考察并研究办公楼异地置换地点及条件。

7月，传达中国出版集团召开的“参加中华书局大兴集资建房购房会议”精神，布置调查参加购房人员情况工作。

总社艺术委员会召开会议，对《中国近现代名家画集》入选标准和原则、每年出书的数量等问题进行了探讨，形成共识，制定了相关规定。

首届“海峡两岸图书贸易会”在厦门国际展览中心举行。总社组织三社三中心出版的近百种图书、期刊参加了图书贸易会。

8月，为纪念中国人民抗日战争胜利60周年，总社与中国美协连环画艺术委员会、中国版协连环画艺术委员会、北京市美协共同主办的“纪念抗日战争胜利60周年连环画名作展览”在中央美术学院美术馆举行。

集团党组聘任决定：林阳为总社副总编辑，杨辉为总社副社长，欧京海为总社副总编辑。

9月，集团党组对总社领导班子调整决定，宣布总社领导班子组成人员：郜宗远（社长）、程大利（总编辑兼党委书记）、马五一（副社长）、王铁全（副总编辑）、常汝吉（副社长）、林阳（副总编辑）、杨辉（副社长）、欧京海（副总编辑）。

10月，中国出版集团王俊国、纪存双来中国美术社总社，宣布了集团党组关于郜宗远等职务任免通知。根据集团党组决定：免去郜宗远总社社长、人民美术出版社社长、荣宝斋总经理职务，办理退休手续，由程大利代行中国美术出版总社、人民美术出版社法定代表人职责，任命马五一为荣宝斋总经理（法定代表人）。

11月，由人民美术出版社等30家美术出版社主办的“正当代·盛世中国画——中国美术出版界提名中青年画家作品展”在今日美术馆开幕。

与四川省教育厅和教研所的领导就合作编写出版《义务课程标准实验教科书·写字》达成协议，并于2006年春季开始使用本教材。

出版重点图书《中国古代陶瓷艺术》、《隋唐五代工艺美术史》、《古木神韵》、英文版《HAPPY NEW YEAR》、《解构人体——艺术人体解剖》、《丙戌贺岁》。

2006年

2月，郜宗远当选中国编辑学会副会长，王铁全、林阳当选中国编辑学会理事。

4月，与英国托比·伊迪协会国际文学代理联合公司总裁托比·伊迪商讨、确定、签署《永远的三峡》输出版权合同。

在第二届中国出版集团图书奖的评奖中，人民美术出版社三种书获奖。

5月，常汝吉与赵国瑞到西安参加陕西省中小学教材招投标会，我社教材最终全部中标。

人民美术出版社退休干部林锴同志因病于5月24日上午在北大医院去世，享年83岁。

人民美术出版社退休干部徐淦同志因病于27日零时在天津去世，享年91岁。

人民美术出版社退休干部肖顺权同志因病于5月28日下午在北京协和医院去世，享年72岁。

6月，总社有关人员到瀚洋大厦了解有关总社置换办公地点情况，研究有关总社置换办公地点问题。

在中国美术馆就《中国美术馆》杂志的编辑和出版工作进行了商讨。双方表示力争把此刊办成优秀的博物馆专刊。

新闻出版总署纪念中国共产党建党85周年重点图书40种选题目录中，人民美术出版社图书《“纪念建党85周年”连环画精选》，作为中国出版集团唯一的作品入选。

全国美术图书交易会在贵州凯里召开。我社有关编辑、发行人员参加。开幕式上，我社代表全国美术出版社向贵州黔东南自治州贫困地区捐赠价值30万元码洋图书。

9月，人民美术出版社、人民音乐出版社和中国地图出版社联合在湖南省张家界召开了第十四次全国教材工作会议。

人民美术出版社退休干部林文碧同志去世。

10月，林阳同志参加德国法兰克福国际书展。

沈鹏同志在中国文学艺术界联合会举行的“2006年度造型表演艺术创作研究成就奖”评选中，获得“造型表演艺术创作研究成就奖”。

程大利、郜宗远参加中国文联第八次全国代表大会，汤锐参加中国作协第七次全国代表大会。程大利当选为第八届全国文联委员。

在工会礼堂召开庆祝人民美术出版社建社55周年职工代表座谈会。中国出版集团副总裁聂震宁、宋晓红出席了座谈会。

召开人民美术出版社建社55周年社庆美术界专家研讨会。参加会议的专家有邵大箴、郎绍君、薛永年、孙克、水天中、翟墨、赵立中、吕品田等。

举行庆祝人民美术出版社建社55周年联谊会，社领导和美术界各方面的代表人士、人民美术出版社图书出版中心的部分编辑人员参加。

林阳当选为东城区政协常委。

出版的重点图书有《中国美术全集》(修订版)、《百年水彩画集》、《中央美术学院附属中等美术学校留校作品集》系列、《丁亥贺岁》。

2007年

2月，中共中央政治局常委李长春同志看望了我社离休干部黄苗子先生及夫人郁风同志。

我社获得2005—2006年度中国出版集团公司文明单位的荣誉称号。

5月，林阳与胡建斌到新加坡、马来西亚参加“新加坡世界书展”和“马来西亚海外华文书市”。

参加集团“第二届中国出版集团报纸、期刊奖”颁奖大会，总社获奖情况如下。

《美术向导》获中国出版集团报纸、期刊奖优秀设计奖、优秀校对奖。

《荣宝斋》获中国出版集团报纸、期刊奖优秀印制奖。

《儿童漫画》获中国出版集团报纸、期刊奖优秀经营奖、优秀印制奖。

《中国中小学美术》获中国出版集团报纸、期刊奖优秀经营奖。

《中国艺术》获中国出版集团报纸、期刊奖优秀编辑奖、优秀设计奖。

《漫画大王》获中国出版集团报纸、期刊奖优秀栏目奖。

7月，人民美术出版社总编辑助理、创作室主任姚奎同志逝世。

2008 年

8 月，中国编辑学会美术编辑专业委员会和黑龙江美术出版社共同主办的第十六届“金牛杯”优秀美术图书评奖会在哈尔滨召开。

《艺术沙龙》首发式在北京长安俱乐部举行。

9 月，常汝吉随中国出版集团代表团赴俄罗斯参加第 20 届莫斯科国际书展。

11 月，人民美术出版社《汪稼华笔墨》获得 2007 年度“中国最美的书”称号。

12 月，总社召开全体中层干部会议，会上由中国出版集团公司领导宣布新领导班子任免决定：常汝吉任中国美术出版总社社长，马五一任中国美术出版总社党委书记，王铁全任中国美术出版总社总编辑。免去程大利中国美术出版总社党委书记、总编辑职务，办理退休手续。

人民美术出版社《修军评传》荣获由中国传记文学学会颁发的第三届中国传记文学优秀作品（长篇）奖。

出版重点图书《20 世纪北京绘画史》、《中国岩画全集》（5 卷）、《中国工艺美学史》、《中国当代油画名家·王沂东》、《九如堂古陶瓷藏品》、《戊子贺岁》。

2 月，总社编辑系列讲座开讲，中国出版集团聂震宁总裁作《编辑的职业精神与修养》报告。

3 月，中国出版集团党组书记李朋义、副总裁王俊国及纪存双来我社宣布干部任命：经集团党组研究决定，任命肖启明同志为中国美术出版总社副社长、副总编辑。

由我社发起的有全国十家出版社参与的“高等教育‘十一五’全国规划教材”编辑委员会成立大会在安徽省合肥市举行。会议确定由总社与九家美术社共同编辑一套具有时代特征和中国特色的高校美术专业教材，决定成立高校美术教材编辑委员会和学术委员会。

人民美术出版社图书中心召开《名社 30 年》编辑方案座谈会。

5 月，总社成立了以总社领导为组长，党办、社办、工会办负责人为成员的“向四川汶川县地震灾区捐款领导小组”。总社领导带头捐款，在短短两天，个人共捐款 220298.5 元（其中，荣宝斋个人捐款 31865 元），是集团成员单位中个人捐款最多的单位。

以人民美术出版社和四川新华文轩名义，向四川灾区学生捐赠书包 5000 个、《儿童漫画》5000 本、抗震救灾宣传画及“爱心卡”，总价值约 37 万元。

总社党委动员全体党员向灾区开展献爱心活动。总社党员共计交纳“特殊党费”89434.2 元（209 人），其中总社本部交纳 63932 元（132 人）。

6 月，由中国出版工作者协会美术出版工作委员会和中国书刊发行业协会美术发行专业委员会主办的“2008 年全国美术图书交易会”在黑龙江省哈尔滨市举行。会议期间，全国美联集团向各成员社发出了向四川地震灾区定向捐赠艺术图书的倡议。其中，中国美术出版总社在原有各种捐献的基础上，再次向灾区捐赠艺术图书 2 万码洋。

8 月，中国出版集团召开“第三届中国出版集团图书奖”颁奖大会，人民美术出版社出版的《中国古代书籍装帧》获图书奖，《中国古代陶瓷艺术·元明清釉下彩》获优秀印制奖。

林阳到四川汶川映秀镇映秀小学参加由中国出版集团、中国美术出版总社等单位组织的“向汶川灾区捐赠《抗震救灾印谱》和救灾衣被活动”的捐赠仪式。仪式上，中国美术出版总社另捐赠书刊千余

2009年

册。《抗震救灾印谱》由人民美术出版社出版。

第十七届“金牛杯”优秀美术图书评奖会在杭州举行。人民美术出版社出版的《九如堂古陶瓷藏品》《三江源》获金奖。

12月，与天津人民美术出版社召开《任伯年全集》编辑工作会议。

《漫画大王》《儿童漫画》被中宣部、民政部、新闻出版总署、中国期刊协会等有关部门的领导和专家组成的评审委员会评为“抗震救灾宣传报道先进期刊”。

出版重点图书《抗震救灾 众志成城——5·12汶川大地震纪实系列连环画》《中国古代陶瓷艺术·明清彩瓷与颜色釉》《三江源》《中央美术学院造型基础部素描教学》《中央美术学院基础部色彩教学》《吴冠中画作诞生记》《丹青陶韵·2008中国著名画家陶艺挂盘》《中国艺术品拍卖年鉴》《滋兰树蕙——人民美术出版社》及“高等教育‘十一五’全国规划教材”系列15种。

中国出版集团公司任命张胜彬任中国美术出版总社党委书记、副社长。

由中国美术出版总社牵头，全国美联集团在北京举办了“2009年全国美联集团新书推介暨好社名店联谊会”。全国26家美术出版社以及包括美术图书百家专销店在内的160余家书店参会，到会社店代表共550余人。

林阳参加由新闻出版总署举办的第二届“三个一百”原创出版工程表彰大会暨首届原创出版论坛，我社有三种图书获奖。

3月，在第二届中华优秀出版物奖评奖中，人民美术出版社出版的《九如堂古陶瓷藏品》获图书奖，《抗击冰雪 心系人民——新闻摄影展作品集》《抗震救灾 众志成城——5·12汶川大地震纪实系列连环画》获抗震救灾特别奖。

4月，日本集英社一行先后访问了中国出版集团公司、中国美术出版总社。

由人民美术出版社、天津美术学院共同主办的“天津市高校艺术教育专业教材建设研讨会暨人民美术出版社艺术教育专家（天津）委员会”在天津召开。

中国美术出版总社举办编辑系列讲座第四讲，由徐波律师主讲“编辑工作中的法律风险与防范”。

4月至8月，人民美术出版社分别在天津、山东、贵州、四川成立艺术教育专家委员会，为在各省市组织编写高校艺术教材打下了基础。

6月，“2009年全国美术图书交易会”在广西南宁市举行。

7月，总社召开党政联席会议，专题研究总社办公楼置换事宜，介绍了人民美术出版社1994年开始至今的办公楼项目从自建到合建再到异地置换的整个过程。

在第四届中国出版集团公司图书评奖中，人民美术出版社出版的《九如堂古陶瓷藏品》《抗击冰雪 心系人民——新闻摄影展作品集》等10种书刊获奖。

8月，林阳、肖启明与郜宗远赴台北参加全国美联集团主办的首届两岸美术图书展、首届两岸美术界书画家作品邀请展。人民美术出版社参展图书共488种、4644册。

9月，第十六届北京国际图书博览会召开。我社举行了《中国美术百科全书》首发式。

人民美术出版社在山东省开展

了“人民美术出版社走进校园”活动，“大篷车”队先后赴山东艺术学院等 7 所大学展示和销售图书，召开专家座谈会，受到了广大师生的热烈欢迎。

中国编辑学会美术编辑专业委员会（筹）年会暨第十八届“金牛杯”优秀美术图书评奖会在厦门召开。《中国美术百科全书》《女红——中国女性闺房艺术》获金奖。

中国出版集团公司举办“庆国庆 60 周年书画摄影展”，我社有 48 人共计 76 幅作品参展。

10 月，肖启明与胡建斌随中国出版集团公司赴德国参加第 61 届法兰克福国际书展。其间，人民美术出版社与美国哈珀·科林斯出版公司举行了《中国侗族在三江》一书版权输出签约仪式。

11 月，人民美术出版社原“艺术教育编辑室”改为“艺术教育研发中心”。

12 月，在中国出版集团公司举行《万山红遍——新中国美术 60 年访谈录 1949—2009》新书发布暨研讨会。著名美术理论家邵大箴出席。

“纪念毛泽东同志下达连环画工作重要指示 60 周年暨姜维朴著《新中国连环画 60 年》座谈会”在中国出版集团公司举行，新闻出版总署署长柳斌杰等领导出席会议。

由我社举办的“展望 2010 年中国中小学美术教育”研讨会在中国出版集团公司举行。

人民美术出版社的《吴冠中画作诞生记》获得第五届国家图书馆文津图书奖。

《儿童漫画》《连环画报》分别获得由中国期刊协会和中国出版科学研究所共同颁发的“新中国 60 年有影响力期刊”证书和奖牌。

出版重点图书《中国美术百科全书》、《万山红遍——新中国美术 60 年访谈录 1949—2009》、《中国侗族在三江》、《女红——中国女性闺房艺术》、《日本最新设计模板》、《范本传真——中国高等艺术院校教学范本》系列。

2010 年

1 月，林阳参加“2010 中国公共阅读文化论坛暨‘60 年中国最具影响力的 600 本书’系列推展活动颁奖盛典、2009 年年度好书颁奖盛典”。我社有 13 种图书获奖。

召开社委（扩大）会，传达学习了中国出版集团公司《关于立即清理人民美术出版社所属分支机构的通知》（中版［2010］15 号）文件。会议经过充分、认真的研究和讨论，一致决定通过决议：根据上级文件精神和实际情况，从即日起，停止人民美术出版社上海分支机构的一切工作，成立清算组依法进行清算，确保国有资产不受损失。

人民美术出版社《万山红遍——新中国美术 60 年访谈录 1949 — 2009》在中央电视台《子午书简》与中国图书商报社联合举办的“2009 年度最值得一读的 30 本好书”推荐活动中入围获奖。

人民美术出版社《黄继光》等 10 种图书和连环画出版社《地球的红飘带》等 2 种图书在中国图书商报社与中国出版科学研究所联合举办的“60 年中国最具影响力的 600 本书”的推介活动中入围获奖。

2 月，我社在北京贵宾楼饭店举行人民美术出版社 2010 年新春联谊会暨《艺术沙龙》年度贺岁展。在京美术机构负责人及知名书画家、理论家共120余人聚集一堂。

3月，《中国美术》期刊创刊。

工会组织职工代表参加中国出版集团公司工会联合会和女工委组织召开的“集团公司优秀女职工集体、优秀女职工及优秀女工干部”表彰大会，我社李滢被评为优秀女职工。

4月，由中国美术出版总社承办、中国出版集团公司主办的庆祝中国出版集团公司成立8周年书画摄影展在中国美术馆开幕，并召开了“艺术创作与出版专题研讨会”。本次共展览200余幅绘画、书法、摄影作品，我社共有71人74件作品参展，其中书法14件，绘画48件，摄影12件。

总社举行以工会小组为基层选举单位的会员代表（职工代表）选举工作，共产生会员代表37名，其中，中层干部11名，职工代表26名。

中国出版集团公司召开书画摄影协会成立大会，林阳与张书林等有关人员参加。总社共有32位（含离退休）职工成为协会会员。

为响应中央国家机关直属机关工委关于迅速开展向青海玉树地震灾区“送温暖、献爱心”的号召，总社积极组织全体干部职工开展了捐款活动，共有201名职工捐款142790元，其中沈鹏同志捐款10万元。

5月，总社组织社领导、各职能部室及出版经营单位负责人、职代会（工会小组长）代表与离退休老干部代表到东三环内双井地块，现场察看办公楼置换地点（拟），听取了华润置地公司的情况介绍。

总社召开党政联席会，会议讨论了以下议题：

1. 总社办公楼置换工作。社里先后组织了三批人员现场考察、听取介绍。华润置地公司表示在原地给我社留下展示、交流用房。大家总的反映是基本符合我社历届领导班子提出的“三环以里、独立成院、交通方便”的置换要求，一致认为要抓住时机，做实总社资产，确保总社的长远利益得到落实。会议决定向集团公司请示，启动置换谈判工作。

2. 关于工资总额结余贴补转企后职工交纳养老保险、企业年金的办法。此办法已分别在总社职能部室、出版经营单位负责人、职工代表、工会小组长会上做了通报和解释，会议通过《办法》。

3. 会议通报了总社职代会筹备及新一届工会换届工作的进展情况，提名总社工会主席、副主席人选。

由我社《连环画报》编辑部与中国美术家协会动漫艺术委员会、连环画艺术委员会以及鲁迅美术学院共同主办的“连环画漫画插图艺术展”在大连举行。

6月，总社召开党政联席会议，会议传达了中国出版集团公司总裁办公会议对总社办公楼置换工作的意见：原则同意总社与华润公司进行办公楼异地置换（双井）谈判工作，总社要成立专门谈判小组，集团公司派专人参加，确保国有资产增值。根据上级要求，会议决定调整总社办公楼置换筹建领导小组，并成立置换筹建谈判小组。

出版大型画册《国家重大历史题材美术创作工程作品集》。

文化部举办《国家重大历史题材美术创作工程作品集》在京首发仪式，社领导出席并做主题发言。

7月，总社召开第一届职工代表大会成立大会，总社领导常汝吉、张胜彬、欧京海与37位职代会代表到会。会议选举由总社领导、中层干部、职工共 9 人组成的职代会主席团以及执行主席，审议通过了《中国美术出版总社改制方案》。张胜彬书记代表总社党委向大会发表了《抓住改制机遇，创建和谐总社》的讲话。总社各工会小组长列席了本次会议。

常汝吉社长、张胜彬书记率总社办公楼置换筹建谈判工作小组全体成员到华润大厦，与华润置地（北京）有限公司董事长陈鹰率领的华润置地方谈判小组人员会面，正式启动总社办公楼异地置换筹建谈判工作。

8 月，中国美术出版总社在中国出版集团公司举行《中国碑刻全集》首发仪式暨出版研讨会。中宣部出版局副局长郭义强，集团公司总裁聂震宁、副总裁刘伯根与我社社长常汝吉、美术分类全集领导工作委员会常务副组长许力以，中国书协主席张海、名誉主席沈鹏以及该书主编、副主编等有关方面领导、专家学者参加，林阳主持会议。

为响应中直机关工委号召，根据中国出版集团公司通知精神，总社开展了向“舟曲灾区捐款活动”，我社共有 208 名职工捐款共计 122570 元，其中沈鹏先生捐款 10 万元。

9 月，由中国编辑学会主办的第十九届“金牛杯”优秀美术图书评奖和首届优秀编辑评奖会议在上海举办。在首届优秀编辑评奖中，刘继明被评为首届优秀美术编辑，霍静宇、李翎、李滢获首届优秀美术编辑提名奖。

《国家重大历史题材美术创作工程作品集》《中国碑刻全集》获荣誉奖。

《万山红遍——新中国美术 60 年访谈录 1949—2009》获金奖。

经中国出版集团公司直属机关党委批复：我社增补文永利、吴本华、胡建斌为党委委员。

10 月 8 日，召开《中国美术研究年度报告》筹备工作会。林阳与胡建斌及相关编辑人员和来自中国艺术研究院美术研究所、中央美术学院、北京大学、清华大学、故宫博物院的专家、学者参加。

11 月，总社召开工会会员代表大会。常汝吉、张胜彬、欧京海与工会会员代表 60 余人参加。

与会代表听取了有关大会筹备情况汇报，审议通过了《中国美术出版总社工会委员会选举办法》，以及上届工会工作报告、经费使用情况等文件。

集团公司发文，聘任胡建斌为总社副总编辑，聘任沈行止为总社社长助理。

总社工会召开女工会员代表大会，女工代表 21 人参加了此次会议。按照议程，会议选举产生出女工委员会主任、副主任及委员人选，并表决通过由 9 人组成的女工委员会。

胡建斌参加中国出版集团公司“第五届香山论坛・重庆峰会”，并代表我社在重庆出版传媒创意中心的“出版林”种植了一棵常青树。

《美男美女——中央美术学院学生状态》获得 2010 年度“中国最美的书”称号。

12 月，中国版协连环画艺术委员会在总社召开专家讨论会，与会专家就“纪念中国共产党建党 90 周年百种优秀连环画”选题项目做了讨论，对拟出版的 160 余种待选连环画目录做了详细的研究。

“人民美术出版社辽宁艺术教育专家委员会成立大会”在沈阳鲁迅美术学院举行。来自鲁迅美术学院、沈阳师范大学、东北大学、沈阳大学等 13 所院校的 80 多位代表参加。

2011 年

出版重点图书《中国碑刻全集》、《任伯年全集》（6 卷）、《国家重大历史题材美术创作工程作品集》、《沈鹏书画续谈》（上下）、“高等教育‘十二五’全国规划教材”系列、《范本传真——中国高等艺术院校教学范本》系列。

1 月，我社举办的全国美术出版社社长联谊会在北京渔阳饭店召开，全国美术出版社社长共 40 余人参加。

总社召开办公楼置换谈判工作小组会。会议听取了华润公司及北京建筑设计院介绍双井办公楼设计方案。

2 月，人民美术出版社原总编辑王铁全同志因病逝世，追悼会在八宝山革命公墓举行。

总社职代会（扩大）会议在燕龙生态度假酒店举行。常汝吉、林阳、欧京海、胡建斌与总社职工代表 37 人参加，工会小组长、中层干部 40 人列席。中国出版集团公司人力资源部高级法律顾问张立杰到会并对相关法律进行了解释。大会首先审议了《中国美术出版总社劳动合同书》文本，并一致表决通过该方案。与会代表还重点审议了总社土地置换方案。社长常汝吉就土地置换工作的重要性做了说明，沈行止就土地置换的历史情况及目前方案做了详细的介绍。与会代表一致认为，土地置换工作事关总社长远发展及职工利益。以职工代表大会的形式民主审议、集体决策，这是总社转企改制后民主化管理的重大进步。鉴于总社现住所北总布胡同 32 号土地已于 2003 年出让，不能逆转，代表普遍认为现置换方案基本符合总社置换要求与条件，应积极推进，尽早付诸实施。最后，大会就总社土地置换工作形成书面决议，并以代表签名表决的方式全票获得通过。

其间召开 2011 年出版工作会。

3 月，审议办公楼《拆迁安置框架协议》，会议对框架协议逐条进行审议。

中版国际传媒有限公司以及法国巴黎漫画出版公司负责人一行来访。向对方展示介绍了《漫画中国历史》《情韵中国》《西厢记》《水浒传》等系列图书情况。

中国出版集团公司党组书记王涛、副总裁林弋等一行来我社宣布干部任命：经中宣部批准，任命汪家明为中国美术出版总社党委书记、副社长，任命林阳为中国美术出版总社总编辑，免去张胜彬中国美术出版总社党委书记、副社长职务。

中国出版政府奖颁奖大会在京召开，人民美术出版社出版的《中国侗族在三江》《女红——中国女性闺房艺术》获得装帧设计奖提名奖。

4 月，中国美术出版总社有限公司、人民美术出版社有限公司与华润置地（北京）股份有限公司、北京富恒房地产开发有限公司《拆迁安置框架协议》签字仪式在北京华润大厦“美洲俱乐部”举行。我方出席签字仪式的有中国出版集团公司党组书记王涛，总社领导常汝吉、汪家明、林阳、欧京海、胡建斌，中国出版集团公司资产经营部主任王朝东、副主任刘健以及总社谈判工作小组全体成员。对方出席签字仪式的有华润置地有限公司高级副总裁、华润置地（北京）股份有限公司董事、总经理陈鹰等领导，以及华润方谈判工作小组全体成员。中国美术出版总社社长常汝吉，华润置地副总裁、总经理陈鹰在签约仪式上分别致辞，并代表双方在《拆迁安置框架协议》签字。北京市方正公证处公证员在现场进行了公证。

中国出版集团公司召开成立9周年庆典暨第五届出版奖颁奖大会。我社16种书刊获第五届中国出版集团出版奖。

在2010年度“北人杯”印刷质量大奖评比中，我社图书《中国近现代名家画集·张仃》获得质量大奖提名奖。

人民美术出版社分别在四川、广西、广州、山东、河北、天津召开了“高等教育‘十二五’规划教材”工作会议。常汝吉、胡建斌与吴本华及我社有关人员同来自当地美术院校的领导、教师及从事艺术教育的专家学者参加会议。

5月，总社召开治理“小金库”专项工作动员会，传达了中央、集团公司有关文件。

常汝吉参加中国出版工作者协会第六次代表大会，会上颁发了第三届中华优秀出版物奖的10种图书奖。人民美术出版社的《中国美术百科全书》获得图书奖。

与中国美术馆共同举办“任率英百年回眸暨捐赠作品展及作品研讨会”。

6月，召开总社党政联席会议，就《中国美术出版总社员工手册》内容进行讨论，决定将修改后的《中国美术出版总社员工手册》提交职代会讨论表决。在职代会第四次会议上，审议了《中国美术出版总社员工手册》。手册共分12个部分，规范了员工的行为准则。与会各位职工代表进行了充分的讨论，提出修改意见后，表决通过《中国美术出版总社员工手册》。

召开总社艺术委员会工作会议，会议确定了人民美术出版社出版《中国近现代名家画集》、《中国当代名家画集》（大红袍）入选标准，并对有关作者著作权、家属授权和出版经费等问题做了规定。会议决定：今后出版“大红袍”要采取集中申报，经艺术委员会投票后确定选题。

由中国出版集团公司主办，人民美术出版社、连环画出版社、上海人民美术出版社、天津人民美术出版社共同承办的“庆祝中国共产党成立90周年百种红色经典连环画”首发式暨新闻发布会在人民大会堂北京厅召开。中国出版集团公司总裁聂震宁、国家新闻出版总署副署长邬书林、中宣部副部长蔡名照分别发表了重要讲话。

中国出版集团公司举行“颂歌献给党——纪念建党90周年”歌咏比赛，我社领导班子全体成员及41名职工代表参赛并获得优秀奖。

中国出版集团公司庆祝中国共产党成立90周年百种重点图书新闻发布会，中国出版集团公司庆祝中国共产党成立90周年书画摄影展暨全国出版界同仁书画邀请展开幕。

召开会议，讨论关于“中国美术出版大厦”设计规划方案，原则同意华润公司向北京市规委上报的设计方案。

由人民美术出版社、连环画出版社、天津人民美术出版社、上海人民美术出版社联合出版的《庆祝中国共产党成立90周年百种红色经典连环画》入选中宣部、国家新闻出版总署确定的“庆祝中国共产党成立90周年200种优秀图书书目”。

7月，召开第一届职工代表大会第五次会议。会议通过表决成立“中国美术出版总社会员帮扶互助基金会”。

2011年全国美术图书交易会在内蒙古呼和浩特市举行，我社共推出300余种图书参展。同期召开全国美术出版社社长年会暨《中国美术》编辑座谈会。

总社组织生产经营单位责任人及部分职能部室负责人到双井“富力中心”现场察看周转办公场地。

8月，为庆祝人民美术出版社成立60周年，《艺术沙龙》举办创刊5周年“人美甲子”沙龙展暨人民美术出版社书画家联谊会。

8月15日至22日，由中国出版集团公司、中国美术出版总社、人民美术出版社共同主办的“庆祝人民美术出版社成立60周年系列展”(人民美术出版社出版成就展，沈鹏书法作品展览，人民美术出版社连环画、年画、宣传画、领袖像作品展，中国当代名家作品邀请展，人民美术出版社编辑书画摄影展）开幕式在中国美术馆隆重举行。中宣部副部长蔡名照,全国人大常委会委员、民进中央副主席朱永新，国家新闻出版总署图书司司长吴尚之，中国编辑学会会长桂晓风，中国期刊学会会长石峰，中国出版集团公司党组书记王涛，中国书法家协会名誉主席沈鹏，中国书法家协会主席张海等莅临。美术机构负责人、画家、美术理论家及出版界、新闻界代表、人美社老领导、人美社老同志共计四百余人出席了开幕式。开幕式由林阳主持。

开幕式上，集团副总裁刘伯根分别宣读了中共中央政治局常委李长春，中共中央政治局委员、书记处书记、中宣部部长刘云山，中共中央政治局委员、国务委员刘延东，全国人大常委会副委员长、民进中央主席严隽琪的贺信。

常汝吉社长介绍了人民美术出版社60年的发展历程。中宣部副部长蔡名照、国家新闻出版总署出版管理司司长吴尚之以及集团党组书记王涛等领导分别在开幕式上致辞。他们都对人民美术出版社过去60年所取得的辉煌成果给予了充分肯定与高度评价，并对其下一步发展提出了更高的要求，寄予了美好的祝福。

系列展期间，中共中央政治局委员、书记处书记、中宣部部长刘云山同志，中共中央委员、国务委员、国务院秘书长马凯同志亲临中国美术馆参观了“人民美术出版社60周年出版成就展”与“沈鹏书法作品展览”，并做重要指示。

由国家新闻出版总署主办，中国新闻出版传媒集团有限公司、中国编辑学会、荣宝斋、解放军出版社与我社共同承办的“光荣的使命——庆祝中国共产党成立90周年全国新闻出版行业书画展”在中国人民革命军事博物馆举办。中国美术出版总社获特殊贡献奖。我社书画家分别获得特别奖（12名）、佳作奖（4名）、优秀奖（2名）。

第十八届北京国际图书博览会在新国展中心开幕。其间，我社领导和编辑、版权人员分别参加了与德国、英国相关出版公司的洽谈交流活动，并出席了中国出版集团组织的“中日出版交流会”。

人民美术出版社离休干部顾朴

同志逝世，退休干部丁午同志逝世。

9月，常汝吉参加中国出版集团公司代表团赴巴西参加里约热内卢国际书展。

林阳与张阳参加由中国编辑学会组织的第二十届“金牛杯”优秀美术图书评选。我社《宫崎滔天家藏——来自日本的中国革命文献》等8种图书分获金奖、铜奖。

欧京海赴台湾参加海峡两岸纪念辛亥革命100周年书画展览活动。

人民美术出版社组织的艺术图书“大篷车”赴豫，先后在河南大学、河南师范大学等艺术院校开展“走进校园”活动。其间举办了图书展销活动，并同参与教材编写工作的教师进行了座谈。

召开总社党委会。学习胡锦涛总书记在中国共产党成立90周年庆祝大会上的重要讲话，研究部署了总社开展党员公开承诺活动的具体实施方案。

10月，召开职代会第一届第六次会议，审议《总社有限公司企业年金方案实施细则》。职代会代表通过表决同意《总社有限公司企业年金方案实施细则》的实施。

由我社与中国人民大学艺术学院合办的“中国连环画插图硕士课程班”在我社举行开班式，美术界、出版界有关领导及专家学者参加。

11月，中国出版集团公司人力资源部来我社进行领导班子考核测评工作。

常汝吉参加中国文学艺术界联合会第九次全国代表大会。

中国出版集团公司总裁谭跃，副总裁王俊国、刘伯根与集团本部各部门负责人来我社进行工作调研。总社领导班子成员常汝吉、汪家明、林阳、欧京海、胡建斌与部分中层干部参加会议。集团总裁谭跃做重要讲话指出：中国美术出版总社是非常著名的金字招牌，尤其是人民美术出版社，经过60年的发展，积聚了一批人才，掌握了重要的美术专业资源，在全国教材市场占有重要份额，对集团公司具有重要意义。在集团公司的发展中，中国美术出版总社的发展应放在重要的战略地位来考虑。

12月，社领导与职能部室、出版经营单位负责人一行，到双井富力大厦验收总社周转办公用房。

胡建斌参加中国出版集团公司人才梯队赴日本学习考察团，并出任团长。

常汝吉赴吉林参加中国出版集团公司召开的“香山论坛”。

由人民美术出版社、中国美术家协会主办，人民美术出版社教材中心、《中国中小学美术》杂志协办的首届“美育最基层——全国中小学美术教师作品展”在中国美术馆举行，并召开了“美育最基层——中国中小学美术教育研讨会”。

社领导参加中国出版传媒股份有限公司揭牌仪式。

人民美术出版社《剪纸的故事》荣获2011年度“中国最美的书”称号。

出版重点图书《宫崎滔天家藏——来自日本的中国革命文献》、《中国现代美术理论批评文丛》（10卷）、《中国美术研究年度报告2010》、《中国印谱全书》、《剪纸的故事》、“高等教育‘十二五’全国规划教材”系列、《庆祝人民美术出版社成立60周年·盛世华章——中国当代名家作品集》、《庆祝人民美术出版社成立60周年·沈鹏作品集》、《庆祝人民美术出版社成立60周年·人民美术出版社书画摄影作品集》。

2012 年

1 月 9 日，中国出版集团公司“双推计划年度推荐”活动在皇家大饭店举行，《漫画中国历史》作为集团重点介绍的 30 种新书之一获推荐。《漫画中国历史》作者、台湾漫画家孙家裕受邀作为作者代表介绍创作体会。《漫画中国历史》新书推介会在国展图书订货会中国出版集团展区举办，全国 40 余家新华书店和 10 家媒体到会。

1 月 18 日，总社在中国出版集团公司总部举行“黄苗子先生追思会暨《黄苗子集》启动仪式”。

2 月，中国美术出版总社获得由中央直属机关精神文明建设委员会颁发的“2009—2011 年度中央直属机关文明单位”称号。

8 月，《漫画中国历史》荣获中国出版协会“2011 年度输出版优秀图书奖”。

9 月 11 日，中国出版集团公司发文：经中央宣传部批准，汪家明同志任中国美术出版总社社长，免去常汝吉同志中国美术出版总社社长职务，退休。免去常汝吉同志中国美术出版总社党委副书记职务。

10 月，中国美术出版总社离开北总布胡同 32 号，迁入富力中心周转办公。

12 月 26 日，人民美术出版社、连环画出版社联合举办“王叔晖与人民美术出版社暨纪念王叔晖百年诞辰座谈会”。

2013 年

1 月，《瞻望张光宇：回忆与研究》被新华网与中国图书商报社共同评为“2012 年度中国影响力图书”。

2 月，中国出版协会召开第四届中华优秀出版物颁奖大会，《中国碑刻全集》(6 册) 获得第四届“中华优秀出版物奖”图书奖。

3 月，《最炫动漫风——画给孩子们的古典名著》《连环画报》入选国家新闻出版总署 2012 年“原动力”扶持计划项目。

4 月，中国出版集团公司召开内容创新大会暨集团公司成立十一周年庆祝大会，《中国碑刻全集》被授予“2012 年度出版特别贡献奖”。

中国美术出版总社教材分社正式成立。教材分社在人美社原教材中心的基础上根据业务工作需要加以整合，下设美术教材编辑室、书法及教育产品编辑室、培训与市场推广部、出版印制部、《中国中小学美术》编辑部。

5 月，总社申报项目“中国连环画原创出版及产业化平台”入选国家新闻出版广电总局“2013 年度新闻出版改革发展项目库”。

7 月 18 日，中国出版集团公司

开展党的“群众路线教育实践活动”动员大会后，中国美术出版总社党委立即召开专题会议进行研究，成立了活动领导小组，制定了活动实施方案，后又召开党员干部大会进行全面动员部署。

2014年

1月，《今朝风流——刘红生任英歌钧瓷作品集》获得2013年度“北人杯”印刷质量大奖。

2月27日，中国出版集团公司批复：经集团工会主席办公会研究，同意赵国瑞同志增补为工会委员，担任工会主席。

4月，《小艾，爸爸特别特别地想你（1969～1972）》入围由中国图书评论学会与中央电视台联合主办的“2013中国好书”评选活动，并入选由国家图书馆举办的第九届文津图书奖推荐图书。《小艾，爸爸特别特别地想你（1969～1972）》和《中国传统节日故事》入选“首届中国读友读品节”指定读品名单。《漫画中国历史》入选教育部“2014年中小学图书馆（室）推荐书目”。

5月，国家新闻出版广电总局召开向全国青少年推荐百种优秀图书活动新闻发布会，《小艾，爸爸特别特别地想你（1969～1972）》入选该活动书目。

6月18日，中国出版集团公司批复：经集团工会主席办公会研究，同意奚雷同志增补为工会委员，担任工会副主席。

8月，人民美术出版社获由中国出版传媒商报、中国图书进出口总公司等单位联合颁发的“2013中国图书世界影响力出版100强”称号。

8月4日，经会议研究并报中国出版集团公司批复同意，聘任倪延风同志为社长助理，王远同志为总编辑助理。

9月，在2014年中国（武汉）期刊交易博览会上，《连环画报》《中国美术》入选2014年“中国最美期刊”。

《老年国画大学堂》《小艾，爸爸特别特别地想你（1969～1972）》入选国家新闻出版广电总局首届“向全国老年人推荐优秀出版物”名单。第23届“金牛杯”优秀美术图书颁奖仪式召开，《红旗飘飘——20世纪主题绘画创作研究》获金奖，《〈髹饰录〉与东亚漆艺——传统髹饰工艺体系研究》《中国古陶瓷——龙泉窑》获银奖，《北总布胡同32号——人民美术出版社的老艺术家们》《WOW！科学来了》获铜奖。《中国艺术》《美术向导》《中国美术》入选2014年国家新闻出版广电总局第一批认定学术期刊名单。

11月18日，中国出版集团公

2015 年

司发文：经中央宣传部批准，周伟同志任中国美术出版总社党委书记，免去汪家明同志中国美术出版总社党委书记职务。汪家明同志任中国美术出版总社党委副书记，周伟同志任中国美术出版总社副社长。

12 月，人美版《义务教育三至六年级·书法练习指导（实验）》，经教育部基础教育课程教材专家工作委员会组织专家审查，教育部审定通过，于 2015 年秋季学期开始使用。

1 月 29 日，由我社与中国美术家协会连环画艺术委员会、中国出版协会连环画艺术委员会主办，《连环画报》编辑部等单位共同承办的“沈尧伊连环画《长征·1936 三部曲》原作展”在北京国粹苑举行。

2 月，《艺术影响中国——百年中国油画名作十谈》入选中国出版集团公司“中版好书榜”2014 年度优秀图书。

4 月，中国出版集团公司召开首届编辑大会，《小艾，爸爸特别特别地想你（1969～1972）》《儿童艺术博物馆：和孩子一起欣赏世界名画》《妈妈，为什么？》在 2014 年度多种图书推荐榜中表现突出，获得表彰。中宣部出版局、国家新闻出版广电总局新闻报刊司组织召开全国优秀少儿报刊座谈会，《儿童漫画》入选国家新闻出版广电总局“向全国少年儿童推荐优秀少儿报刊”。

6 月 11 日，中国出版集团公司、人民美术出版社举办“姜维朴与新中国连环画座谈会”。

7 月，总社教材中心、艺术教育编辑室、营销中心有关人员赴成都参加人民美术出版社四川高校教材研讨会暨“十三五”规划教材启动会。

8 月 31 日，中国出版集团公司发文：经中央宣传部批准，免去汪家明同志中国美术出版总社社长职务，办理退休。免去汪家明同志中国美术出版总社党委副书记职务。

9 月 1 日，总社召开干部大会，宣布中国出版集团公司党组决定，周伟同志主持中国美术出版总社全面工作。

9 月，教材分社在河北、甘肃、四川、辽宁、山东五省配合有关合作单位组织安排了九场书法教材培训，参训教师共计 1800 余人。

10 月 20 日，总社召开“三严三实”专题教育专题培训班，党委书记周伟在开班讲话时提出六条产品线、六个发动机、六项主要措施的发展思路。

2016年

1月，总社召开2016年度工作会议，会议提出2016年工作基本思路是：把握正确的出版方向，深入分析行业发展新动态，优化图书出版结构，结合总社发展情况，突出重点，稳步落实。

3月16日，经中国出版集团工会联合会批准，刘东红任中国美术出版总社工会副主席。

3月，中国美术出版总社迁入朝阳区东三环南路的中国美术出版大厦办公。（时称“双井1号”）

4月8日，中国出版集团公司发文：高世屹同志任中国美术出版总社党委副书记、副社长。

4月12日，《漫画中国历史》随中国出版集团公司走进英国博航特中学，作为优秀中华文化读物进行展示，获得良好反响。

4月19日，中国出版集团公司发文：高世屹同志任中国美术出版总社纪委书记，免去胡建斌同志中国美术出版总社纪委书记职务。

4月，总社党委高度重视“两学一做”学习教育工作，为使学习教育常态化、有序化。总社召开支部会，六个党支部书记参会，党委书记周伟同志、党委副书记高世屹同志出席，并对下一阶段“两学一做”学习教育工作进行安排部署。

6月，《2016美术日记》在第67届美国印制大奖评比中荣获优异奖。

总社完成职能部门整合，将行政部、资产管理部并入办公室，将版权部、数字部、设计室并入总编室，将人力资源部和党办合署办公。调整后，职能部门精简至4个，分别是办公室、总编室、财务部和人事党群部。

《油画》杂志创刊，旨在为广大油画工作者提供展示作品和学习交流的平台，积极推动中国油画产业的发展。《美术向导》停刊。

6月29日，“人美学院”开学，作为人美社内部培训学院有力推动了员工培训工作日常化、长期化，为员工进修学习提供了良好条件。

8月，总社制定“十三五”发展规划，确立了总社六条产品线——美术专业出版产品线、视觉艺术出版产品线、连环画产品线、少儿产品线、书法产品线、教材产品线的结构，力争打好教材发展与数字化两个战役。

9月13日，为全面加强教材工作，适应教材市场新变化，总社成立教材编辑中心，设立中小学、幼儿和大中专教材编辑室及《中国中小学美术》《幼儿美术》两个期刊编辑室。

9月19日，人美社举行“人民美术出版社建社65周年暨人美美育学堂、‘大红袍’名家新作展启动仪式”。国家新闻出版广电总局副局长吴尚之，全国政协常委、副秘书长、民进中央副主席、中国教育学会副会长朱永新，中国出版集团公司总裁谭跃，中宣部出版局巡视员刘健生，中国书法家协会主席苏士澍，中国美术家协会分党组书记徐里，教育部基础教育课程教材发展中心副主任张国华等出席活动。中国出版集团公司党组成员、中国出版传媒股份有限公司副总经理李岩主持了“人美美育学堂”启动仪式，民进中央副主席、中国教育学会副会长朱永新等领导为第一批“人美美育学堂”试点学校揭牌。党委书记周伟作了题为“在‘人美’的旗帜下”的致辞，首次提出人美精神即“中正大雅，朴真至美”这一提法。65位“大红袍”作者的100余幅作品参展。

社庆期间，还举办了“人民美术出版社出版成果展”“人民美术出版社职工书画作品展”，出版了

《人美文库》《人美连环画家画库——庆祝人民美术出版社建社65周年》等图书。

9月28日至29日，根据教育部有关要求，总社召开新高中教材修订工作编委会启动会议。

9月30日，总社2013年至2015年入党的九名党员在总社党员活动室面对党旗庄严宣誓。这是总社在“两学一做”学习教育中，加强党员组织管理的一项具体工作。党委副书记高世屹同志参加宣誓仪式。

10月18日，人美物业管理（北京）有限公司成立。

11月，人民美术出版社、连环画出版社与北京东升汇文化传媒有限公司举办“东升杯”全国连环画征稿大赛。

11月16日至21日，罗马尼亚首都布加勒斯特体育中心举办了“中国连环画经典作品展览暨图书展览活动”及“从中国连环画认识中国文化讲座”，我社连环画作品《闹天宫》《武松打虎》《西厢记》等参展。

11月28日，中国出版集团公司发文：聘任杨辉同志为中国美术出版总社副社长。

12月5日至12日，我社在台湾第十七届大陆书展期间举行了“简体字原创绘本100及经典连环画展”等一系列推广活动。

12月，总社成立“大红袍编辑委员会”，制定《“大红袍”作者遴选办法》，聘请专家编委组成专家库。

2017年

1月4日，人美版《书法练习指导》（七至九年级）四川省地方教材，经四川省中小学教材审定委员会审查通过。

1月12日，中国出版协会美术出版工作委员会第六届理事会换届。中国美术出版总社党委书记周伟任中国出版协会美术出版工作委员会第六届理事会主任，中国美术出版总社总编辑林阳担任秘书长。（2020年11月，秘书长变更为中国美术出版总社总编室主任孙建虎。）

1月13日，人美教材（北京）有限公司成立。

1月23日，人美新媒体科技（北京）有限公司成立。

2月8日，总社召开2017年度工作会议，提出2017年工作基本思路：精准定位、精准发力、精细管理，启动“人美”全面建设。正式提出“四个人美”发展战略，即“出版的人美”“教育的人美”“美术的人美”“数字的人美”。

2月10日，人美美育文化（北京）有限公司成立。

2月22日，中国共产党中国美术出版总社第三次党员大会在总社507会议室召开。大会审议并通过了周伟同志《中国美术出版总社党委工作报告》、高世屹同志《中国美术出版总社纪委工作报告》。周伟、高世屹、杨辉、何玉麟、张朝生 5 位同志当选为党委委员。高世屹、郭青、黄宗亮 3 位同志当选为纪委委员。周伟当选为党委书记，高世屹为副书记、纪委书记。

3 月 17 日，北京市委教育工委、北京市教委、中国美术出版总社在北京育才学校召开“北京市中小学培育和践行社会主义核心价值观——连环画进校园工作座谈会”，我社积极参与京津冀教育协同发展，推广《中国小学生连环画》。

4 月 12 日，人美社首家“人美美育学堂”落地临沂第三十九中学，这是教育部基础教育课程教材发展中心与人美社合作共建的第一所实验区人美美育学堂。人美美育学堂将建设成为美术示范课展示交流中心、区域性教师培训中心、美术教学成果展示中心和学生兴趣爱好活动中心。

4 月，《〈髹饰录〉与东亚漆艺——传统髹饰工艺体系研究》《经典连环画原稿原寸系列・西厢记》获中国出版政府奖、中华优秀出版物奖图书奖提名奖、“中国好书”提名。

人美社与北京市教委、中央美术学院合作出版《图说社会主义核心价值观——北京中小学生原创连环画》（12 册）。

《人美画谱》《人美书谱》《中国工艺美术全集》系列图书出版，大力弘扬推广中华优秀传统文化。

4 月，中国美术出版总社教材编辑中心被中华全国妇女联合会授予“巾帼文明岗”。

5 月 4 日，总社召开以“行动・创新”为主题的“五四青年节座谈会暨人美第一届五四青年奖章表彰会”。党委书记周伟、总编辑林阳、副社长杨辉和党委副书记高世屹出席会议，总社团员及青年 90 余人参加。会议由集团青联常委李滢主持。

5 月 19 日，“人美高校行活动”启动，第一站到达南京艺术学院。目的是依托人美社的优质出版资源及网络、新媒体资源，为高校师生搭建学术交流及成果展示的平台，以人美社的全媒体平台优势，促进高校美育成果的展示、交流，推进校企合作。

7 月 7 日，总社在京举办幼儿美术教育研讨会暨《美的启蒙》新书发布会。

7 月 25 日，中国书刊发行业协会美术发行专业委员会换届。中国美术出版总社党委副书记、副社长高世屹任美术发行专业委员会第五届委员会主任委员，中国美术出版总社营销中心总经理曾文超任秘书长。

7 月，人美社与朝阳区教委合作出版“小学生连环画课外阅读系列推荐书”《满江红》《马兰花》《神笔马良》《闪闪的红星》《红孩子》。

人美美术馆举办“中国出版集团成立 15 周年成果展及职工书画展”“观云堂历代书画藏品展”“《美术日记》名家邀请展”“心像・物像——中国画邀请展”“人民美术出版社纪念建军 90 周年出版文献展暨《军魂颂》书法长卷展”“喜迎十九大‘祖国万岁’书画展”“东升杯连环画大奖赛获奖作品展”等展览。

11 月 21 日，《中国美术》杂志社有限公司成立。

11 月 24 日，教育部基础教育课程教材发展中心与人美社合作共建的第二所实验区人美美育学堂落地徐州市第三十六中学。

2018 年

1月22日，总社召开2018年度工作会，提出2018年工作基本思路：聚焦主业，融合发展，弘扬品牌，实施“五个一百”和“两个十万”工程，保持营业收入和利润双增6.5%—8%，持续深入推进“四个人美”建设。

1月，《书法教育》创刊。立足书法教育当下，着眼书法教育的未来，关注书法学科建设，探讨不同层次的书法教育规律，旨在展示书法理论研究最新成果，弘扬中华优秀传统文化。《漫画大王》停刊。

《伟大的作品 伟大的历程（1978—2018）》、《春天的画卷——纪念改革开放40年连环画集》、“美育丝路”丛书等主题类图书出版。

2月，“中国经典连环画作品展”精彩亮相各类书展，并在哈瓦那国际书展和第55届意大利博洛尼亚国际书展上吸引了广大读者、出版商和版权经理。

5月，《最美中国画100幅》入选国家新闻出版署“向全国青少年推荐百种优秀图书”。

6月，《幼儿美术》创刊，面向3—6岁幼儿美术启蒙教育从业者和对该领域感兴趣的社会人士，包括幼儿园教师、校外美术培训机构教师以及幼儿家长，重点为幼儿园教师提供专业的优质服务。《儿童漫画》停刊。

7月4日，中宣部分管日常工作的副部长王晓晖参观“纪念马克思诞辰200周年暨中国共产党成立97周年美术作品展览”。

“2018人美毕业季”大型评选活动启动。此次活动由人美社联合全国23所艺术院校共同发起，通过人美艺狮平台呈现活动全过程。活动甄选出460位毕业生的作品，570056人次参与投票，最终评选出116位全国首届“人美学院之星”。

《〈芥子园画传〉经典传世本集成》和《〈历代名画记〉疏证（配图本）》入选国家新闻出版署《“十三五”国家重点图书、音像、电子出版物出版规划》增补项目。

8月26日，《幼儿美术》举办“首届中国幼儿美育年会暨幼儿原创艺术展”。

9月，《连环画报》入选国家新闻出版署第九届“向全国少年儿童推荐百种优秀报刊”。《中国美术》《中国艺术》入选2018中国期刊协会“中国最美期刊”。《朽者不朽——陈师曾和他的时代》获第二十七届“金牛杯”优秀美术图书银奖，《千里江山：徽宗宫廷青绿山水与江山图》《极简中国古代建筑史》《西征·东归》荣获铜奖。

11月8日，中国出版集团公司发文：聘任陈玉华同志为中国美术出版总社有限公司副社长。

12月，《千里江山：徽宗宫廷青绿山水与江山图》入选中国出版协会2018年度“中国30本好书”。《春天的画卷——纪念改革开放40年连环画集》《极简中国古代绘画史》入选“中版好书”2018年度榜。

“2018人美年度艺术家”“2018人美年度美术教育人物”评选活动举办。活动微信文章阅读量达4.55万，投票平台访问量达671万余次，累计投票93万余次。

人美版《书法练习指导》（一至二年级，七至九年级）经过北京市中小学地方教材审查委员会审查通过。

2019 年

1月，总社召开2019年度工作会，提出2019年工作基本思路：稳主业、稳增长、稳收入，强品牌、强教育、强保障，坚持正确的出版导向，推进以内容建设为核心的融合发展，加快形成新的经济增长点，确保营收和利润达到6%—8%，取得“四个人美”建设新突破。

《中国美术》期刊选题“连环画里的共和国70年”入选中宣部“庆祝新中国成立70周年”期刊主题宣传资助。《连环画报》《中国美术》《中国艺术》入选2019年北京国际图书博览会（BIBF）“庆祝中华人民共和国成立70周年精品期刊展”。

中宣部出版局《出版动态》专门介绍《人民就是江山——庆祝中华人民共和国成立70周年连环画集》的出版情况，认为该书“体现了连环画出版社发挥自身优势，积极投身新中国庆典大合唱、主动服务大局、满足读者阅读需求的自觉性”。

《人民就是江山——庆祝中华人民共和国成立70周年连环画集》《影画中国——庆祝中华人民共和国成立70周年电影连环画集》获中国出版集团公司“2019年主题出版”奖；《春天的画卷——纪念改革开放40年连环画集》《中国美术史》《楷书王国》《绘本〈西游记〉故事》《黑土子的故事》获第九届中国出版集团出版奖；《中国美术史》《人民就是江山——庆祝中华人民共和国成立70周年连环画集》《藏器——青铜器的文化与收藏》入选2019“中版好书”年度榜。

国家古籍整理资助项目《广封泥考略》出版发行。

人民美术出版社和连环画出版社分别获得中国文化“走出去”效果评估中心、《中国出版传媒商报》和中国图书进出口总公司共同认证的“2019中国图书海外馆藏影响力出版100强”荣誉称号。

4月1日，中国出版集团公司发文：经中央宣传部批准，周伟同志任中国美术出版总社有限公司社长，免去周伟同志中国美术出版总社有限公司党委书记职务。经集团党组研究，周伟同志任中国美术出版总社有限公司党委副书记。

4月10日，中国美术出版总社召开增强“四力”教育实践工作推进大会，认真学习习近平总书记关于宣传思想工作队伍建设的重要指示，积极开展并部署增强“四力”教育实践工作。党委书记周伟出席会议并讲话，党委副书记、副社长高世屹主持会议，副社长陈玉华参加会议。

4月，为落实中央和国家机关工委《关于推进中央和国家机关年轻干部深入学习习近平新时代中国特色社会主义思想的意见》精神，深化总社以内容建设为核心的融合发展，加强青年理论武装，并结合总社增强“四力”学习实践工作实际，总社成立了习近平新时代中国特色社会主义思想青年理论学习小组。

5月30日至6月15日，《油画》杂志举办“新麦田计划——第一届人美油画大展”，共征集作品2000余幅，为广大油画专业的师生和艺术家提供了全方位的展示平台。

5月，《艺术博物馆》创刊，旨在搭建一流的国家级艺术博物馆学术平台，打造中国艺术博物馆事业的建设高地。《艺术沙龙》停刊。

6月17日，中国美术出版总社组织召开“不忘初心、牢记使命”主题教育动员大会，学习贯彻习近平总书记在“不忘初心、牢记使命”主题教育工作会议上的重要讲话精神，传达学习中国出版集团公司“不忘初心、牢记使命”主题教育动员大会会议精神，对总社开展主题教育进行动员和部署。集团“不忘初心、牢记使命”主题教育第三巡回指导组组长戴作福出席会议并讲话，集团第二巡视组副组长叶冰出席会议。总社社长周伟作动员讲话，总编辑林阳传达有关文件精神，党委副书记、副社长高世屹主持会议并对总社主题教育方案作了说明。

6月17日，中国出版集团公司发文：聘任王远同志为中国美术出版总社有限公司副总编辑。

6月19日，中国出版集团公司发文：免去欧京海同志中国美术出版总社有限公司副总编辑职务，办理退休。

7月4日，人美版普通高中教科书美术《美术鉴赏》《绘画》《中国书画》《雕塑》《工艺》《设计》《现代媒体艺术》，经国家教材委员会专家委员会审核通过并获得好评，于2019年秋季学期开始使用。

7月，人美社启用新门牌，地址由北总布胡同32号变为北京市朝阳区东三环南路甲3号。

人美社在北京西城区琉璃厂西街4号开办“人美学院派”。7月18日，举办首展“人美学院派——全国著名美术院校创作成果展”。这是人美社促进院校交流、推广青年艺术家、助力艺术市场良性发展的又一新举措。

8月2日，中国出版集团公司发文：免去林阳同志中国美术出版总社有限公司总编辑职务。

8月，《中国艺术》承办陶瓷鉴藏与创作高级研修班。

9月16日至25日，《连环画报》主办“人美记忆——连环画里的共和国70年”展览。

9月28日—10月10日，“美的历程——新中国70年陶瓷艺术‘人美’工匠大奖特展”举办。

10月至12月，总社在江苏宜兴、江西景德镇开创性地举办了3场“人美”出版品牌发布会，系统介绍人美以出版为基础，集出版、展览、艺术品交易于一体的全产业链运营模式，详细介绍人美出版品牌的历史和优势、出版物种类、出版流程等内容，创新品牌推广方式为艺术家提供优质服务，推动深度合作。《韩美林艺术大系》《诗咏陶都润紫玉》等重点图书在会上发布，彰显出人美出版品牌的独特优势与实力。

10月30日，中央纪委驻中宣部纪检监察组组长贾育林一行在中国出版集团有限公司董事长、党组书记谭跃的陪同下到中国美术出版总社就贯彻落实全面从严治党主体责任、监督责任以及意识形态工作责任、“三审三校”等审核把关制度及执行情况开展专题调研。

11月5日，中国美术出版总社组织召开传达学习贾育林同志讲话精神会议，认真传达学习中央纪委驻中宣部纪检监察组组长贾育林同志在总社调研会上的讲话。总社社长周伟主持会议并讲话，党委副书记、副社长高世屹传达贾育林同志的讲话，布置中央和国家机关工委到集团开展政治建设督查工作。总社领导班子成员，党委理论学习中心组成员，党委委员、纪委委员，全体中层干部，各党支部书记、支部委员，各期刊和融媒体主编、执行主编、副主编，团员青年参加学习。

10月至12月，“2019人美年度美术教育人物——寻找最美美术教师”活动举办。在环太湖大区、敦煌大区、环京大区、长三角大区、巴蜀—湖湘大区、岭南大区、白桦林大区、长安大区以及面向偏远乡村的蒲公英特别区九大美术特色区域，分别举办“2019年全国美术教师大会”线下培训活动，参与教师达6000余名。周伟作了题为“新美育时代与美术教育”的主题讲座，首次提出“新美育时代”概念，系统阐述了人美教育战略新布局，并提出“最美美术教师”的六个标准——有情怀、有底蕴、技艺精、方法好、能创新、善融合。此次系列活动开创了教师培训活动的新模式，极大提升了人美教育品牌的社会影响力和专业号召力。

10月15日—12月15日，《连环画报》承办“小康故事 · 美丽中国”连环画创作高研班。

11月至12月，《中国美术》承办2019中国美术鉴藏专题研修班，完成了北京站、南京站、广州站的开班。

2020年

1月，总社召开2020年度工作会，提出2020年工作基本思路：抓落实、促创新、出精品，培养专家型人才，建设研究型出版社，融入新美育时代。

《书法教育》（中小学版）创刊，成为中小学书法教育领域唯一的国家级期刊。

人美社与景德镇学院合作举办“陶瓷古彩与现代陶艺创作人才培养项目成果展”，展出国家艺术基金支持的景德镇学院“陶瓷古彩与现代陶艺创作人才培养”项目结业作品120余件。

1月13日，中国出版集团公司发文：聘任李滢同志为中国美术出版总社有限公司副总编辑。

1月15日，中国出版集团公司发文：按照党政“一肩挑”原则，经集团党组研究，并报中央宣传部批准，周伟同志任中国美术出版总社有限公司执行董事（社长）；杨辉、高世屹、陈玉华同志改任副总经理，免去其副社长职务。周伟同志任中国美术出版总社有限公司党委书记。

1月30日，为做好疫情防控工作，总社第一时间成立应对疫情工作领导小组，周伟同志担任组长，组织编写并发布《新型冠状病毒感染的肺炎防护手册》，助力科学防护，微信公众号阅读量达2.7万。

2月，人美社《“决胜全面小康 决战脱贫攻坚”系列宣传画集》入选中宣部2020年主题出版重点出版物选题，与《最可爱的人——纪念中国人民志愿军抗美援朝出国作战70周年连环画集》《中国中小学生连环画分级读库 • 课本绘》一起入选中国出版集团“2020年度优秀主题出版项目”。

2月22日—3月2日，“童心点亮星光——人美少儿‘抗疫’美术作品义卖”活动举办，35位艺术家、5万多名儿童、300多所学校和100多家艺术培训机构共同参与。人美社将价值100万元的款物捐赠给湖北省教育基金会，用于支持湖北省基础美术教育事业发展。

3月，新媒体公司成立数据中心，集中开展数据加工工作，整理书稿4000余份，上传2100册，整理数字期刊900期，汇集图片11万张，录制《芥子园画传》《写字 • 课课练》《读诗词 • 练写字》《高校精品课》等精品视频课2000节。

4月，融媒体编辑平台成立，围绕“两微一端”“一头一抖”等融媒体主阵地打造融合发展新品牌。“人美”官方微信公众号粉丝数量达到234509人，在全国出版机构排行榜Top50中位列第30位，是唯一入选前50名的美术专业出版社。

5月，总社与云南艺术学院合作举办“云·彩——云南艺术学院水彩画展”。

5月21日，中国出版集团公司发文：免去杨辉同志中国美术出版总社有限公司副总经理职务，办理退休。

6月1日，中国出版集团公司批复：经集团工会主席办公会研究，同意曲刚同志为工会主席。

6月，《读诗词·练写字》《写字·课课练》《课本绘·中国连环画小学生读库》三套市场化教辅产品出版，开创了人美社编写出版高品质教辅的新局面。

人美版新高中美术教材在浙江省打破了10年来市场为零的局面，11个地市中有10个地市选用。

7月1日，中国美术出版总社召开纪念建党99周年大会。总社党委书记、社长周伟围绕“加强党的领导，坚持正确导向，做好疫情防控常态化下的出版工作”作了专题党课。总社党委副书记、副总经理高世屹主持会议，总社领导班子成员出席。

7月2日，中国编辑学会美术读物编辑专业委员会换届。中国美术出版总社党委书记、社长周伟任主任，中国美术出版总社工会主席、品牌中心主任曲刚任秘书长。

7月10日，总社召开2020年上半年经营工作会议，总结上半年工作，部署下半年任务。总社党委书记、社长周伟讲话，会议由总社副社长陈玉华主持，总社领导班子成员出席会议。

7月，2020年“人美毕业季”举办，除在人美微信平台上对毕业生和毕业作品进行展示外，还在抖音、头条等第三方平台加大宣传推广力度，观看达9万人次。线上报名人数近4000人，投票人次1132万次，并与中国美术学院、四川美术学院、苏州工艺美术职业技术学院进行3场毕业展线上直播。

8月至9月，期刊采编中心、品牌中心编辑赴全国20余所美术院校开展调研活动，成果显著：开展校庆系列图书、美育系列丛书和艺术创作志系列丛书的合作出版；围绕校内外读者需求，与各大艺术院校、综合类院校美术学院合作在线上推出12门人美美术学院高校精品课；联合培养研究生，已与四川美术学院、西安美术学院、南京艺术学院达成培养合作，其中与南京艺术学院联合培养研究生项目今年已完成招生，并开展教学工作。

9月2日，中国美术出版总社为闫景辉、张淑伟、张雪梅、张煤四位即将退休的职工举办了一场温馨感人的荣誉退休仪式。仪式上，总社党委书记、社长周伟为退休职工颁发了荣誉退休证书，副总经理陈玉华宣读了《致退休同志的一封信》，副总编辑李滢代表总社向退休职工赠送纪念品。仪式由总社党委副书记、副总经理高世屹主持。

9月28日，人美社和重庆市教育委员会联合主办的“最美美术教师大会”在四川美术学院召开，最终评选出100名“最美美术教师”。在大会开幕式上，周伟社长提出的“美术教育十问”是对新美育时代美术教师、美术教育如何发展的深度思考，广大美术教师展开热烈讨论，引起强烈反响。

人美公众号预告自9月26日开始，预告信息发布当天就有近40万用户预约观看。大会召开当天，新华网、抖音、“人美APP”三大平台同时直播。据统计，新华网直播访问量 62.5 万，新闻通稿访问量 109.2 万。此外，人民网、光明网、凤凰网、新浪网、千龙网、《重庆日报》、重庆电视台、《重庆晨报》、中华教育网、巴渝传媒网 10 家媒体以直播、视频、图文稿等不同形式，从不同角度对活动进行了报道。

9 月 29 日，中国出版集团公司发文：经中央宣传部批准，赖雪梅同志任中国美术出版总社有限公司总经理。经研究，赖雪梅同志任中国美术出版总社有限公司党委副书记。

11 月，总社与西安美术学院合作的“艺狮”复原工作圆满完成，并在人民美术出版社举办了揭幕仪式。人民美术出版社党委书记、社长周伟同志和西安美术学院院长朱尽晖，人民美术出版社副总经理陈玉华和西安美术学院雕塑系主任陈晓春，人民美术出版社副总编辑李滢和西安美术学院科研创作处处长刘晨晨分别为“艺狮”揭幕。

11 月，《美育》杂志创刊，旨在为高校、博物馆、美术馆、研究机构、艺术家和美育工作者搭建高端学术交流平台，打造中国最具影响力的美育媒体。《少年漫画》停刊。

11 月 25 日，《美育》创刊首发式在中国美术出版总社召开。全国各大美术院校、艺术院校和师范院校美术专业、艺术专业特色院校、综合性大学美术学院的代表及各大美术馆、博物馆代表共 60 余人出席首发式，并参加人美高校工作会和美育研讨会。

12 月，人民美术出版社与中国健康教育中心联合编写出版《中小学生健康规范》，结合疫情防控有关要求，用故事的形式讲述中小学生应知应会的卫生健康知识，列入“健康中国行动”15 个重大专项行动之一。

“人美学术出版基金”项目申报工作启动，在 30 余所院校申报的 80 余本书稿中评选出 5 本书稿，出版费用由人民美术出版承担。此举受到高校师生和研究机构的广泛赞誉。

“人美嗨拍”微信小程序正式上线，顺利举办 12 场线上拍卖，共计 115 件作品上拍，总成交额 56 万元，单场最高参与人数3000余人，成为提升总社影响力、创新经济的增长点。

2021 年

1 月 4 日，《美育》杂志编辑部成立。

出版部整体并入北京朝花书画社有限公司，保留出版部牌子。

1 月 7 日，中国出版集团公司发文：聘任黄宗亮同志为中国美术出版总社有限公司副总经理。

1 月 8 日，北京人美艺术展览有限公司成立。

1 月，总社召开 2021 年度工作会议，中国出版集团副总经理、党组成员陈永刚同志出席会议并讲话，党委书记、社长周伟同志主持会议，并作了题为“强党建、稳机制、育人才、促增长，确保正确导向，以融媒体为龙头，以优质内容为核心竞争力，以创新培育新增长点，努力建成新美育时代美术强社”的讲话。

人美社出版全国第一套中小学《美育》教材，为义务教育阶段全面普及和提高美育质量提供范本。教材共 18 册，涵盖从小学一年级至初中三年级的九个学段。

3 月 8 日，中国美术出版总社召开党史学习教育动员大会，认真学习习近平总书记在党史学习教育动员大会上的重要讲话精神，传达集团党史学习教育工作的部署要求，全面启动总社党史学习教育活动。总社党史学习教育领导小组组长、党委书记、社长周伟作动员讲话，总社党史学习教育领导小组副组长、党委副书记、总经理赖雪梅主持会议，领导班子成员，党委、纪委委员，党史学习教育领导小组成员及办公室成员，全体中层干部和各党支部书记、支部委员等近60人参加会议。

3月，中国美术出版总社青年大会在人美美术馆举行。作为“庆祝人民美术出版社成立70年”系列活动，会议以“创新成才、成长作为”为主题，关注青年成长进步，发挥青年创新创造能力。

经过中国美术出版总社党委会、办公会审议，2020年人民美术出版社“大红袍”系列画集年度评选共7位画家入选，入选画家名单为萧俊贤、萧谦中、新安张氏、王梦白、胡悌麟、霍春阳、郑军里（排名以出生先后为序）。

5月，总社召开中层干部会，传达学习近期集团会议精神，安排部署后七个月重点工作。总社领导班子成员、全体中层干部、各期刊主编、副主编和业务骨干参加会议。

人美·大都美育基地正式投入使用，并举办“全国高中美术教师艺术高考研讨班”。

6月11日，中国出版集团公司发文：经集团党组研究，并报中宣部6月2日批准（中宣任〔2021〕19号），高世屹同志任中国美术出版总社有限公司总编辑，免去其副总经理职务。经集团党组研究决定，免去高世屹同志中国美术出版总社有限公司党委副书记职务。

6月16日，中国美术出版总社隆重举行“光荣在党50年”纪念章颁发仪式。总社现有28位老党员获颁纪念章，其中14位老党员作为代表亲临现场参加纪念章颁发仪式。总社领导班子高度重视，党委书记、社长周伟，党委副书记、总经理赖雪梅，党委委员、副总经理陈玉华出席会议，副总经理黄宗亮主持仪式。

6月30日，总社召开庆祝建党100周年大会。党委书记、社长周伟围绕总社党史学习教育活动作了讲话，总经理、党委副书记赖雪梅主持会议，总社领导班子成员出席，全体党员、中层干部、入党积极分子等近百人参加大会，会上签订了“全面从严治党责任书”。

7月15日，中国书刊发行业协会美术发行专业委员会换届。中国美术出版总社有限公司社长助理、连环画出版社总编辑倪延风任美术发行专业委员会第六届委员会主任委员，中国美术出版总社美术营销中心总经理张朝生任秘书长。

7月29日，中央宣传部在京召开第五届中国出版政府奖表彰会。人民美术出版社荣获中国出版政府奖先进出版单位奖，是唯一一个获得该奖项的美术专业出版机构。《北京史诗·重大历史题材中国人物画》获中国出版政府奖装帧设计奖提名奖。

7月30日，总社召开2021年上半年经营工作会。会上，周伟同志总结上半年经营工作，并对下半年的发展提出12项主要经营工作的规划。

人美教材（北京）有限公司在首届全国教材建设奖评比中获“全国教材建设先进集体”，《义务教育教科书·美术》（一年级下册）、《义务教育三至六年级·书法练习指导（实验）》（五年级上册）》、普通高中教科书美术《美术鉴赏》《中国书画》入选“全国优秀教材”（基础教育类），《中国美术史纲》入选“全国优秀教材”（高等教育类）。

附录 2 琳琅满目 美不胜收——70 年获奖图书目录

1952 年

《群英会上的赵桂兰》
人民美术出版社
文化部 1951—1952 年年画创作评奖一等奖

《保卫和平》
人民美术出版社
文化部 1951—1952 年年画创作评奖一等奖

《新娘子讲话》
人民美术出版社
文化部 1951—1952 年年画创作评奖二等奖

《毛主席和农民谈话》
人民美术出版社
文化部 1951—1952 年年画创作评奖二等奖

《中朝部队前线胜利联欢》
人民美术出版社
文化部 1951—1952 年年画创作评奖二等奖

《毛主席的代表访问太行老根据地人民》
人民美术出版社
文化部 1951—1952 年年画创作评奖三等奖

《庆祝中国共产党成立 30 周年》
人民美术出版社
文化部 1951—1952 年年画创作评奖三等奖

《向苏联老大哥学习》
人民美术出版社
文化部 1951—1952 年年画创作评奖三等奖

《伟大的友谊》
人民美术出版社
文化部 1951—1952 年年画创作评奖三等奖

《农忙托儿所》
人民美术出版社
文化部 1951—1952 年年画创作评奖三等奖

《女拖拉机手》
人民美术出版社
文化部 1951—1952 年年画创作评奖三等奖

《劳模北海游园大会》
人民美术出版社
文化部 1951—1952 年年画创作评奖三等奖

《中国人民大团结》
人民美术出版社
文化部 1951—1952 年年画创作评奖三等奖

《组织起来生产多 娃娃合作最快乐》
人民美术出版社
文化部 1951—1952 年年画创作评奖三等奖

《儿童游戏》
人民美术出版社
文化部 1951—1952 年年画创作评奖三等奖

《农村气象》
人民美术出版社
文化部 1951—1952 年年画创作评奖三等奖

《收割归来遇喜报》
人民美术出版社
文化部 1951—1952 年年画创作评奖三等奖

《北京劳动人民文化宫》
人民美术出版社
文化部 1951—1952 年年画创作评奖三等奖

《要在文化上翻身》
人民美术出版社
文化部 1951—1952 年年画创作评奖三等奖

《成渝铁路通车》
人民美术出版社
文化部 1951—1952 年年画创作评奖三等奖

1959 年

《苏加诺工学士、博士藏画集》
人民美术出版社
莱比锡国际书籍艺术博览会金奖

《杨柳青年画资料集》
人民美术出版社
莱比锡国际书籍艺术博览会银奖

1963 年

《穷棒子扭乾坤》
人民美术出版社
全国第一届连环画评奖绘画、脚本一等奖

《西厢记》
人民美术出版社
全国第一届连环画评奖绘画一等奖

《我要读书》
人民美术出版社
全国第一届连环画评奖绘画一等奖

《鸡毛信》
人民美术出版社
全国第一届连环画评奖脚本一等奖

《风暴》
人民美术出版社
全国第一届连环画评奖脚本一等奖

1978 年

《三打白骨精》(连环画)
人民美术出版社
联合国教科文组织亚洲文化中心野间儿童艺术插图比赛奖

1979 年

《中国历代绘画——故宫博物院藏画集Ⅶ》
人民美术出版社
全国书籍装帧艺术展览印刷装订奖

《外国美术选集·素描》
人民美术出版社
全国书籍装帧艺术展览封面设计奖

《新波版画集》
人民美术出版社
全国书籍装帧艺术展览整体设计奖

1980年

《东汉碑刻的隶书》

人民美术出版社

全国书籍装帧优秀作品评比封面设计奖

《袁运甫画集》

人民美术出版社

全国书籍装帧优秀作品评比版式设计奖

1981年

《伤痕》

人民美术出版社

全国第二届连环画创作评奖绘画一等奖

《鉴真》

人民美术出版社

全国第二届连环画创作评奖绘画二等奖

《蔡文姬》

人民美术出版社

全国第二届连环画创作评奖绘画二等奖

《三个法庭》

人民美术出版社

全国第二届连环画创作评奖绘画二等奖

《伤逝》

人民美术出版社

全国第二届连环画创作评奖绘画二等奖

《秋瑾》

人民美术出版社

全国第二届连环画创作评奖绘画二等奖

《最后一课》

人民美术出版社

全国第二届连环画创作评奖绘画二等奖

《鲁迅的青少年时代》

人民美术出版社

全国第二届连环画创作评奖绘画二等奖

《黄继光》

人民美术出版社

全国第二届连环画创作评奖绘画二等奖

《在海上》

人民美术出版社

全国第二届连环画创作评奖绘画二等奖

《驮炭记》

人民美术出版社

全国第二届连环画创作评奖绘画二等奖

《无产阶级的歌》

人民美术出版社

全国第二届连环画创作评奖绘画二等奖

《草原上的小路》

人民美术出版社

全国第二届连环画创作评奖文学脚本一等奖

《胆剑篇》

人民美术出版社

全国第二届连环画创作评奖文学脚本一等奖

《敦厚的诈骗犯》

人民美术出版社

全国第二届连环画创作评奖文学脚本二等奖

《东郭先生》

人民美术出版社

全国第二届连环画创作评奖文学脚本二等奖

《爱迪生》

人民美术出版社

全国第二届连环画创作评奖文学脚本二等奖

1982 年

《湖上晨曲》（单幅画）
人民美术出版社
全国宣传画展览作品评奖二等奖

1983 年

《大家动手　植树栽花　美化环境》
人民美术出版社
全国宣传画展览作品评奖二等奖

《全国各民族人民大团结万岁》
人民美术出版社
全国宣传画展览作品评奖二等奖

1984 年

《同欢共乐》
人民美术出版社
全国第三届年画展作品评奖二等奖

《江姐》
人民美术出版社
全国第三届年画展作品评奖二等奖

《百岁挂帅》
人民美术出版社
全国第三届年画展作品评奖二等奖

《在希望的田野上》
人民美术出版社
全国第三届年画展作品评奖二等奖

《人民功臣》
人民美术出版社
全国第三届年画展作品评奖二等奖

《雷锋和红领巾》
人民美术出版社
全国第三届年画展作品评奖二等奖

《期望》
人民美术出版社
全国第三届年画展作品评奖三等奖

《春色满园》
人民美术出版社
全国第三届年画展作品评奖三等奖

《朱总司令和儿童》
人民美术出版社
全国第三届年画展作品评奖三等奖

《在艺术的故乡》
人民美术出版社
全国第三届年画展作品评奖三等奖

1985 年

《中国古代木刻画选集》
人民美术出版社
日本国中日艺术研究会版画史出版功劳纪念杯

《邦锦美朵》
人民美术出版社
全国第六届美展金质奖

1986 年

《中国美术全集·绘画编 2·隋唐五代绘画》
人民美术出版社
全国第三届书籍装帧艺术展览会优秀作品评奖整体设计二等奖

《张仃画集》
人民美术出版社
全国第三届书籍装帧艺术展览会优秀作品评奖整体设计三等奖

《中国美术全集·书法篆刻编 4·宋金元书法》
人民美术出版社
中国图书评论奖荣誉奖

《一个儿子》
人民美术出版社
全国第三届连环画创作评奖绘画二等奖

《伊利亚特的故事》（上下）
人民美术出版社
全国第三届连环画创作评奖绘画二等奖

《带阁楼的房子》
人民美术出版社
全国第三届连环画创作评奖绘画二等奖

《高山下的花环》
人民美术出版社
全国第三届连环画创作评奖绘画二等奖

《红楼梦的故事》
人民美术出版社
全国第三届连环画创作评奖绘画三等奖

《幻灭》
人民美术出版社
全国第三届连环画创作评奖绘画三等奖

《莱特湾大海战》
人民美术出版社
全国第三届连环画创作评奖绘画三等奖

《开花爷爷》
人民美术出版社
全国第三届连环画创作评奖绘画三等奖

《哦，香雪》
人民美术出版社
全国第三届连环画创作评奖绘画三等奖

《林肯》
人民美术出版社
全国第三届连环画创作评奖绘画三等奖

《人到中年》
人民美术出版社
全国第三届连环画创作评奖文学脚本一等奖、绘画一等奖

《啊！枪声》
人民美术出版社
全国第三届连环画创作评奖文学脚本二等奖

《拿破仑传》
人民美术出版社
全国第三届连环画创作评奖文学脚本二等奖

《月牙儿》
人民美术出版社
全国第三届连环画创作评奖绘画一等奖

《邦锦美朵》
人民美术出版社
全国第三届连环画评奖绘画一等奖

《罗伦赶考》
人民美术出版社
全国第三届连环画创作评奖绘画一等奖
北京地区精装书籍装帧全优三等奖

《辛弃疾》
人民美术出版社
全国第三届连环画创作评奖绘画二等奖

《雪雁》
人民美术出版社
全国第三届连环画创作评奖绘画二等奖

《人生》
人民美术出版社
全国第三届连环画创作评奖绘画三等奖

《一个女人的刚毅》
人民美术出版社
全国第三届连环画创作评奖绘画三等奖

《长恨歌》
人民美术出版社
全国第三届连环画创作评奖绘画三等奖

《船过青浪滩》
人民美术出版社
全国第三届连环画创作评奖绘画三等奖

《小鼓手》
人民美术出版社
全国第三届连环画创作评奖绘画三等奖

《贵妇还乡》
人民美术出版社
全国第三届连环画创作评奖绘画二等奖

《黑骏马》
人民美术出版社
全国第三届连环画创作评奖绘画二等奖

《舒克贝塔历险记》
人民美术出版社
全国第三届连环画创作评奖文学脚本二等奖

《玛丽娜一世》
人民美术出版社
全国第三届连环画创作评奖文学脚本三等奖

《三毛流浪记全集》
人民美术出版社
全国第三届连环画创作评奖优秀封面奖

《家》
人民美术出版社
全国第三届连环画创作评奖优秀封面奖

《毛泽东故居藏书画家赠品集》
人民美术出版社
莱比锡国际书籍艺术博览会“世界最美的书”铜奖

《快活林》（连环画）
人民美术出版社
联合国教科文组织亚洲文化中心野间儿童艺术插图亚军奖

1987 年

《中国美术全集·绘画编 21·民间年画》
人民美术出版社
全国第三次书刊印刷优质产品评奖优质产品奖

《中国美术全集·雕塑编 2·秦汉雕塑》
人民美术出版社
全国第三次书刊印刷优质产品评奖优质产品奖

《毕加索生平与创作》
人民美术出版社
全国第一届图书金钥匙奖纪念奖

《十二个月》
人民美术出版社
全国第一届幼儿图书评比优秀绘画一等奖

《小鸟的歌》
人民美术出版社
全国第一届幼儿图书评比优秀绘画二等奖

《老鼠嫁女》
人民美术出版社
全国第一届幼儿图书评比优秀绘画三等奖

《吹牛大王历险记》
人民美术出版社
全国第一届幼儿图书评比优秀绘画三等奖

《热乎乎的蒙古包》
人民美术出版社
全国第一届幼儿图书评比优秀绘画三等奖

《洋葱头历险记》
人民美术出版社
全国第一届幼儿图书评比优秀绘画三等奖

《中国动物故事》
人民美术出版社
编辑工作奖

《啊，长城》
人民美术出版社
建军 60 周年美展优秀作品奖

《故宫博物院藏明清扇面书画集（1）》
人民美术出版社
莱比锡国际书籍艺术博览会“世界最美的书”铜奖

1988 年

《天下为公》
人民美术出版社
全国第四届年画评奖一等奖

《尊老爱幼福乐寿》
人民美术出版社
全国第四届年画评奖二等奖

《开国元勋》
人民美术出版社
全国第四届年画评奖三等奖

《理想之歌》
人民美术出版社
全国第四届年画评奖三等奖

《和平幸福》
人民美术出版社
全国第四届年画评奖三等奖

1989 年

《中国美术全集·绘画编1·原始社会至南北朝绘画》
人民美术出版社
北京地区精装书籍装帧全优一等奖

《中国雕塑艺术史》
人民美术出版社
中国图书奖荣誉奖

《中国古代木刻画选集》
人民美术出版社
莱比锡国际书籍艺术博览会“世界最美的书”银奖

《哪吒闹海》
人民美术出版社
联合国教科文组织亚洲文化中心野间儿童艺术插图大奖

《中国美术全集·雕塑编34·四川石窟雕塑》
人民美术出版社
全国首届书刊磁带方面设计大赛一等奖

《中国雕塑艺术史》
人民美术出版社
全国首届书刊磁带方面设计大赛三等奖
全国第三届优秀图书评奖优秀图书奖

《张胜远山水画画集》
人民美术出版社
全国首届书刊磁带方面设计大赛三等奖

《儿童知识画库》
人民美术出版社
全国首届书刊磁带方面设计大赛三等奖

《中国历代绘画——故宫博物院藏画集Ⅶ》
人民美术出版社
北京地区精装书籍装帧全优三等奖

1990 年

《中国美术全集·雕塑编30·麦积山石窟雕塑》等15种
人民美术出版社
全国第四届书刊印刷产品评奖优质产品奖

《双龙戏珠》
人民美术出版社
第七届全国美展年画作品铜牌奖

《中国古代木刻画选集》
人民美术出版社
莱比锡国际书籍艺术博览会“世界最美的书”金奖

《宋人画册》
人民美术出版社
莱比锡国际书籍艺术博览会“世界最美的书”金奖

《中国摄影家朱宪民作品集》
人民美术出版社
莱比锡国际书籍艺术博览会“世界最美的书”铜奖

《人体摄影艺术》
人民美术出版社
全国第四届图书金钥匙奖二等奖

《中国历代绘画——故宫博物院藏画集Ⅶ》
人民美术出版社
首都1990年精装书籍装帧全优一等奖

《中国美术全集·雕塑编34·四川石窟雕塑》
人民美术出版社
首都1990年精装书籍装帧全优荣誉奖

《黄鼬护秋》（连环画）
人民美术出版社
国际儿童读物联盟荣誉奖、安徒生提名奖

《中国艺术》（总第五期）
期刊
全国期刊展览整体设计二等奖

1991 年

《中国美术全集》（本社编 19 卷）
人民美术出版社
首届中国优秀美术图书奖特别金奖

《中国古代木刻画选集》
人民美术出版社
首届中国优秀美术图书奖特别金奖

《中国历代绘画——故宫博物院藏画集》
人民美术出版社
首届中国优秀美术图书奖特别金奖

《宋元明清缂丝》
人民美术出版社
首届中国优秀美术图书奖金奖

《宋人画册》
人民美术出版社
首届中国优秀美术图书奖金奖

《苏联藏中国民间年画珍品集》
人民美术出版社
首届中国优秀美术图书奖金奖

《故宫博物院藏明清扇面书画集》
人民美术出版社
首届中国优秀美术图书奖金奖

《中国工艺美术丛书》
人民美术出版社
首届中国优秀美术图书奖银奖

《中华》
人民美术出版社
首届中国优秀美术图书奖银奖

《齐白石绘画精品集》
人民美术出版社
首届中国优秀美术图书奖银奖

《清明上河图》
人民美术出版社
首届中国优秀美术图书奖银奖

《卡尔·马克思画传》
人民美术出版社
首届中国优秀美术图书奖银奖

《弗·恩格斯画传》
人民美术出版社
首届中国优秀美术图书奖银奖

《弗·伊·列宁画传》
人民美术出版社
首届中国优秀美术图书奖银奖
第五届中国图书奖一等奖

《西藏》
人民美术出版社
首届中国优秀美术图书奖银奖

《毛泽东故居藏书画家赠品集》
人民美术出版社
首届中国优秀美术图书奖银奖

《中国十大古典悲剧连环画集》
人民美术出版社
首届中国优秀美术图书奖银奖
全国连环画评奖套书二等奖

《中国十大古典喜剧连环画集》
人民美术出版社
首届中国优秀美术图书奖银奖
全国连环画评奖套书二等奖

《天下为公》
人民美术出版社
首届中国优秀美术图书奖银奖

《万徒勒里绘画和版画艺术》
人民美术出版社
首届中国优秀美术图书奖铜奖

《美术百科丛书》
人民美术出版社
首届中国优秀美术图书奖铜奖

1992 年

《苏联》
人民美术出版社
首届中国优秀美术图书奖铜奖

《中国之旅》
人民美术出版社
首届中国优秀美术图书奖铜奖

《中国雕塑艺术史》
人民美术出版社
首届中国优秀美术图书奖铜奖

《中国画论类编》
人民美术出版社
首届中国优秀美术图书奖铜奖

《李可染论艺术》
人民美术出版社
首届中国优秀美术图书奖铜奖

《美术心理学》
人民美术出版社
首届中国优秀美术图书奖铜奖

《古代神话传说》
人民美术出版社
首届中国优秀美术图书奖铜奖

《清宫演义》
人民美术出版社
首届中国优秀美术图书奖铜奖

《儿童知识画库》
人民美术出版社
首届中国优秀美术图书奖铜奖

《人民功臣》（年画）
人民美术出版社
首届中国优秀美术图书奖铜奖

《开国元勋》（年画）
人民美术出版社
首届中国优秀美术图书奖铜奖

《古代书法名迹》（月历）
人民美术出版社
首届中国优秀美术图书奖铜奖

《西方美术发展史》
人民美术出版社
第五届全国图书金钥匙优胜奖

《春桃》（《连环画报》作品）
人民美术出版社
全国连环画评奖绘画二等奖

《孔雀东南飞》
人民美术出版社
全国连环画评奖绘画三等奖

《马路天使》
人民美术出版社
全国连环画评奖绘画三等奖

《柳毅传书》
人民美术出版社
全国连环画评奖绘画三等奖

《清宫演义》
人民美术出版社
全国连环画评奖套书三等奖、封面奖

《小无知的故事》
人民美术出版社
全国连环画评奖套书三等奖

《黄宾虹绘画精品集》
人民美术出版社
第六届中国图书奖二等奖
第一届新闻出版署直属出版社优秀图书奖设计二等奖

《古都北京》
人民美术出版社
第六届全国图书金钥匙优胜奖

小学美术课本及美术教材参考书
人民美术出版社
第一届新闻出版署直属出版社优秀图书奖编辑一等奖

《中国历代绘画——故宫博物院藏画集Ⅶ》
人民美术出版社
第一届新闻出版署直属出版社优秀图书奖设计一等奖

1993年

《中国美术五千年》
人民美术出版社
第一届新闻出版署直属出版社优秀图书奖设计一等奖、选题二等奖。

《中国十大古典悲剧连环画集》
人民美术出版社
第一届新闻出版署直属出版社优秀图书奖选题二等奖、设计二等奖

《中国十大古典喜剧连环画集》
人民美术出版社
第一届新闻出版署直属出版社优秀图书奖选题二等奖、设计二等奖

《中国画黑白体系论》
人民美术出版社
第一届新闻出版署直属出版社优秀图书奖校对二等奖

《儿童知识画库》
人民美术出版社
第二届全国优秀少年儿童读物奖二等奖

《小宝贝》
人民美术出版社
第二届全国优秀少年儿童读物奖三等奖

《中国美术全集》（本社编19卷）
人民美术出版社
第一届国家图书奖荣誉奖

《中国古代木刻画选集》
人民美术出版社
第一届国家图书奖提名奖

《中国历代绘画——故宫博物院藏画集Ⅶ》
人民美术出版社
第一届国家图书奖

《三雄吉祥图》
人民美术出版社
第五届全国年画评奖二等奖

《神州大地》
人民美术出版社
第五届全国年画评奖二等奖

《花香四季》
人民美术出版社
第五届全国年画评奖二等奖

《连年有余》
人民美术出版社
第五届全国年画评奖二等奖

《草原之春》
人民美术出版社
第五届全国年画评奖三等奖

《人民的好总理》
人民美术出版社
第五届全国年画评奖三等奖

《海趣》
人民美术出版社
第五届全国年画评奖三等奖

《辉煌》
人民美术出版社
第五届全国年画评奖三等奖

《鹤乡》
人民美术出版社
第五届全国年画评奖三等奖

《发展中的书籍艺术》
人民美术出版社
全国第二届装帧艺术研究成果评奖特别奖

《字体设计基础》
人民美术出版社
全国第二届装帧艺术研究成果评奖特别奖

1994 年

《欧美行——中国摄影家辛凯作品集》
人民美术出版社
第二届新闻出版署直属出版社优秀图书奖设计二等奖

《九年义务教育三年制初级中学美术试用课本》
人民美术出版社
第二届新闻出版署直属出版社优秀图书奖设计二等奖、编辑二等奖

《发展中的书籍艺术》
人民美术出版社
第二届新闻出版署直属出版社优秀图书奖选题二等奖

《中国童话精选》
人民美术出版社
国家教委第二届优秀幼儿读物评选优秀作品

《世界童话精选》
人民美术出版社
国家教委第二届优秀幼儿读物评选优秀作品

1995 年

《中国历代艺术》
人民美术出版社
精神文明建设“五个一”工程图书奖

《苏联藏中国民间年画珍品集》
人民美术出版社
第四届全国书籍装帧艺术展览暨评奖设计三等奖

1996 年

《故宫博物院藏——明清扇面书画集Ⅶ》
人民美术出版社
第三届新闻出版署直属出版社优秀图书奖设计二等奖

《风迹——中国摄影家张岚作品集》
人民美术出版社
第三届新闻出版署直属出版社优秀图书奖设计二等奖

1997 年

《世界文化遗产系列·故宫》CD-ROM
人民美术出版社
莫必斯多媒体国际大奖赛评委特别奖

1998年

《龚贤精品集》
人民美术出版社
第四届新闻出版署直属出版社优秀图书奖选题一等奖

《文徵明精品集》
人民美术出版社
第四届新闻出版署直属出版社优秀图书奖编辑一等奖

《中国近现代名家画集·白雪石》
人民美术出版社
第四届新闻出版署直属出版社优秀图书奖编辑二等奖

《齐白石篆刻集》
人民美术出版社
第四届新闻出版署直属出版社优秀图书奖设计二等奖

《伟人周恩来》
人民美术出版社
第四届新闻出版署直属出版社优秀图书奖编辑一等奖

《中国近现代名家画集·白雪石》
人民美术出版社
第十一届中国图书奖

2000年

《中国美术全集》（古代部分）CD-ROM
人民美术出版社
首届国家电子出版物奖荣誉奖

《新中国出版50年》
人民美术出版社
第五届新闻出版署直属出版社优秀图书奖选题二等奖、设计一等奖、校对二等奖

《外国美术史话丛书》
人民美术出版社
第五届新闻出版署直属出版社优秀图书奖优秀选题二等奖、优秀设计二等奖

《黔境古风》
人民美术出版社
第五届新闻出版署直属出版社优秀图书奖优秀设计二等奖

《纪念孔子2550周年全国美术作品展——中国画作品集》
人民美术出版社
第五届新闻出版署直属出版社优秀图书奖优秀设计奖

《鲁迅装帧系年》
人民美术出版社
第四届全国书籍装帧艺术论文与研究成果特别奖

2001 年

《中国藏传佛教金铜造像艺术》
人民美术出版社
首届全国优秀艺术图书奖二等奖

《连环画收藏珍品系列》
人民美术出版社
首届全国优秀艺术图书奖二等奖

《外国美术史话丛书》
人民美术出版社
首届全国优秀艺术图书奖三等奖

《王原祁精品集》
人民美术出版社
首届全国优秀艺术图书奖三等奖

《王鉴精品集》
人民美术出版社
首届全国优秀艺术图书奖三等奖

《廊下巡礼》
人民美术出版社
首届全国优秀艺术图书奖三等奖

2003 年

《中国美术分类全集·中国民间美术全集》
人民美术出版社
第二届全国优秀艺术图书奖一等奖
第六届国家图书奖荣誉奖

《永远的三峡》
人民美术出版社
第二届全国优秀艺术图书奖一等奖
第六届国家图书奖一等奖

2004 年

《中国藏传佛教金铜造像艺术》
人民美术出版社
首届中国出版集团图书奖荣誉奖

《百年中国画集》
人民美术出版社
首届中国出版集团图书奖优秀奖
第六届全国书籍装帧艺术展览优秀奖

《吴历精品集》
人民美术出版社
首届中国出版集团图书奖印刷奖

2005 年

《古风——中国古代建筑艺术》
人民美术出版社
第二届中国出版集团图书奖

《欧洲招贴设计大师作品经典》
人民美术出版社
第二届中国出版集团图书奖优秀设计奖

2006 年

《中国美术分类全集·中国民间美术全集·雕塑》
人民美术出版社
第二届全国优秀艺术图书奖荣誉奖

《永远的三峡》
人民美术出版社
第二届全国优秀艺术图书奖荣誉奖

《地球的红飘带》（连环画）
连环画出版社
2006 年中国出版集团优秀出版物奖

2007 年

《“纪念建党 85 周年”连环画精选》（第 1 辑、第 2 辑）
连环画出版社
2006 年中国出版集团优秀出版物奖

《中国工艺美学史》
人民美术出版社
第二届“三个一百”原创出版工程

《修军评传》
人民美术出版社
第三届中国传记文学优秀作品（长篇）奖

《美术向导》
期刊
第二届中国出版集团期刊奖优秀设计奖、优秀校对奖

《儿童漫画》
期刊
第二届中国出版集团期刊奖优秀经营奖、优秀印制奖

《中国艺术》
期刊
第二届中国出版集团期刊奖优秀编辑奖、优秀设计奖

《荣宝斋》
期刊
第二届中国出版集团期刊奖优秀印制奖

《中国中小学美术》
期刊
第二届中国出版集团期刊奖优秀经营奖

《漫画大王》
期刊
第二届中国出版集团期刊奖优秀栏目奖

2008 年

《十二生肖珍藏册》
荣宝斋出版社
第三届中国出版集团图书奖荣誉奖

《中国古代书籍装帧》
人民美术出版社
第三届中国出版集团图书奖

《南瓜堡之小仙女眉眉系列》
连环画出版社
第三届中国出版集团图书奖

《瓷典——徐龙珍藏历代名瓷》
荣宝斋出版社
第三届中国出版集团图书奖优秀设计奖

《中国古代陶瓷艺术·元明清釉下彩》
人民美术出版社
第三届中国出版集团图书奖优秀印制奖

2009年

《解构人体——艺术人体解剖》
人民美术出版社
中国出版集团“双推计划”2008年度优秀常销书奖

《亲近文学走进名著——三国演义》
连环画出版社
中国出版集团“双推计划”2008年度优秀常销书奖

《我的第一本书——动物》
连环画出版社
中国出版集团“双推计划”2008年度优秀畅销书奖

《情韵中国》系列丛书之《京剧猫——长坂坡》
连环画出版社
第二届亚洲青年动漫大赛暨“宏立城”中国（贵阳）卡通艺术节最佳作品奖

《情韵中国》系列丛书之《荷花回来了》
连环画出版社
2008年“中国最美的书”奖

《漫画大王》
期刊
全国连环画报刊年会“金环奖”
中国期刊协会授予“抗震救灾报道先进期刊”荣誉称号

《九如堂古陶瓷藏品》（2卷）
人民美术出版社
第二届中华优秀出版物奖图书奖
第四届中国出版集团公司图书奖荣誉奖

《抗击冰雪 心系人民——新闻摄影展作品集》
人民美术出版社
第二届中华优秀出版物奖抗震救灾特别奖
第四届中国出版集团公司图书奖荣誉奖

《抗震救灾 众志成城——5·12汶川大地震纪实系列连环画》（8册）
连环画出版社
第二届中华优秀出版物奖抗震救灾特别奖
第四届中国出版集团公司图书奖荣誉奖

《20世纪北京绘画史》
人民美术出版社
第四届中国出版集团公司图书奖荣誉奖

《中国工艺美学史》
人民美术出版社
第四届中国出版集团公司图书奖特别奖

《情韵中国》系列丛书之《我的小马》
连环画出版社
第四届中国出版集团公司图书奖特别奖

《情韵中国》系列丛书之《纸马》
连环画出版社
第四届中国出版集团公司图书奖特别奖

《情韵中国》系列丛书之《京剧猫——长坂坡》
连环画出版社
第四届中国出版集团公司图书奖特别奖

《改革开放30年优秀连环画代表作品选》(20种)
连环画出版社
第四届中国出版集团公司图书奖特别奖

《中国花鸟画技法》
人民美术出版社
第四届中国出版集团公司图书奖优秀编辑奖

《吴冠中画作诞生记》
人民美术出版社
第五届国家图书馆文津图书奖
第四届中国出版集团公司图书奖优秀设计奖、印制奖
第十八届“金牛杯”优秀美术图书铜奖

《中国美术百科全书》
人民美术出版社
中国出版集团公司2009年度优秀常销书奖
第十八届“金牛杯”优秀美术图书金奖

《幼儿经典启蒙阅读丛书》
连环画出版社
中国出版集团公司2009年度优秀常销书奖

《解构人体——艺术人体解剖》
人民美术出版社
中国出版集团公司2009年度优秀畅销书奖

《中国传统山水画技法解析》
人民美术出版社
中国出版集团公司2009年度优秀畅销书奖

《女红——中国女性闺房艺术》
人民美术出版社
第十八届“金牛杯”优秀美术图书金奖

《中国当代油画名家画集·艾轩》
人民美术出版社
第十八届“金牛杯”优秀美术图书银奖

《三江源》
人民美术出版社
第四届中国出版集团公司图书奖荣誉奖

《丹青陶韵·2008中国著名画家陶艺挂盘》
人民美术出版社
第十八届“金牛杯”优秀美术图书银奖

《深浅看西藏——以经卷艺术为线索》
人民美术出版社
第十八届“金牛杯”优秀美术图书铜奖

《万山红遍——新中国美术60年访谈录1949—2009》
人民美术出版社
在中央电视台《子午书简》与中国图书商报社联合举办的“2009年度最值得一读的30本好书”推荐活动中入围获奖

《儿童漫画》
期刊
第三届中国出版集团期刊奖优秀栏目奖
“新中国60年有影响力期刊”称号

《连环画报》
期刊
第三届中国出版集团期刊奖优秀编辑奖
“新中国60年有影响力期刊”称号

《中国艺术》
期刊
第三届中国出版集团期刊奖优秀设计奖

《中国中小学美术》
期刊
第三届中国出版集团期刊奖优秀设计奖

《美术向导》
期刊
第三届中国出版集团期刊奖优秀设计奖、优秀校对奖

2010年

《万山红遍——新中国美术60年访谈录1949—2009》
人民美术出版社
第十九届"金牛杯"优秀美术图书金奖

《第十一届全国美术作品展览》作品集（11册）
人民美术出版社
第十九届"金牛杯"优秀美术图书银奖

《任伯年全集》（6卷）
人民美术出版社
第十九届"金牛杯"优秀美术图书银奖

《中国侗族在三江》
人民美术出版社
第二届中国出版政府奖装帧设计奖提名奖
第十九届"金牛杯"优秀美术图书银奖

《何正璜考古游记》
人民美术出版社
第十九届"金牛杯"优秀美术图书银奖

《新中国连环画60年》
连环画出版社
第十九届"金牛杯"优秀美术图书银奖

《中国历代绘画——西安美术学院珍藏》
人民美术出版社
第十九届"金牛杯"优秀美术图书铜奖

《细节——忻东旺》
人民美术出版社
第十九届"金牛杯"优秀美术图书铜奖

《国家重大历史题材美术创作工程作品集》
人民美术出版社
第十九届"金牛杯"优秀美术图书荣誉奖

《中国美术百科全书》
人民美术出版社
第三届中华优秀出版物奖图书奖

《野孩子图画书系列》（6册）
连环画出版社
第三届中华优秀出版物奖图书奖提名奖

《女红——中国女性闺房艺术》
人民美术出版社
第二届中国出版政府奖装帧设计奖提名奖

《美男美女——中央美术学院学生状态》
人民美术出版社
2010年"中国最美的书"奖

《吴冠中画作诞生记》
人民美术出版社
中国出版集团公司"双推计划"2010年度优秀常销书奖

2011年

《中国近现代名家画集·张仃》
人民美术出版社
2010年度"北人杯"印刷质量大奖提名奖

《中国侗族在三江》
人民美术出版社
第五届中国出版集团出版奖荣誉奖

《女红——中国女性闺房艺术》
人民美术出版社
第五届中国出版集团出版奖荣誉奖

《中国美术百科全书》
人民美术出版社
第五届中国出版集团出版奖荣誉奖

《野孩子图画书系列》（6册）
连环画出版社
第五届中国出版集团出版奖荣誉奖
第三届"三个一百"原创图书出版工程

《任伯年全集》（6 卷）
人民美术出版社
第五届中国出版集团出版奖综合奖

《国家重大历史题材美术创作工程作品集》
人民美术出版社
第五届中国出版集团出版奖综合奖

《万山红遍——新中国美术 60 年访谈录 1949—2009》
人民美术出版社
第五届中国出版集团出版奖优秀选题奖

《细节——忻东旺》
人民美术出版社
第五届中国出版集团出版奖优秀编辑奖

《红山诸文化玉石考》
人民美术出版社
第五届中国出版集团出版奖优秀设计奖

《魔力小帅》
连环画出版社
北京市委宣传部、市新闻出版局“首届北京阅读季青少年快乐阅读系列活动——最受青少年喜欢的 100 本图书推荐书目”

《宫崎滔天家藏——来自日本的中国革命文献》
人民美术出版社
第二十届“金牛杯”优秀美术图书金奖

《剪纸的故事》
人民美术出版社
第二十届“金牛杯”优秀美术图书铜奖
“中国最美的书”奖
莱比锡国际书籍艺术博览会“世界最美的书”银奖

《中山王礜器文字编》
人民美术出版社
第二十届“金牛杯”优秀美术图书铜奖

《从〈黄河大合唱〉谈油画创作》
人民美术出版社
第二十届“金牛杯”优秀美术图书铜奖

《从〈圆明园劫难〉谈历史画创作》
人民美术出版社
第二十届“金牛杯”优秀美术图书铜奖

《盒子、瓶子、袋子——世界最佳包装设计》
人民美术出版社
第二十届“金牛杯”优秀美术图书铜奖

《庆祝中国共产党成立 90 周年百种红色经典连环画》（164 册）
连环画出版社
第二十届“金牛杯”优秀美术图书铜奖

《花果山》
连环画出版社
第二十届“金牛杯”优秀美术图书铜奖

《漫画中国历史》
连环画出版社
中国文化艺术政府奖“首届动漫奖”最佳动漫出版物奖
中国出版协会“2011 年度输出版优秀图书奖”

《中国美术》
期刊
第 23 届香港印制大奖

《中国艺术》
期刊
第五届中国出版集团出版奖优秀编辑奖

《艺术沙龙》
期刊
第五届中国出版集团出版奖优秀设计奖、优秀印制奖

《中国中小学美术》
期刊
第五届中国出版集团出版奖优秀印制奖

2012 年

《漫画大王》
期刊
第五届中国出版集团出版奖优秀经营奖

《儿童漫画》
期刊
首届 BIBF 全国十佳动漫报刊奖

《情系中华——都本基奥运书法》
人民美术出版社
首届华文出版物艺术设计大赛优秀奖

《中国现代美术理论批评文丛》（10 册）
人民美术出版社
第二十一届“金牛杯”优秀美术图书金奖

《东方既白·中国国家画院建院 30 周年美术作品集》
人民美术出版社
第二十一届“金牛杯”优秀美术图书银奖

《荷衣蕙带——中西方内衣文化》
人民美术出版社
第二十一届“金牛杯”优秀美术图书铜奖

《西方美术史》
人民美术出版社
第二十一届“金牛杯”优秀美术图书铜奖

《最炫动漫风——画给孩子们的古典名著》
连环画出版社
入选国家新闻出版总署 2012 年“原动力”扶持计划项目

《中国碑刻全集》（6 册）
人民美术出版社
第四届中华优秀出版物奖图书奖
中国出版集团公司“2012 年度特别贡献奖”

《任伯年全集》（6 卷）
人民美术出版社
第四届中华优秀出版物奖图书奖提名奖

《瞻望张光宇：回忆与研究》
人民美术出版社
新华网、中国图书商报社“2012 年度中国影响力图书·传记类”

《中国美术》
期刊
首届华文出版物艺术设计大赛银奖

《连环画报》
期刊
首届华文出版物艺术设计大赛铜奖
入选国家新闻出版总署 2012 年“原动力”扶持计划项目

《艺术沙龙》
期刊
首届华文出版物艺术设计大赛铜奖

2013年

《小艾，爸爸特别特别地想你（1969～1972）》
人民美术出版社
中国图书评论学会“2013年中国好书”
中国出版集团公司“中版好书榜”2013年度优秀图书
全国图书馆推荐书目（2013年度）
2013年度“全民阅读年会50种重点推荐图书”
2013年度新闻出版广电总局“向全国青少年推荐百种优秀图书”

《剪纸的故事》
人民美术出版社
第三届中国出版政府奖装帧设计奖
中国出版集团公司“2013年度出版特别贡献奖”

《庆祝中国共产党成立90周年百种红色经典连环画》（164册）
连环画出版社
第六届中国出版集团出版奖综合奖

《荷衣蕙带——中西方内衣文化》
人民美术出版社
第三届中国出版政府奖装帧设计奖提名奖
第六届中国出版集团出版奖优秀选题奖、优秀设计奖
中国出版集团公司“2013年度出版特别贡献奖”

《2013中央美术学院研究生毕业作品》
人民美术出版社
第六届金光印艺大奖优胜奖

《中国现代美术理论批评文丛》（10册）
人民美术出版社
第六届中国出版集团出版奖综合奖

《漫画中国历史》
连环画出版社
第六届中国出版集团出版奖综合奖、优秀“走出去”奖

《书法六问 饶宗颐谈中国书法》
人民美术出版社
第六届中国出版集团出版奖优秀编辑奖

《心灵的巴别塔——程向君的艺术》
人民美术出版社
第六届中国出版集团出版奖优秀印制奖

《今朝风流——刘红生任英歌钧瓷作品集》
人民美术出版社
2013年度“北人杯”印刷质量大奖

《小黄帽安全生活绘本》
连环画出版社
全国图书馆推荐书目（2013年度）

《漫画大王》
期刊
第六届中国出版集团出版奖优秀报刊奖

人民美术出版社
获由中国出版传媒商报、中国图书进出口总公司等单位联合颁发的“2013中国图书世界影响力出版100强”称号

2014年

《小艾，爸爸特别特别地想你（1969～1972）》
人民美术出版社
首届“向全国老年人推荐优秀出版物”
第十一届“向全国青少年推荐百种优秀图书”
中国出版集团公司“2014年度出版特别贡献奖”
第九届文津图书奖推荐图书

《〈老年国画大学堂〉丛书》（6册）
人民美术出版社
首届“向全国老年人推荐优秀出版物”

《漫画中国历史》
连环画出版社
2014年中小学图书馆（室）推荐书目
中国出版集团公司首批品牌产品
中国出版协会“2014年度输出版优秀图书奖”

《红旗飘飘——20世纪主题绘画创作研究》
人民美术出版社
第二十三届“金牛杯”优秀美术图书金奖
《中华读书报》“2014年度100本好书”

《〈髹饰录〉与东亚漆艺——传统髹饰工艺体系研究》
人民美术出版社
第二十三届“金牛杯”优秀美术图书银奖

《北总布胡同32号——人民美术出版社的老艺术家们》
人民美术出版社
第二十三届“金牛杯”优秀美术图书铜奖
中国出版集团公司“中版好书榜”2014年度优秀图书

《中国古陶瓷——龙泉窑》
人民美术出版社
第二十三届“金牛杯”优秀美术图书银奖

《WOW！科学来了》
连环画出版社
第二十三届“金牛杯”优秀美术图书铜奖

《艺术影响中国——百年中国油画名作十谈》
人民美术出版社
中国出版集团公司“中版好书榜”2014年度优秀图书

《快乐涂画》系列（8册）
连环画出版社
中国出版集团公司“中版好书榜”2014年度优秀图书

《挣扎》
人民美术出版社
中国出版集团公司“中版好书榜”2014年度优秀图书

《极简中国书法史》
人民美术出版社
中国图书评论学会“2014年中国好书”
中国出版集团公司“中版好书榜”2014年度优秀图书

“红蜻蜓系列图书”
连环画出版社
中国出版集团公司首批品牌产品

《水墨变象》
人民美术出版社
第二届中国美术奖·理论评论奖三等奖

《艺术效应与视觉心理——艺术视觉心理学》
人民美术出版社
教育部第二批“十二五”普通高等教育本科国家级规划教材书目

《黑白装饰画》
人民美术出版社
教育部第二批“十二五”普通高等教育本科国家级规划教材书目

《中国艺术设计简史》
人民美术出版社
教育部第二批“十二五”普通高等教育本科国家级规划教材书目

《综合材料版画技法》
人民美术出版社
教育部第二批“十二五”普通高等教育本科国家级规划教材书目

《素描教程》
人民美术出版社
教育部第二批“十二五”普通高等教育本科国家级规划教材书目

《儿童艺术博物馆：和孩子一起欣赏世界名画》
人民美术出版社
2014 腾讯·商报“华文好书榜”十大童书

《妈妈，为什么？》
连环画出版社
《新京报》“2014 年度好书”儿童类

《王叔晖连环画作品选》
人民美术出版社
中国出版协会“2014 年度输出版优秀图书奖”

《连环画报》
期刊
第二届华文出版物艺术设计大赛铜奖、提名奖、优秀组织奖
“中国最美期刊”

《中国艺术》
期刊
国家新闻出版广电总局第一批认定学术期刊
“中国最美期刊”

《美术向导》
期刊
国家新闻出版广电总局第一批认定学术期刊

《中国美术》
期刊
国家新闻出版广电总局第一批认定学术期刊
“中国最美期刊”

《儿童漫画》
期刊
国家新闻出版广电总局“向全国青少年推荐 60 种优秀报刊”
中国出版集团公司首批品牌产品

2015 年

《小艾，爸爸特别特别地想你（1969 ～ 1972）》
人民美术出版社
第五届中华优秀出版物奖图书奖提名奖

《红色的历程：中国共产党党史连环画》（共 10 册）
连环画出版社
第二届全国党员教育培训教材展示交流活动创新教材

《红旗飘飘——20 世纪主题绘画创作研究》
人民美术出版社
第七届中国出版集团出版奖综合奖

《〈髹饰录〉与东亚漆艺——传统髹饰工艺体系研究》
人民美术出版社
第七届中国出版集团出版奖优秀编辑奖

《极简中国书法史》
人民美术出版社
第七届中国出版集团出版奖优秀选题奖
首届“向全国推荐中华优秀传统文化普及图书”
中国出版集团公司“2015年度出版特别贡献奖”

《最美的童诗·童谣·童话》
连环画出版社
第七届中国出版集团出版奖优秀校对奖

《经典连环画原稿原寸系列·西厢记》
人民美术出版社
第七届中国出版集团出版奖优秀设计奖

《艺术影响中国——百年中国油画名作十谈》
人民美术出版社
第七届中国出版集团出版奖优秀设计奖

《王叔晖连环画作品选》（法文版）
人民美术出版社
第七届中国出版集团出版奖优秀“走出去”奖

《漫画中国历史》（韩文版）
连环画出版社
第七届中国出版集团出版奖优秀“走出去”奖

《漫画中国历史》
连环画出版社
中国电视艺术家协会卡通艺术委员会、中国卡通产业论坛“天下动漫风云榜”最佳动漫作品奖

《中国美术全集》
人民美术出版社
第二十四届“金牛杯”优秀美术图书荣誉奖

《费顿平面设计档案500例》
人民美术出版社
第二十四届“金牛杯”优秀美术图书金奖

《我的父亲胡耀邦》
连环画出版社
第二十四届“金牛杯”优秀美术图书银奖

《美术考古半世纪——中国美术考古发现史》
人民美术出版社
第二十四届“金牛杯”优秀美术图书银奖

《中国民族工业设计100年》
人民美术出版社
第二十四届“金牛杯”优秀美术图书银奖
中国出版集团公司“中版好书榜”2015年度优秀图书

《中国传统绘画史纲——画脉文心两征录》
人民美术出版社
第二十四届“金牛杯”优秀美术图书铜奖
中国出版集团公司“中版好书榜”2015年度优秀图书

《楷柿楼集·唐宋家具寻微》
人民美术出版社
中国图书评论学会“2015中国好书”

《纪念中国人民抗日战争胜利70周年百种优秀连环画》
连环画出版社
中国出版集团公司“中版好书榜”抗战主题特别推荐图书
中宣部、国家新闻出版广电总局“纪念中国人民抗日战争暨世界反法西斯战争胜利70周年重点选题”

《吴大羽作品集》
人民美术出版社
第二十四届“金牛杯”优秀美术图书铜奖
《新京报》“2015年度好书”

《中国艺术》
期刊
“中国最美期刊”

2016年

《中国美术》
期刊
第七届中国出版集团出版奖优秀报刊奖
“中国最美期刊”

《儿童漫画》
期刊
国家新闻出版广电总局“向全国少年儿童推荐优秀少儿报刊”

《棔柿楼集·唐宋家具寻微》
人民美术出版社
中国出版集团公司“2016年度出版特别贡献奖”

《会说话的手》
人民美术出版社
首届“图画书时代奖”银奖

《棔柿楼集·藏身于物的风俗故事》
人民美术出版社
中国出版集团公司“中版好书2016年度榜学术文化二十大好书”第二位

《外国名家精品集》系列
人民美术出版社
第二十五届“金牛杯”优秀美术图书银奖

《尼古拉·费钦的艺术》
人民美术出版社
第二十五届“金牛杯”优秀美术图书铜奖、优秀装帧设计奖

《传统美术与现代派》
人民美术出版社
第二十五届“金牛杯”优秀美术图书铜奖

《待细把江山图画——南京博物院藏傅抱石写生山水展作品集》
人民美术出版社
第二十五届“金牛杯”优秀美术图书铜奖

《草间乐活——杜玉寒草虫画谱》
人民美术出版社
第二十五届“金牛杯”优秀美术图书铜奖

《中国书法批评史》
人民美术出版社
第二十五届“金牛杯”优秀美术图书铜奖
中国出版集团公司“中版好书2016年度榜文学艺术十大好书”第九位

《三馀笺韵——沈鹏自书诗词辑》
人民美术出版社
第二十五届“金牛杯”优秀美术图书铜奖

《绘本〈西游记〉故事》
人民美术出版社
中国出版集团公司“中版好书2016年度榜少儿十大好书”第三位

《漫画中国历史》
连环画出版社
第七届中国出版集团出版奖优秀“走出去”奖

《纪念中国人民抗日战争胜利70周年百种优秀连环画》
连环画出版社
入选国家出版基金2016主题出版项目

《中国美术》
期刊
“中国最美期刊”

2017年

《儿童漫画》
期刊
国家新闻出版广电总局“2016年全国优秀少儿报刊”

《〈髹饰录〉与东亚漆艺——传统髹饰工艺体系研究》
人民美术出版社
第四届中国出版政府奖图书奖
第六届中华优秀出版物奖图书奖提名奖

《经典连环画原稿原寸系列·西厢记》
人民美术出版社
第四届中国出版政府奖装帧设计奖

《最美中国画100幅》
人民美术出版社
国家新闻出版广电总局2017年度“大众喜爱的50种图书”

《长征·1936三部曲》
人民美术出版社
第八届中国出版集团出版奖综合奖

《中国书法批评史》
人民美术出版社
第八届中国出版集团出版奖优秀编辑奖

《中国传统绘画史纲——画脉文心两征录》
人民美术出版社
第八届中国出版集团出版奖优秀选题奖

《白求恩在中国》
人民美术出版社
第八届中国出版集团出版奖优秀设计奖

《李苦禅全集》
人民美术出版社
第八届中国出版集团出版奖优秀印制奖
第二十六届“金牛杯”优秀美术图书金奖

《第二次世界大战史连环画库》（韩文版）
连环画出版社
第八届中国出版集团出版奖优秀“走出去”奖

《中华史诗美术大展作品集》
人民美术出版社
第二十六届“金牛杯”优秀美术图书银奖

《老树作品的背后》
人民美术出版社
第二十六届“金牛杯”优秀美术图书铜奖

《设计的故事——走向设计之人》
人民美术出版社
第二十六届“金牛杯”优秀美术图书铜奖

《看见美好：文物与人物》
人民美术出版社
第二十六届“金牛杯”优秀美术图书铜奖

《图说社会主义核心价值观系列连环画·最美的中国人》
连环画出版社
第二十六届“金牛杯”优秀美术图书铜奖

2018年

《西征·东归》
人民美术出版社
入选“原动力”中国原创动漫出版扶持计划

《闹天宫》
人民美术出版社
2017年度中华印制大奖产品

《韩美林艺术大系》
人民美术出版社
入选2017年国家出版基金资助项目

《20世纪中国插图艺术》
人民美术出版社
入选2017年国家出版基金资助项目

《广封泥考略》
人民美术出版社
2017年国家古籍整理出版专项经费资助项目

《社会主义核心价值观彩色连环画》
连环画出版社
入选国家新闻出版广电总局2017年主题出版项目

《千秋定国赖戎衣——庆祝中国人民解放军建军90周年连环画集》
连环画出版社
入选国家新闻出版广电总局2017年主题出版项目

《中国工艺美术全集》
人民美术出版社
入选《“十三五”国家重点图书、音像、电子出版物出版规划》增补项目

中国美术出版总社
中国出版集团公司“2012—2016年度‘走出去’综合排名第一名”

《塑魂鉴史——侵华日军南京大屠杀遇难同胞纪念馆扩建工程大型主题雕塑》
人民美术出版社
南京书展组委会“南京最美图书”提名奖

《最美中国画100幅》
人民美术出版社
第十五届“向全国青少年推荐百种优秀图书”

《朽者不朽——陈师曾和他的时代》
人民美术出版社
第二十七届“金牛杯”优秀美术图书银奖

《极简中国古代建筑史》
人民美术出版社
第二十七届“金牛杯”优秀美术图书铜奖

《千里江山：徽宗宫廷青绿山水与江山图》
人民美术出版社
第二十七届“金牛杯”优秀美术图书铜奖
中国出版协会2018年度“中国30本好书”

《西征·东归》
人民美术出版社
第二十七届“金牛杯”优秀美术图书铜奖

《西游漫记》
人民美术出版社
入选首届“中国原创绘本200”榜单

《老版小人书100册》
人民美术出版社
2018年度中华印制大奖、中华印制大奖产品

《漫画中国历史》（日语版）
连环画出版社
中国出版协会“2017年度输出版优秀图书奖”

2019 年

《〈芥子园画传〉经典传世本集成》
人民美术出版社
入选《“十三五”国家重点图书、音像、电子出版物出版规划》增补项目
2018 年国家古籍整理出版专项经费资助项目

《〈历代名画记〉疏证（配图本）》
人民美术出版社
入选《“十三五”国家重点图书、音像、电子出版物出版规划》增补项目

《中国南传佛教艺术研究——傣族佛寺壁画》
人民美术出版社
入选 2018 年度国家出版基金资助项目

《纸寿千年——中国历代书画用纸》
人民美术出版社
入选 2018 年度国家出版基金资助项目

《郭沫若书法全集》
人民美术出版社
入选 2018 年度国家出版基金资助项目

《中国美术》
期刊
“中国最美期刊”

《中国艺术》
期刊
“中国最美期刊”

《连环画报》
期刊
第九届“向全国少年儿童推荐百种优秀报刊”

《中国美术史》
人民美术出版社
第九届中国出版集团出版奖综合奖
中国出版集团公司“中版好书榜”2019 年度优秀图书

《春天的画卷——纪念改革开放 40 年连环画集》
连环画出版社
第二十八届“金牛杯”优秀美术图书铜奖、优秀装帧设计奖
第九届中国出版集团出版奖综合奖
中国出版集团有限公司“2017—2019 年度优秀主题出版物”

《楷书王国》
人民美术出版社
第九届中国出版集团出版奖优秀印制奖

《黑土子的故事》
连环画出版社
第九届中国出版集团出版奖优秀设计奖

《极简中国古代绘画史》
人民美术出版社
第二十八届“金牛杯”优秀美术图书铜奖

《新定急就章及考证》
人民美术出版社
第二十八届“金牛杯”优秀美术图书铜奖

《陈琦格致：一个展示和理解的实验》
人民美术出版社
第二十八届“金牛杯”优秀图书奖铜奖、优秀装帧设计奖

《郑锦艺术研究》
人民美术出版社
第四届“啄木鸟杯”中国文艺评论年度优秀作品（著作类）

《小学生连环画课外阅读·传统文化故事》
连环画出版社
第二十八届“金牛杯”优秀美术图书铜奖

《绘本〈西游记〉故事》
连环画出版社
中国出版集团出版奖优秀编辑奖

《人民就是江山——庆祝中华人民共和国成立70周年连环画集》
连环画出版社
中国出版集团公司“中版好书榜” 2019年度优秀图书
中国出版集团有限公司“2017—2019年度优秀主题出版物”

《藏器——青铜器的文化与收藏》
人民美术出版社
中国出版集团公司“中版好书榜”2019年度优秀图书

《丝路连韵——丝绸之路历史人物故事连环画》
连环画出版社
中国出版集团有限公司“2017—2019年度优秀主题出版物”

《千秋定国赖戎衣——庆祝中国人民解放军建军90周年连环画集》
连环画出版社
中国出版集团有限公司“2017—2019年度优秀主题出版物”

《图说社会主义核心价值观——北京中小学生原创连环画》
连环画出版社
中国出版集团有限公司“2017—2019年度优秀主题出版物”

人民美术出版社
获中国文化走出去效果评估中心、《中国出版传媒商报》和中国图书进出口总公司联合颁发的“2019中国图书海外馆藏影响力出版100强”称号

连环画出版社
获中国文化走出去效果评估中心、《中国出版传媒商报》和中国图书进出口总公司联合颁发的“2019中国图书海外馆藏影响力出版100强”称号

《中国美术》
期刊
入选“庆祝中华人民共和国成立70周年精品期刊展”

《中国美术》选题“连环画里的共和国70年”
期刊
入选中宣部“庆祝新中国成立70周年”期刊主题宣传资助

《中国艺术》
期刊
入选“庆祝中华人民共和国成立70周年精品期刊展”

《连环画报》
期刊
第九届中国出版集团出版奖优秀报刊装帧设计奖
入选“庆祝中华人民共和国成立70周年精品期刊展”

2020 年

《陶瓷古彩与现代陶艺创作人才培养项目成果作品集》
人民美术出版社
入选“中国出版政府奖推荐产品”
2020 年度“北京印刷质量大奖”

《中国传统绘画技法丛书·十八描·技法释读》
人民美术出版社
2020 年“向全国老年人推荐优秀出版物”

《火种记——南方三年游击战争侧记》
人民美术出版社
2020 年度“北京印刷质量大奖”

《中国中小学生连环画分级读库·课本绘》
连环画出版社
入选中国出版集团“2020 年度优秀主题出版项目”

《最可爱的人——纪念中国人民志愿军抗美援朝出国作战 70 周年连环画集》
连环画出版社
第二十九届“金牛杯”优秀美术图书金奖
2020 年“向全国老年人推荐优秀出版物”
中国出版集团公司“中版好书榜”2020 年度优秀图书
入选中国出版集团“2020 年度优秀主题出版项目”

《“决胜全面小康、决战脱贫攻坚”系列宣传画集》
人民美术出版社
入选中宣部 2020 年主题出版重点出版物选题
中国出版集团公司“中版好书榜”2020 年度优秀图书

《百问千里——王希孟〈千里江山图〉卷问答录》
人民美术出版社
第二十九届“金牛杯”优秀美术图书铜奖

《韩美林艺术大系》
人民美术出版社
第二十九届“金牛杯”优秀美术图书金奖

《层累的图像：拼砌砖画与南朝艺术》
人民美术出版社
第二十九届“金牛杯”优秀美术图书银奖

《设计史：20 世纪日常物品的设计、思想与理论》
人民美术出版社
第二十九届“金牛杯”优秀美术图书银奖

《张乐平全集》
连环画出版社
第二十九届“金牛杯”优秀美术图书银奖

《人民的战士》
连环画出版社
入选 2020 年度国家出版基金资助项目

《中国传统民艺丛书》
人民美术出版社
入选 2020 年度国家出版基金资助项目

“中国经典民间故事动漫创作出版工程”
连环画出版社
入选中宣部出版局项目资助

《连环画报》
期刊
入选中国期刊协会“2020 中国精品期刊展”

2021 年

《非凡百年奋斗路——庆祝中国共产党成立 100 周年百种经典连环画》
连环画出版社
入选中宣部出版局“书映百年伟业——庆祝中国共产党成立 100 周年好书荐读”（5 月书单）
入选中宣部 2021 年主题出版重点出版物选题

《北京史诗·重大历史题材中国人物画》
人民美术出版社
第五届中国出版政府奖装帧设计奖提名奖

《百问千里——王希孟〈千里江山图〉卷问答录》
人民美术出版社
第十六届文津图书奖提名奖

《义务教育教科书·美术》（一年级下册）
人民美术出版社
入选首届全国教材建设奖“全国优秀教材”（基础教育类）

普通高中教科书美术《美术鉴赏》
人民美术出版社
入选首届全国教材建设奖“全国优秀教材”（基础教育类）

普通高中教科书美术《中国书画》
人民美术出版社
入选首届全国教材建设奖“全国优秀教材”（基础教育类）

《义务教育三至六年级·书法练习指导（实验）》（五年级上册）
人民美术出版社
入选首届全国教材建设奖“全国优秀教材”（基础教育类）

《中国美术史纲》
人民美术出版社
入选首届全国教材建设奖“全国优秀教材”（高等教育类）

《不忘初心、牢记使命——中国共产党历史展览（1921—2021）》
人民美术出版社
入选中宣部 2021 年主题出版重点出版物选题

《永恒的初心——中国共产党成立 100 周年连环画集》
连环画出版社
入选中宣部 2021 年主题出版重点出版物选题
入选中宣部出版局“书映百年伟业——庆祝中国共产党成立 100 周年好书荐读”（8 月书单）

《连环画报》“党史绘·开天辟地”选题
期刊
入选中宣部出版局“青少年期刊讲党史”主题宣传重点选题

人民美术出版社
第五届中国出版政府奖先进出版单位奖

人美教材（北京）有限公司
入选首届全国教材建设奖“全国教材建设先进集体”

（截至 2021 年 9 月）

附录 3　蓬勃向上　追求至美——工作团队

曲刚　黄宗亮　王远　高世屹　周伟　赖雪梅　陈玉华　李滢　倪延风

现任总社领导班子

李莹　　　　刘柳　李鹏飞
黄宗亮

办公室

宋小萱　吕晶晶　赵军平

党委办公室、纪检监察办公室

孙建虎 松格尔
陈姜 金姗 杨柳

总编室

葛彤江　　　潘燕　柏京津　孙茹佳

王玉平　李爽　张平　刘梦月

陈晓华

贾子涵

财务部（审计室）

钟村　刘梦月　李滢　高达

人力资源部（党委组织部）

马晓婷
卢莹 王桂戎 魏平远
朱康莉 李杨
白劲光

质量检查与校对部

李乘 李宏禹 张朝生 皮金灵
张侠
沙海龙 韩朝阳
袁法周
张百军 宋凯 李勇
张楚楚

美术出版中心、美术图书营销中心

胡姣
徐见 胡晓航
秦晓磊 教富斌

学术出版中心（大中专教材编辑室）

范炜 潘彦任 王珏
邹依庆
何玉麟

综合编辑室

陈欣欣 刘竞艳 于宏 顾恬
黄楚清 张梦媛
杨煜旻 林晓阳
刘军 倪延风
刘泽 高英杰
陆林华 王延军

连环画出版中心、连环画营销中心

陆娇娇 陶晶 路卿 张琦若 张璐 李阳 曲刚 张钟心 高珊 王玥

品牌中心

聂昕 蔡萌
董诗雨
陈明
范雨萌
谭国亮
王青云
樊文 金萌萌
罗曼
范荟
余志鹏
刘磊
赵学学
王珏英 韩昱 高云

期刊采编中心（融媒体中心、党委宣传部）

鲍明源 李春立 毛占凯 蔡熠夫 于永刚 田菲菲 王丽玢 李兆玥 刘丽菲 张晨
刘亚刚
韩继龙
曾文超 薛倩琳
刘冲 殷莉艳
王玉平
赵佳楠 刘清扬
李四化 贾小川
欧云波
杨青宜

人美教材（北京）有限公司

程翼 邓超 王峥 马健萍 肖默 庄昕萌 段涛 郭庆

马宝来 任继锋 庞胜业 纪欣

张凯 张孝玲 赵世民 宫鸣宇 柏京津 马晓宁

人美新媒体科技（北京）有限公司

周帅 刘京 董晓迪 史美琪 檀晓宇 侯超 张素敏 张子杨 黎琦 苏欣

于学德 张茜琳 高洁 周文亚 侯心川 许皓月 张杨

人美美育文化（北京）有限公司

池岳 宋正伟 高岩
王建平 张金春
王珏 潘菲 王天骄 康改峰
张静心
刘迪
苏勇宁
胡雨竹 康强 翟英东
关青
夏婧

贾一帆

北京朝花书画社有限公司

陈思 刘露 陈玉华 曾多多

北京人美艺术展览有限公司

秦臻　宋保华　杨会来

《中国美术》杂志社有限公司

附录4　披荆斩棘　担当创新——历任社领导

人民美术出版社历任社长、党委书记、总经理、总编辑、副社长、党委副书记、副总经理、副总编辑名单

人民美术出版社历任社领导名录

社长	
萨空了	1951年至1966年
邵　宇	1977年至1983年
田郁文	1983年至1989年
孟伟哉	1989年至1990年
陈允鹤	1990年至1997年
郜宗远	1997年至2005年10月
常汝吉	2007年12月至2012年9月
汪家明	2012年9月至2015年8月
周　伟	2019年4月至今

党委书记	
邵　宇	1972年至1986年8月
顾同奋	1986年至1998年5月
迟乃义	1998年4月至2005年5月
程大利	2005年4月至2007年12月
马五一	2007年12月至2009年1月
张胜彬	2009年1月至2011年3月
汪家明	2011年3月至2014年11月
周　伟	2014年11月至2019年4月，2020年1月至今

总经理	
赖雪梅	2020年9月至今

总编辑	
朱　丹	1951年至1952年
邵　宇	1952年至1985年
刘玉山	1985年至2000年12月
程大利	2001年8月至2007年12月
王铁全	2007年12月至2009年1月
林　阳	2011年3月至2019年8月
高世屹	2021年6月至今

副社长	
朱　丹	1951年至1952年
邵　宇	1952年至1973年
邹　雅	1960年至1974年
刘近村	1963年至1983年
燕　生	1977年至1980年
张友元	1990年至2005年10月
程大利	2001年8月至2007年12月
马五一	2001年8月至2009年1月
常汝吉	2005年9月至2007年12月
杨　辉	2005年8月至2009年1月，2016年11月至2020年1月
肖启明	2008年3月至2010年4月
张胜彬	2009年1月至2011年3月

汪家明	2011年3月至2012年9月
周　伟	2014年11月至2019年4月
高世屹	2016年4月至2020年1月
陈玉华	2018年11月至2020年1月
党委副书记	
张均康	1998年4月至2000年12月
马五一	2005年4月至2007年12月
常汝吉	2009年1月至2012年9月
汪家明	2014年11月至2015年8月
高世屹	2016年4月至2021年6月
周　伟	2019年4月至2020年1月
赖雪梅	2020年9月至今
副总经理	
张钧康	1998年4月至2000年12月
程大利	1998年4月至2001年8月
杨　辉	2020年1月至2020年5月
高世屹	2020年1月至2021年6月
陈玉华	2020年1月至今
黄宗亮	2020年12月至今
副总编辑	
力　群	1953年至1955年
牛　犇	1955年至1963年
邹　雅	1958年至1974年
洪　藏	1974年至1978年
燕　生	1977年至1980年
姜维朴	1977年至1985年
田郁文	1979年至1983年
沈　鹏	1979年至1993年6月
陈允鹤	1983年至1990年
李文昭	1992年5月至1998年5月
孟庆江	1993年6月至1998年5月
迟乃义	1998年4月至2005年5月
程大利	1998年4月至2001年8月
王铁全	2001年9月至2007年12月
林　阳	2005年8月至2011年3月
欧京海	2005年8月至2019年6月
肖启明	2008年3月至2010年4月
胡建斌	2010年9月至2016年9月
王　远	2019年6月至今
李　滢	2020年1月至今

本名录在《至真至美——人民美术出版社60年（1951—2011）》基础上编制，增补了近十年的任免事项。

编后记

《中正大雅 朴真至美——人民美术出版社70年（1951—2021）》一书，在《至真至美——人民美术出版社60年（1951—2011）》的基础上，增补2012年至2021年的内容编辑而成。本书的前六章为《至真至美——人民美术出版社60年（1951—2011）》原有的内容，本次出版仅修订了个别错误。

本书增补了人民美术出版社2012年至2021年的工作内容：于开篇展示了“人美”官方标志，介绍了“人美红”、中国美术出版总社、人民美术出版社、连环画出版社、人美精神的内涵；于第七章集中展示了人民美术出版社近十年来的重点工作，尤其是“四个人美”建设目标实施以来取得的成效；于正文之后向人民美术出版社的老一辈作者致敬，并公布了人民美术出版社成立70年优秀作者名单，共80人，包括杰出作者10人、优秀作者70人。

本书从增补到编辑，经过数次修改完善，得到社领导和各部门同事的大力支持，在此一并表示感谢。

图书在版编目（CIP）数据

中正大雅 朴真至美：人民美术出版社70年：1951—2021 / 张曼玲，金玲编著. -- 北京：人民美术出版社，2021.9

ISBN 978-7-102-08808-2

Ⅰ. ①中… Ⅱ. ①张… ②金… Ⅲ. ①美术－出版社－概况－1951-2021－画册 Ⅳ. ①G239.22-64

中国版本图书馆CIP数据核字(2021)第194772号

中正大雅 朴真至美

——人民美术出版社 70 年（1951—2021）

ZHONGZHENGDAYA PUZHENZHIMEI

——RENMIN MEISHU CHUBANSHE 70 NIAN（1951—2021）

编辑出版 人民美術出版社
(北京市朝阳区东三环南路甲3号 邮编：100022)
http://www.renmei.com.cn
发行部：（010）67517602
网购部：（010）67517743
编　　著 张曼玲 金 玲
责任编辑 金萌萌 王珏英 樊 文
审　　读 陈允鹤 部宗远 李文昭
摄　　影 任继锋 肖 默 郭 青 邵小宁 田传俊
装帧设计 翟英东 徐 洁
制　　版 朝花制版中心
责任校对 白劲光 马晓婷
责任印制 宋正伟
印　　刷 北京鑫益晖印刷有限公司
经　　销 全国新华书店

版　次 2021年9月 第1版
印　次 2021年9月 第1次印刷
开　本 889mm×1194mm 1/16 印张：22.5
印　数 1—1500册
ISBN 978-7-102-08808-2
定　价 168.00元
如有印装质量问题影响阅读，请与我社联系调换。（010）67517812

版权所有 翻印必究